Contraste insuffisant

NF Z 43-120-14

REVUE TECHNIQUE

DE L'

EXPOSITION UNIVERSELLE

DE

CHICAGO EN 1893

PAR

M. GRILLE	**M. H. FALCONNET**
INGÉNIEUR CIVIL DES MINES	INGÉNIEUR DES ARTS ET MANUFACTURES

Collaborateur : **M. CRÉPY**

INGÉNIEUR, ANCIEN ÉLÈVE DE L'ÉCOLE POLYTECHNIQUE

Quatrième Partie. — LA MÉCANIQUE GÉNÉRALE

A L'EXPOSITION DE CHICAGO

ORGANE

Des Congrès internationaux tenus à Chicago en 1893

sous la Présidence de :

MM. O. CHANUTE & E.-L. CORTHELL

PARIS

E. BERNARD et Cie, IMPRIMEURS-ÉDITEURS

53ter *Quai des Grands-Augustins*, 53ter

1894

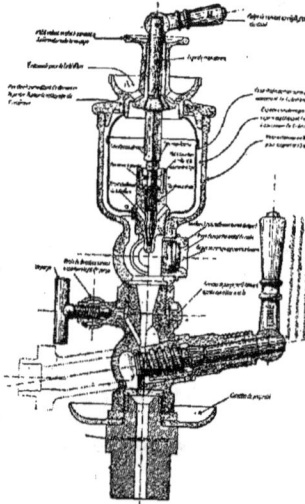

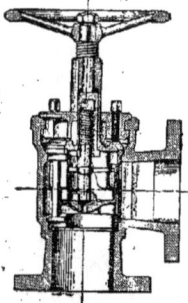

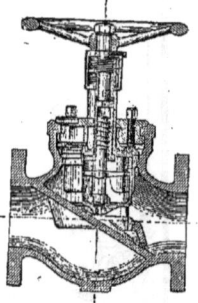

LA MÉCANIQUE GÉNÉRALE

A

L'EXPOSITION DE CHICAGO

LA MÉCANIQUE GÉNÉRALE

A

L'EXPOSITION DE CHICAGO

PARIS. — IMPRIMERIE E BERNARD ET Cie

23, RUE DES GRANDS-AUGUSTINS, 23

LA
MÉCANIQUE GÉNÉRALE
A L'EXPOSITION DE CHICAGO

MOTEURS A VAPEUR, A GAZ, A AIR
HYDRAULIQUE. — POMPES
GRANDES INSTALLATIONS MÉCANIQUES

PAR

M. GRILLE
INGÉNIEUR CIVIL DES MINES

M. H. FALCONNET ⊕
INGÉNIEUR DES ARTS ET MANUFACTURES

Collaborateur : **M. CRÉPY**
INGÉNIEUR, ANCIEN ÉLÈVE DE L'ÉCOLE POLYTECHNIQUE

ORGANE
Des Congrès internationaux tenus à Chicago en 1893
sous la Présidence de :
MM. O. CHANUTE & E.-L. CORTHELL

PARIS
E. BERNARD et Cie, IMPRIMEURS-EDITEURS
53 *ter* Quai des Grands-Augustins , 53 *ter*

—

1894

QUATRIÈME PARTIE

MÉCANIQUE

LA MÉCANIQUE

A L'EXPOSITION DE CHICAGO

AVANT-PROPOS

L'Amérique est par excellence, le pays des machines ; la main-d'œuvre
y est rare et chère et les industriels cherchent tous à réduire au minimum l'intervention de l'ouvrier dans la fabrication, en multipliant les
outils perfectionnés et les machines motrices. Si, dans le domaine des
machines-outils, les Américains font preuve d'une grande ingéniosité et
d'un esprit d'invention toujours en éveil, leurs moteurs se transforment
et se perfectionnent bien plus lentement; ils ont besoin, pour leur industrie toujours croissante, d'un nombre énorme de machines ; et comme
ces machines s'adressent à tous les industriels, grands ou petits, il est
nécessaire que leur prix de vente soit fort réduit; pour arriver à ce résultat, il faut, de toute nécessité, construire sur le même type toutes
les machines qui sortent d'une même usine.

Ce n'était pas là le caractère des machines que construisait le véritable
créateur de l'industrie des moteurs en Amérique ; Corliss, en effet, avait
un bien plus grand souci de l'adaptation de chaque machine à son usage
spécial. Depuis sa mort, et malgré le grand renom qu'il a laissé, ses établissements sont en décadence. La vogue est maintenant à la simplicité
et au bon marché. Nous aurons souvent occasion de remarquer combien

les constructeurs américains s'éloignent des principes généralement adoptés en Europe ; les détails nous paraîtront fréquemment peu soignés, certaines pièces trop faibles. Il n'en est pas moins intéressant d'étudier les produits de ces immenses usines dont la principale emploie 3 000 ouvriers et construit en moyenne, d'un bout à l'autre de l'année, une machine à vapeur de 300 chevaux.

L'exposition de Chicago a été surtout l'œuvre des jeunes États de l'Ouest, et l'on peut regretter l'abstention de plusieurs des maisons les plus importantes de la Nouvelle-Angleterre ; les machines de très grandes dimensions étaient des exceptions.

Une des parties les plus intéressantes de l'exposition au point de vue de la mécanique est la section des moteurs hydrauliques et des pompes. L'importance et le nombre des grandes villes des États-Unis expliquent le développement de la construction des pompes dans ce pays. Quant aux moteurs hydrauliques, on sait quelle est la multitude des cours d'eau qui sillonnent l'Amérique du Nord ; il y a là disponible une force considérable qu'on a tout intérêt à utiliser.

Les États-Unis sont le pays du monde où l'on consomme le plus de glace ; aussi les machines productrices du froid occupent-elles une place importante parmi les produits de l'industrie américaine.

C'est surtout sur les machines d'origine américaine que nous voulons appeler l'attention des ingénieurs français ; nous ne dirons quelques mots en passant que des machines non américaines que leur importance ne permet pas de passer complètement sous silence. Parmi les usines américaines, ce sont celles de l'Ouest qui tiennent la plus grande, si non la première place ; peut-être cela vaut-il mieux pour nous, puisque nous aurons surtout à étudier ceux des Américains qui diffèrent le plus des Européens, au point de vue des idées et des méthodes de travail. Nous ne nous ferons point faute d'ailleurs d'étudier les machines américaines qui n'ont pas paru à l'Exposition lorsqu'elles offriront un intérêt suffisant.

L'Exposition de Chicago avait son Palais des Machines, nous laissons à notre collaborateur chargé de l'étude de l'architecture, le soin d'en apprécier les proportions et le style. Nous nous contenterons de parler des machines qu'il contenait.

CHAPITRE PREMIER

MACHINES A VAPEUR

Machine Allis.

Le plus gros moteur à vapeur de l'Exposition sortait des ateliers de la Compagnie E. P. Allis, à Milwaukee ; c'est une machine à quadruple expansion de 3 000 chevaux. Placée sur un socle élevé, bien en évidence, cette machine aurait pu avoir grand air et donner une vive impression de la puissance de production des ateliers Allis ; malheureusement, on avait sacrifié la coquetterie à des considérations utilitaires, et on avait trouvé plus commode pour le service qu'on demandait à cette machine de l'enterrer à moitié ; aussi était-il nécessaire de s'en approcher pour se rendre compte de ses dimensions. Ce fut elle qui eut l'honneur d'être mise en marche par le Président de la République des Etats-Unis. M. Cleveland pressa un bouton électrique et mit ainsi en mouvement une transmission qui ouvrit la valve d'admission de vapeur. En dehors de cette manœuvre visible, il fallut, bien évidemment, que des ouvriers cachés dans les fondations fissent toutes les autres manœuvres sans lesquelles on ne pouvait mettre en marche un moteur de cette importance.

La machine Allis est horizontale, à 4 cylindres dont les diamètres respectifs sont pour celui à haute pression 661 millimètres, pour les intermédiaires 1^m,016 et 1^m,523 ; pour celui à basse pression 1^m,778 ; la course commune des pistons est de 1^m,828. La vitesse normale de marche est de 60 tours à la minute. La machine est calculée pour qu'on puisse admettre la vapeur à 13 kilogrammes dans le cylindre à haute pression, c'est dans ces conditions qu'elle développerait 3 000 chevaux. A Chicago, on ne la faisait marcher qu'à 8 kil. 1/2 et elle contribuait pour 2 000 chevaux à la production de l'énergie électrique nécessaire aux divers services de l'Exposition. Nous donnons dans les planches 1-2 des vues d'ensemble de cette machine et des dessins de détail qui permettront d'en suivre facilement la description.

La machine se compose en réalité de deux moteurs distincts : le cylindre à haute pression et le deuxième intermédiaire sont montés en tandem sur un des côtés ; de l'autre, le premier cylindre intermédiaire et le cylindre à basse pression sont également placés de la même manière. En marche normale la vapeur passe par les quatre cylindres et par suite est obligée de traverser trois fois l'axe de la machine ; on peut, si on le désire, isoler l'une de l'autre les deux paires de cylindres, et faire marcher seulement l'une d'elles qui fonctionne comme une machine à double expansion. Dans la pratique, les 4 cylindres étant en jeu en même temps, les deux demi-machines sont accouplées et agissent sur le même arbre au moyen de manivelles calées à 90° l'une de l'autre.

Les cylindres et leurs couvercles sont à enveloppe de vapeur. C'est la vapeur vive qui sert pour les enveloppes des deux cylindres à plus haute pression ; pour les deux autres la vapeur passe dans des valves Chapman qui en réduisent la pression. Sur chacun des côtés de la machine le plus gros des deux cylindres est fixé directement sur le bâti de la machine, tandis que l'autre est supporté par une lunette en fonte qui le relie au premier.

Les enveloppes de vapeur sont en fonte dure fin grain. Les joints entre les chemises intérieure et extérieure sont constituées par des anneaux de cuivre. Les glissières sont en fonte, boulonnées aux têtes des cylindres et au bâti horizontal ; sur les glissières circulent des galets cylindriques reliés en haut et en bas aux extrémités des T par des coulisseaux de 914 millimètres de long et 393 mill, de large. Les T sont en fonte et les tiges de pistons y sont vissées et tenues en place par un goujon. L'axe du T est en acier et a 229 millimètres de diamètre ; il est maintenu par un écrou et une rondelle.

Les diverses pièces du bâti sont en fonte et creuses ; elles sont reliées aux fondations par des boulons de 63 millimètres. Les coussinets sont en fonte avec revêtement en alliage Babbitt. Ils sont en quatre pièces et l'usure peut être compensée par le mouvement qu'on leur imprime au moyen de vis de réglage.

L'arbre à manivelle est en fer forgé : il a 533 millimètres de diamètre en son milieu et seulement 482 mill., 5 aux portées. Les disques des manivelles sont en fonte, d'un poids aussi égal que possible, afin de se contrebalancer ; ils sont mis en place à la presse hydraulique et cla-

vetés. Les boutons de manivelle sont en acier de 229 millimètres de diamètre et 229 millimètres de long, ils sont posés à la presse hydraulique
et rivés. Le volant a 9^m,141 de diamètre 1^m,931 de largeur, la jante est
construite en 12 sections, les joints se trouvant au milieu des bras. Leur
assemblage se fait au moyen de rebords intérieurs et de boulons, et est
renforcé par des tiges carrées. Chacun des bras est à section creuse et
assemblé à la jante par deux boulons de 7 centimètres. Ils sont maintenus par les deux plaques centrales et attachées à elles par deux boulons
de 76 millimètres. Le moyeu est composé de deux plaques de 2^m,133 de
diamètre calées sur l'arbre par deux clavettes posées à 90° l'une de l'autre. Le poids total du volant est de 61 600 kilogrammes environ. Les
bielles sont en fer forgé; elles ont 203 millimètres de diamètre au milieu et 5^m,485 de long de centre à centre.

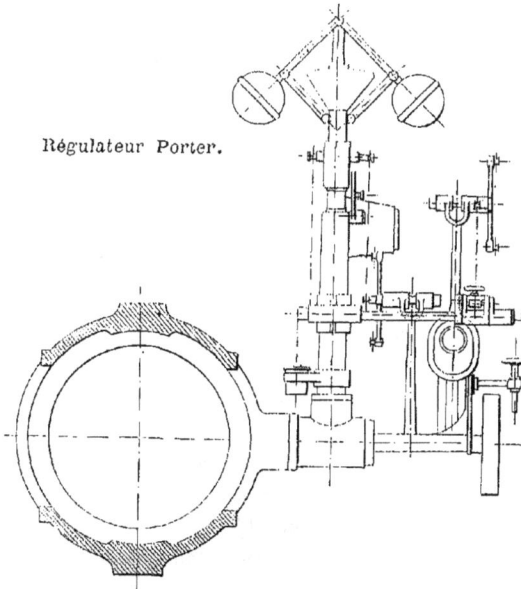

Régulateur Porter.

La commande des valves se fait par des excentriques calés sur l'arbre
principal, les disques et les bagues sont en fonte ; les tiges d'excentrique sont plates et boulonnées dans les bagues. L'extrémité opposée des
tiges s'attache à l'un des bras d'un levier coudé dont l'axe est porté par
le bâti. L'autre bras du levier coudé commande le disque de la distri-

bution. Celle-ci est du genre Corliss. Le régulateur est du modèle Porter ; il est commandé par l'arbre principal au moyen d'une courroie qui s'enroule sur une poulie de 406 millimètres et deux roues d'angle ayant 22 dents de 19 millimètres. Le mouvement du régulateur se transmet par des bielles aux cames de commande des valves.

Le condenseur et la pompe à air sont indépendants ; le cylindre à vapeur Corliss a 406 millimètres de diamètre, 914 de course ; la pompe à air a 914 de diamètre.

Cette machine servait à actionner des dynamos Westinghouse dont le courant entretenait 10 000 lampes ; la vitesse était de 200 tours. Deux dynamos placées l'une derrière l'autre étaient actionnées par deux courroies dont la deuxième s'appuyait sur la première. Cette disposition qui n'avait pas encore été mise en pratique pour de grosses forces a donné de bons résultats.

Le service de la machine Allis était très dur, à cause des à-coups qui pouvaient se produire, mais la force de la machine était supérieure à celle nécessaire pour développer le travail maximum qui pût être demandé. On n'a pas fait d'essais de consommation, ce qui est regrettable.

Machine Fraser and Chalmers

A côté de la grande machine Allis, que nous venons de décrire, celle exposée par la maison Fraser et Chalmers de Chicago se fait remarquer ; elle est horizontale, à quatre cylindres et à triple expansion. Les cylindres ont les diamètres suivants : haute pression 508 millimètres, intermédiaire 864 millimètres ; ce dernier diamètre est aussi celui des deux cylindres à basse pression. La course de piston commune est de 1 524 millimètres. La machine, admettant la vapeur à 10 kil., 5 et faisant 60 tours à la minute, développe 1 000 chevaux. L'idée qui a présidé à la construction de cette machine a été d'égaliser autant que possible les efforts, les pressions et le travail et par suite de pouvoir adopter le même diamètre pour trois des cylindres, celui à haute pression seul étant d'une dimension moindre ; cela permet aussi d'uniformiser les pièces extérieures de la distribution.

Les planches 3 à 5 représentent les divers détails de cette machine. Le cylindre et ses couvercles sont à enveloppe de vapeur ; le détail du joint qui réunit l'enveloppe du cylindre à celle du couvercle se voit sur les figures 12 à 15.

Le régulateur agit automatiquement sur la distribution du cylindre à haute pression. Les autres cylindres ont aussi une distribution Corliss avec encoche, mais l'action du régulateur sur eux n'est pas immédiate

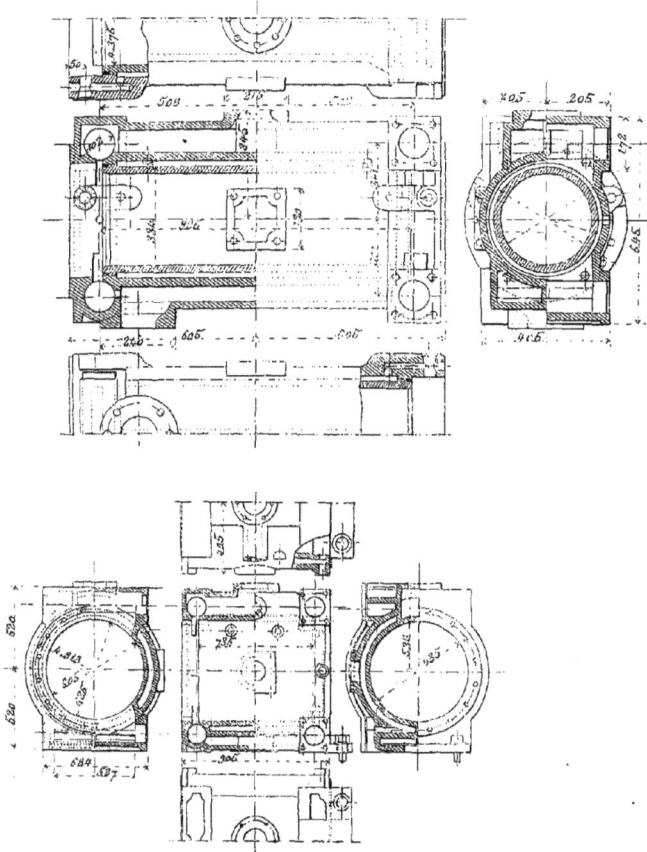

comme pour le petit cylindre et n'entre en jeu que dans le cas de changements considérables dans la force demandée à la machine. On admet que lorsque la force varie brusquement, les boules du régulateur s'élèvent ou s'abaissent rapidement; de là suit qu'une plus grande pression que la normale se produit dans le canal qui amène l'huile au régulateur et l'on se sert de l'excès de pression pour modifier l'admission dans les trois grands cylindres au moyen de barres agissant sur la distribution.

A l'Exposition, cette machine avait un condenseur indépendant et une pompe à air, également indépendante, de Conover. Cette pompe n'était là qu'à titre d'objet exposé, car, dans l'usage ordinaire, le condenseur est commandé par la manivelle de la machine.

Les mêmes constructeurs font sur le même type des machines moins puissantes dont nous donnons un croquis à la page précédente.

Machines des Forges du Phenix,

DE SAN-FRANCISCO.

Les forges du Phénix à San Francisco (Phœnix Iron Works Cº) ont exposé une machine dont la distribution est la partie la plus originale, et par suite la plus intéressante. Elle est due à MM. J.-B. Pitchford et W.-T. Garratt; elle diffère très notablement de la distribution Corliss, sans cependant être complètement dégagée des principes de ce constructeur.

Ce genre de distribution est, paraît-il, assez répandu dans les États de l'Ouest, et donne de bons résultats. Les figures 1 et 2 de la planche 6 montrent ; la première, le plan d'une machine de ce type ; la deuxième, une section longitudinale, réduite aux proportions d'un diagramme. Cette dernière va nous permettre d'expliquer le mouvement des valves.

Le principe consiste à imprimer le mouvement aux valves au moyen de deux organes indépendants l'un de l'autre ; l'action d'un de ces deux organes est constante, celle de l'autre est variable et, suivant le besoin, opère dans le même sens, ou en sens inverse. De cette manière on augmente ou on diminue par rapport à la durée normale le temps pendant lequel la valve reste ouverte.

Voici comment a été réalisé le principe que nous venons d'exposer. Sur la tige du tiroir est montée une manivelle dont le bouton sert de pivot à un levier à bras à peu près égaux. L'une des extrémités de ce levier est reliée à l'un des organes qui produisent le mouvement de la valve ; l'autre extrémité à l'autre organe destiné au rôle de régulateur de ce mouvement. Les figures 2, 5 et 6 représentent les détails de cet arrangement. L'organe transmetteur du mouvement à marche constante est la platine dont la disposition rappelle celle des Corliss, elle est elle-même actionnée par un excentrique fixe. L'organe à mouvement variable est une came qui agit sur deux barres couplées fixées à l'une des extrémités du levier ; la came n'est pas calée sur l'arbre coudé qui la porte, mais sa position sur cet arbre est commandée par le régulateur (fig. 9 et 10). Pour les machines à grande vitesse, on a eu l'idée de remplacer la came par un excentrique, mais cela ne paraît pas nécessaire.

Les valves sont représentées ouvertes et fermées par les figures 7 et 8; on voit qu'elles ne se déplacent que d'un angle très faible.

L'idée qui a présidé à la création de ce type de machine est certainement ingénieux, mais il y a un sérieux inconvénient à multiplier le nombre des organes dont le fonctionnement normal intéresse la distribution.

Machine des ateliers de construction John Abell
A TORONTO (CANADA)

Au point de vue industriel, le Canada diffère peu des États-Unis. Il est cependant intéressant d'étudier une machine canadienne. Celle dont nous donnons les dessins est une machine compound à cylindres de 355mm,5 et 609 millimètres disposés en tandem. La course commune des pistons est de 914 millimètres. Les deux cylindres sont placés sur un bâti creux et maintenus dans leur position par des boulons.

L'arrivée de la vapeur aux cylindres est interceptée par deux soupapes indépendantes placées à chacune des extrémités du cylindre à haute pression et mues par une transmission qui donne à leurs tiges un mouvement alternatif. Cette transmission se compose d'une came hélicoïde animée d'un mouvement continu de rotation. En contact avec la surface de cette came sont maintenues deux tiges qui commandent les soupapes et sont susceptibles de glisser parallèlement à l'axe de la came. Lorsque celle-ci tourne, les deux tiges glissent alternativement, et ferment les soupapes correspondantes. Une coquille existe à chaque bout du cylindre à haute pression avec un court passage pour la vapeur; et un tiroir à double face auquel un excentrique donne un mouvement horizontal de va et vient. La soupape contient une cavité pour l'échappement, et un passage direct pour la vapeur; ce dernier est incliné vers

la face extérieure et s'y termine par une section présentant huit ouvertures avec barres horizontales. La soupape de détente présente une
forme analogue, de sorte qu'en glissant elle ouvre ou ferme simultanément les huit orifices.

Le mouvement vertical de la soupape par lequel les orifices d'admission sont fermés est déterminé par l'action d'un ressort. Celui-ci est
logé dans un pot monté sur un arbre vertical; deux des barres dont
nous avons parlé sont prolongées à l'extérieur de la soupape et forment
deux oreilles qu'une fourche reliée à l'arbre vient saisir. Les branches
de la fourche sont planes; tout en donnant à la soupape un mouvement
vertical de va et vient, elles ne l'empêchent pas de se déplacer horizontalement avec le tiroir auquel elle est réunie par des queues d'aronde.
La partie supérieure de chaque tige de soupape d'expansion est mor-
taisée pour recevoir le bras horizontal d'un levier coudé dont l'autre
bras fait corps avec l'extrémité extérieure de la tige horizontale du
tiroir. Cette dernière, comme on l'a vu, est en contact avec la came. Le
contact est maintenu par la pression du ressort agissant sur le levier
coudé. Lorsque la tige du tiroir dépasse le point culminant de la came,
la pression est immédiatement reportée sur la face inférieure de la
came, et en même temps la valve d'expansion est poussée vers le bas et
ferme l'entrée à la vapeur. Le pot avec piston comprimant l'air a pour
effet d'amortir l'effet du ressort. La came continuant sa révolution, la
tige glissante est repoussée par la surface inclinée de la came, comprime
le ressort et fait remonter la soupape d'expansion. Cette action se fait
sentir alternativement aux deux bouts du cylindre.

La période d'admission est déterminée par le régulateur fixé au même
arbre qui porte la came et relié à cette came par trois tiges avec écrous.
L'arbre est mis en mouvement par une roue dentée calée sur l'arbre
principal de la machine et un pignon. Quand le régulateur s'élève ou
s'abaisse, la came suit son mouvement, et sa position variant relativement
aux tiges horizontales, la durée de l'admission varie également. L'admission se faisant par huit orifices qui s'ouvrent et se ferment ensemble,
on voit que la pression dans le cylindre est constante jusqu'au moment
où cesse l'admission. Le tiroir du grand cylindre est du type ordinaire glissant : il y deux ouvertures pour l'admission et deux pour
l'échappement à chaque bout du cylindre. Les cylindres et leurs couvercles, les couvercles des coquilles de tiroirs, et même le tuyau de
vapeur qui va de l'un à l'autre cylindre ont des chemises de vapeur. Les

cylindres ont en outre un revêtement de feutre mauvais conducteur par dessus lequel est disposée une enveloppe de fonte avec panneaux bien polis.

La pompe à air est à simple action et reçoit le mouvement de l'extrémité de la tige de piston. Le piston de la pompe a une course de 254 millimètres et a 495 millimètres de diamètre. Le parallélogramme qui commande la pompe à air est en fer forgé de construction soignée. L'eau du condenseur est envoyée dans un réservoir à eau chaude où l'on prend l'eau d'alimentation de la chaudière. Cette eau passe en outre par un réchauffeur. La vapeur entre dans les tiroirs par le bas ; les chaudières sont placées plus bas encore de sorte que toute l'eau qui peut se condenser y retourne.

Le palier de l'arbre coudé a 203 millimètres de diamètre et 330 de long et est ajustable. L'arbre a 254 millimètres de diamètre, il est en acier forgé. Le volant-poulie de 4^m,266 de diamètre et 636 millimètres de largeur pèse environ 8 tonnes. Sur l'arbre est encore montée une poulie plus petite (1^m,828 — 457 ^{mm}) qui sert à transmettre le mouvement à une autre série d'outils que celle mise en action par la première. Les glissières sont fondues avec le bâti. Le T porte sur les glissières par des fusées en bronze. La tige de piston est en deux parties reliées au piston de basse pression par une clef qui maintient ce piston en place tout en réunissant les deux morceaux de la tige. La tige entre le T et le piston à basse pression a 95 millimètres, entre les deux pistons 89 millimètres et au-delà du piston à haute pression vers la pompe à air 82 millimètres de diamètre.

Cette machine est bien étudiée et le soin des détails y est poussé plus loin que cela n'a lieu habituellement dans les machines américaines. Le double mouvement des soupapes d'expansion est fort ingénieux quoique un peu compliqué en apparence.

Machine Mac-Intosh and Seymour

MM. Mac Intosh et Seymour, à Auburn, ont été appelés à fournir un des gros moteurs qui actionnaient des générateurs électriques de 10 000 bougies. Leur moteur est horizontal, compound, à condensation. La machine se compose de deux demi-machines identiques dans chacune desquelles un cylindre à haute pression de 457 millimètres, et un à basse pression de 813 millimètres sont disposés en tandem. La course commune des pistons est de 914 millimètres. L'arbre fait 112 tours à la minute, ce qui correspond à une vitesse linéaire de 204^m,76 pour le piston.

Les cylindres sont en fer au bois, dur et à fin grain. Le même fer a été employé pour les pièces les plus importantes telles que guides de pistons. Tous les joints sont parfaitement ajustés à la meule, et ne demandent pas de garnitures.

Les cylindres à haute pression ont des enveloppes de vapeur; la vapeur d'échappement est admise avant de passer aux cylindres à basse pression, dans un réservoir garni de tubes réchauffeurs en cuivre, et d'une surface considérable; la vapeur est ainsi bien séchée avant de pénétrer dans les cylindres à basse pression. Ces serpentins ont, en outre, l'avantage d'assurer une circulation active dans les enveloppes. Ils sont, en effet, chauffés par la vapeur vive, qui a traversé les enveloppes; or, celle-ci se condense en grande quantité dans les serpentins, parce que la température de la vapeur d'échappement qui les entoure est bien inférieure à celle de la vapeur vive; il se produit par conséquent, d'une façon permanente, un vide dans les serpentins, ce qui détermine un tirage qui fait circuler la vapeur dans les enveloppes. On ne saurait trop approuver et recommander tous les dispositifs qui ont pour but, comme celui-ci, d'empêcher le refroidissement de la vapeur dans les cylindres. C'est à la seule condition de marcher à une haute température qu'un moteur à vapeur peut être réellement économique.

Le tiroir de distribution est du type à piston; il donne une courte admission et un faible espace nuisible. Il se meut sur un siège construit de telle sorte qu'il compense sensiblement son propre poids et celui du tiroir. MM. Mac Intosh et Seymour se louent beaucoup de ce système de tiroir. Le siège se compose de deux anneaux réunis, de manière à ne former qu'une seule pièce, par plusieurs traverses; il est en forme de croissant fendu; on l'ajuste sur la soupape au moyen d'une tige qui se prolonge jusqu'à l'extérieur de la coquille du tiroir et qu'on peut faire monter ou descendre par l'usage d'un tourne à gauche. Pour cette opération, on disjoint l'excentrique de la tige du tiroir et on fait mouvoir la soupape en avant et en arrière à la main, tout en faisant tourner la tige. On obtient ainsi un ajustement parfait, sans risquer de rendre trop dur le mouvement de la soupape.

La vapeur ne pénètre pas par l'arête intérieure de la soupape, comme c'est le cas le plus usuel, mais bien par les lumières pratiquées sur le bord. Il reste ainsi une portion demi-détachée sur l'arête intérieure de chaque bord, ce qui augmente beaucoup la surface d'appui de la soupape. Extérieurement à celle-ci, dans la coquille, il y a une simple manche qui sert de soupape auxiliaire de détente. La valve principale commande l'admission de la vapeur, l'ouverture et la fermeture de l'échappement et est elle-même soumise à l'action d'un excentrique. La valve d'expansion est reliée au régulateur automatique de détente.

Les deux cylindres ont des valves de sûreté qu'on dispose pour s'ouvrir automatiquement à la pression qu'on veut — on peut également les ouvrir à la main, et elles servent alors de robinets de purge. Entre les deux cylindres se trouve une calotte qui les relie, et un manchon à garnitures métalliques. Ce manchon est garni de métal comprimé Babbitt et alésé exactement à la demande de la tige de piston qui le traverse. La surface d'appui entre la tige de piston et le manchon est presqu'aussi considérable que celle du T; les pistons sont, de ce fait, très bien guidés, le manchon supporte leur poids et, par suite, l'ovalisation des cylindres est moins à redouter.

Les pistons sont fondus creux et montés sur leur tige par forcement sur un cône avec épaulement derrière. La tige de piston est en acier forgé de 127 millimètres de diamètre.

Le T est en acier en une seule pièce avec son axe qui a 132 millimètres de diamètre et 229 millimètres de long. Ses glissières sont en bronze phosphoreux; ce sont les arêtes intérieures qui guident le mouvement; le frottement se produit sur l'arête intérieure qui retient l'huile et si le T vient à chauffer, sa liberté de mouvement n'en est pas affectée. Les bielles sont clavetées et contre-clavetées dans des chapes; celles-ci sont assemblées par un boulon qui n'est soumis à aucun effort tranchant. Les boîtes sont en fer fondu garnies de métal Babbitt.

L'arbre à manivelle est en fer forgé de 355^{mm},5 de diamètre aux portées, de 406 millimètres au corps. Les boutons de manivelle ont 190 millimètres de diamètre sur 229 millimètres de long. Les disques sont en fonte, à contrepoids. Les boutons de manivelle sont forcés dedans, de même que les extrémités de l'arbre principal. Les paliers de l'arbre principal sont refroidis par une circulation d'eau, et garnis intérieurement de métal Babbitt. La partie inférieure du palier est ajustée sur une sphère encastrée dans le bâti, de sorte que la portée est, en réalité, à joint sphérique et que la pression s'y répartit également. Des boulons,

qu'on met en place lorsque les paliers sont bien alignés, les relient au
bâti. En levant l'axe juste assez pour le soulager du poids qu'il supporte, on peut facilement enlever ou replacer la coquille où l'eau circule. On voit, sur la fig. 1, pl. 9-10, la forme générale du bâti. Il règne
sur toute la longueur de la machine. Le cylindre à haute pression peut
s'y déplacer dans le sens longitudinal pour compenser l'effet de la dila-
tationdue à l'admission de la vapeur chaude.

Toute la distribution est commandée par des excentriques montés sur
des arbres auxiliaires, alignés avec l'arbre principal, et mus par l'intermédiaire d'étriers qui prolongent le bouton de manivelle. L'étrier est
relié à la charge d'excentrique par un bras incliné, qui a pour objet de
supprimer l'effet de l'obliquité de la bielle, et de faire produire la
détente au même point à chaque extrémité de cylindre, quelle que soit la
charge. L'expansion se fait dans les deux cylindres à la fois, mais est
réglée de telle manière que la différence de chute de température entre
eux reste sensiblement constante sous toutes les charges, et que le
travail à produire se répartit également. Pour obtenir ce résultat, la
course de la soupape auxiliaire du cylindre à basse pression est beaucoup plus courte que celle de la soupape du cylindre à haute pression :
d'autre part, la soupape d'expansion a deux ouvertures à chaque bout ;
c'est, en somme, une espèce de valve à grille cylindrique. Ces diverses
dispositions empêchent la machine de s'emballer, même lorsque, marchant à condensation, on supprime brusquement toute charge.

Le régulateur est monté sur l'arbre ; ce n'est pas un type courant en
Europe pour les machines de fortes dimensions ; les Américains affir-
ment qu'ils s'en trouvent bien. Un seul régulateur sert pour les deux
côtés de la machine, un arbre coudé passant d'un côté à l'autre pour
commander les soupapes auxiliaires du côté où n'est pas le régulateur.
Le régulateur employé ici diffère de ceux en usage pour les machines à
soupape simple, par le fait qu'il suffit de faire tourner l'excentrique sur
l'arbre pour faire varier la détente, puisque l'excentrique ne sert qu'à
la commande de la valve auxiliaire. Lorsque l'excentrique commande à
la fois l'admission, la détente et l'échappement, on ne peut faire varier
a détente qu'en agissant sur la course de la soupape.

Le volant a 4^m,875 de diamètre, 1^m,98 de large et pèse plus de 28 tonnes. Il est fondu en quatre pièces, et a deux rangs de bras ; en réalité,
il est plutôt constitué par la réunion de deux roues montées à côté l'une
de l'autre sur l'arbre. La roue est renforcée par 24 boulons de 51 milli-

mètres à la jante, et 16 boulons de 67 au moyeu ; sans compter les boulons latéraux du moyeu et de la jante. Les jantes ont de fortes nervures au milieu et au bord intérieur pour raidir la roue et empêcher l'huile d'être projetée sur la courroie.

Le graissage a été l'objet d'un soin particulier. Pour les paliers principaux, une pompe à huile leur amène constamment la matière lubrifiante à leur partie supérieure. Toute l'huile est recueillie dans un réservoir spécial. Des anneaux de bronze, placés aux deux extrémités de la portée, empêchent l'huile de s'échapper du palier. Tous les paliers de la distribution et le bouton de manivelle reçoivent leur huile d'un réservoir commun.

Le poids total de cette machine atteint 113 250 kilogrammes. On voit que les constructeurs n'ont pas craint de donner de la masse à leur machine. Ils ont eu parfaitement raison, car c'est le meilleur, pour ne pas dire le seul moyen d'obtenir une marche régulière.

MACHINES A GRANDE VITESSE

Toutes les villes américaines et dans chacune d'elles toutes les grandes administrations, les hôtels, les monuments publics, ont leur station centrale d'électricité. Dans la plupart des cas c'est une machine à vapeur qui met en mouvement la dynamo génératrice du courant ; or, jusqu'à présent, les dynamos à marche rapide présentent sur celles à marche lente un avantage au moins qui les fait habituellement préférer : elles coûtent beaucoup moins cher. Aussi les constructeurs américains se sont-ils efforcés de créer des machines à vapeur convenant particulièrement à l'accouplement avec les dynamos. On remarque que l'on descend dans ce genre de machine jusqu'à la force de 5 chevaux, et que, en raison des bas prix qu'exigent les consommateurs, les machines construites dans l'Est trouvent difficilement à se placer dans l'Ouest, en raison des frais de transport dont elles sont grevées.

Deux types américains de machines à grande vitesse sont bien connus en France ; ce sont ceux de la Compagnie Westinghouse ; d'Armington et Sims.

Machines Westinghouse.

Les machines à grande vitesse Westinghouse portent un nom glorieux dans les annales des chemins de fer ; elles sont d'une grande simplicité et très robustes.

Le type des machines Westinghouse, celle que la Compagnie qui les construit nomme « Standard », est un moteur à deux cylindres verticaux à simple effet, commandés par un tiroir cylindrique commun. Les bielles sont attachées directement au fond des pistons et attaquent l'arbre moteur par deux manivelles calées à 180 degrés ; le tiroir est mis en mouvement par un excentrique dont le calage varie automatiquement suivant la pression et la charge au moyen d'un régulateur à masses centrifuges et à ressorts monté sur l'arbre. Ce régulateur agit à la fois sur l'admission et sur l'échappement, et l'on constate que les variations de vitesse ne dépassent pas 1 %. L'ensemble des parties en mouvement est enfermé dans un bâti en fonte, dont le fond est rempli d'huile ; les têtes des bielles y viennent plonger à chaque tour, et projettent d'une façon continue de l'huile sur les parties frottantes. Quatre de ces machines (deux de 125 et deux de 25 chevaux), figuraient à l'Exposition de Chicago.

Six machines Westinghouse *compound* tandem à double effet étaient accouplés directement à autant de dynamos du même constructeur, au moyen de manchons flexibles permettant une légère dénivellation des arbres, mais rigides dans le sens de la rotation.

Ces machines sont de la force d'un millier de chevaux ; c'est là une force jusqu'alors inconnue dans les moteurs à grande vitesse ; c'est un type nouveau qui a paru pour la première fois à Chicago. Les cylindres sont placés en tandem, le grand au-dessus du petit, de façon qu'on puisse démonter les pistons et leur bielle unique sans toucher aux cylindres. Un excentrique monté à côté de la tête de la bielle dans le bâti conduit le tiroir plan du cylindre à basse pression ; le tiroir cylindrique du cylindre à haute pression est mené par un excentrique extérieur au bâti, contrôlé par le régulateur à masses centrifuges placé dans le volant.

L'inertie du distributeur de haute pression est contrebalancée par un petit cylindre à air qui restitue à la course montante la force de la compression fournie par la course descendante. Les cylindres ont des diamètres de 940 et 545 millimètres respectivement, la course est de 560 millimètres, le nombre de tours de 200 par minute, la machine occupe 4^m,50 $\times$ 3^m,35 $\times$ 3^{m}30 (cette dernière dimension étant la hauteur), sans la dynamo, et avec elle 9^m,10 $\times$ 3^m,65.

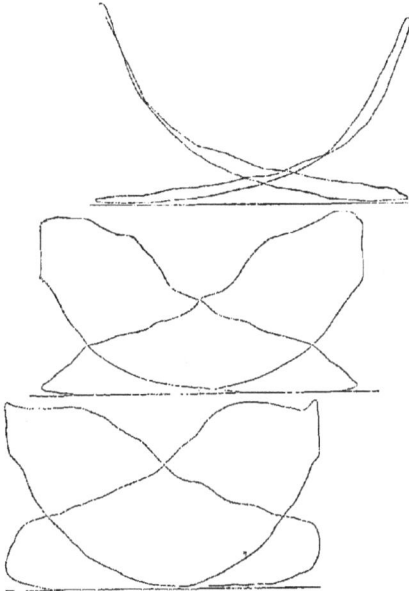

Machine Westinghouse. — Diagrammes relevés à vide, demi-charge et pleine charge.

L'exposition de la Compagnie Westinghouse comportait encore six autres machines compound à simple effet. Ce type a été créé en 1891 par M. Rites, ingénieur principal de la Compagnie, à la suite de recherches théoriques faites par lui sur les machines compound. Il est fort rare, surtout en Amérique, que la théorie d'une machine soit faite avant qu'on ai trouvé ou cru trouver pratiquement la solution du problème qu'on s'est posé. M. Rites s'était imposé d'obtenir que le rapport des chutes de pression dans les deux cylindres restât constant, d'éviter la détente libre au « receiver », de ménager au petit cylindre une compression s'élevant toujours jusqu'à la pression de la chaudière, de faire commencer la détente de basse pression en même temps que la compression de haute pression, et cela quelles que soient les variations de charge de pression initiale. Ce problème complexe a été résolu par l'emploi d'un tiroir cylindrique unique placé directement sur les fonds des deux cylindres, constituant une sorte de « receiver » mobile et actionné par un régulateur qui modifie la distribution à chaque changement de charge ou de pression.

Le régulateur des machines Westinghouse est si connu que nous ne croyons pas nécessaire de le décrire ; il suffira de rappeler que c'est par l'inertie surtout qu'il agit et que son action est presque instantanée.

Machine Armington and Sims.

La maison Armington et Sims, qui est aussi connue de nos ingénieurs que la Compagnie Westinghouse, n'avait pas exposé, mais elle avait fourni pour le service de l'éclairage pendant les travaux de l'Exposition une machine horizontale de 300 chevaux à un cylindre de 530 millimètres, avec course de 460 millimètres. La construction en est connue ; il y a une quadruple glissière, un arbre coudé, deux volants dont un muni d'un régulateur à ressorts. L'excentrique est placé extérieurement. La distribution se fait par un jeu de leviers placés intérieurement aux volants.

Nous n'avons pas à insister sur une machine qui ne figurait pas à l'Exposition.

Machine des ateliers mécaniques Atlas,
(INDIANAPOLIS)

Ces importants ateliers ont exposé deux moteurs de grande puissance l'un de 500 et l'autre de 1000 chevaux. C'est avec le moteur Westinghouse dont nous venons de parler le seul exemple de machine à grande vitesse d'une puissance aussi considérable. Il est évident que ces grands ateliers ont voulu montrer ce qu'ils sont capables de faire, mais dans la pratique, il ne paraît pas probable qu'on adopte pour de semblables forces des types à grande vitesse et il eût peut-être été plus intéressant de voir les machines de moyenne et de faible force que construit d'ailleurs l'Atlas.

La machine de 1000 chevaux est horizontale, compound, jumelée en tandem ; deux manivelles, calées à 90 degrés actionnent un arbre commun. Les diamètres des cylindres sont de 355 et 610 millimètres, la course du piston de 760 ; le nombre de tours de 150 par minute. Chaque côté de la machine a un bâti fermé avec glissière à guide unique. Les cylindres à basse pression reposent sur le bâti et sont reliés par des lunettes à jour aux cylindres à haute pression qui se trouvent en arrière.

La distribution se fait pour le cylindre à basse pression par des tiroirs cylindriques, avec admission par des ouvertures multiples. Le mouvement de la distribution Corliss du cylindre à basse pression est transmis par un prolongement de sa tige de tiroir à un traineau. Ce lui-ci renferme des pièces courbes qui, par l'intermédiaire de rouleaux agissent sur le levier de la distribution par valve du cylindre à haute pression.

La construction des divers organes de cette distribution laisse fort à désirer. L'amour exagéré des Américains pour l'unification des types a fait adopter pour le cylindre à basse pression le modèle de tiroir plan qui s'applique couramment aux machines à un seul cylindre de l'usine. La contre-plaque du tiroir sur le bâti n'est pas solidement boulonnée, mais simplement maintenue en place par la pression de ressorts qui peuvent se déplacer. Le régulateur est à ce point simplifié que la force centrifuge des masses mobiles est insuffisante et qu'on doit compter sur l'action du cadre même du régulateur qui est monté fou sur l'arbre.

La conduite de vapeur qui réunit les deux cylindres sert en même de boîte à étoupes à la tige des tiroirs. La tête de bielle n'est guidée que d'un côté.

On voit que les Américains ne se piquent pas d'un soin méticuleux dans l'établissement de leurs machines. Il serait difficile de relever autant d'imperfections notables dans la construction d'une machine à grande vitesse, sortant même d'un atelier de deuxième ordre d'Europe, que nous en découvrons par un examen superficiel du produit d'une des plus grandes usines de l'Ouest des États-Unis.

La machine de 500 chevaux est absolument du même type que la précédente ; les cylindres y sont également placés en tandem et la distribution s'y fait de la même manière.

L'usine fabrique également des machines de petite force, à grande

vitesse. Il est presque superflu d'ajouter que tous ces moteurs se ressemblent et ne sont que des réductions les uns des autres.

Machine des ateliers de construction Ball.

Cette usine (Ball Engine Company, à Érié) a exposé une machine
compound de 480 chevaux à cylindres accolés. Les diamètres des cylindres sont respectivement 457 et 914 millimètres, la course des pistons
est de 457 millimètres. Les deux cylindres sont fondus en une seule
pièce et placés en porte à faux à l'extrémité d'un bâti qui repose lui-
même sur un socle de fortes dimensions, ayant 600 millimètres de hauteur. Les deux tiges de piston agissent sur deux manivelles calées à
180 degrés et pourvues de contrepoids. L'axe sur lequel sont montées
les manivelles repose sur des paliers composés de trois morceaux, dont
celui du milieu seul peut s'enlever. Les coussinets en fonte sont garnis
sur 16 millimètres d'épaisseur de métal anti-friction. Il y a un volant à
chaque extrémité de l'axe.

Du côté du cylindre à haute pression, le volant porte extérieurement
un régulateur à ressorts, et un excentrique qui agit sur la distribution
dans ce cylindre au moyen d'un levier intermédiaire. Du côté du cylindre à basse pression, il y a également un excentrique qui commande
par l'intermédiaire d'un levier les deux tiges du tiroir. Cet excentrique
est placé entre le palier et le volant.

La tête de bielle a, dans le bâti, une glissière à quatre guides. Le
graissage des deux cylindres est assuré séparément. Les volants sont
coulés d'une seule pièce et réunis à leur moyeu d'un seul côté par une
vis. La bielle est en acier fondu, son axe est en acier à outils, la manivelle en acier forgé. Les contrepoids en fonte sont fixés aux coudes de
l'arbre; du côté de la basse pression, en raison du grand poids du volant, le contrepoids est additionné d'une masse de plomb.

Le tiroir est la pièce la plus originale de cette machine. La valve se
compose de deux parties qui coulissent l'une dans l'autre, chacune
d'elles pouvant s'appliquer exactement sur la plaque qui lui correspond.
La vapeur vive entre par le haut de la valve, et s'y trouvant enfermée
tend à presser les deux demi-valves contre leurs plaques respectives et
aussi à appliquer les surfaces latérales des deux demi-valves l'une contre

l'autre, contribuant ainsi à rendre étanche le joint qui est assuré par trois colliers de serrage. La valve est très bien équilibrée. L'action du régulateur sur la distribution est très efficace.

La manufacture Ball emploie la même distribution dans ses machines à un cylindre dont une de 60 chevaux figurait à Chicago, et dans celles compound en tandem. Cette usine emploie 300 ouvriers jour et nuit, et se limite à la construction des machines dont nous venons de parler. Le type en est, d'ailleurs, bien étudié, le constructeur s'est attaché à bien équilibrer toutes les pièces, les volants sont d'un poids élevé, et la machine, dans son ensemble, présente bien le caractère robuste qui convient à un moteur à grande vitesse.

Machine des ateliers de construction Ball and Wood.

Ces ateliers exposaient six machines. Nous venons de parler des machines des ateliers Ball ; il y a entre les produits de ces ateliers et de ceux de l'usine dont nous nous occupons maintenant la même analogie qu'entre les noms de leurs propriétaires, nous retrouvons ici la même forme extérieure et beaucoup de détails communs. On rencontrait tout d'abord, dans l'exposition de cette maison, trois machines compound en tandem de 150 chevaux chacune. Leurs cylindres ont 330 et 508 millimètres, la course des pistons est de 406 millimètres et le nombre de tours par minute de 230. Ces trois machines étaient montées sur une même plaque. On voit que la vitesse de ces machines, déjà fort considérable, n'atteint pas encore celle des Westinghouse de même force.

Le cylindre à basse pression est boulonné en porte-à-faux sur le bâti ; en arrière, dans une lanterne se trouve aussi suspendu le cylindre à haute pression. Cette lanterne donne passage à deux boîtes à étoupes de la tige du piston.

Les deux pistons n'ont qu'une seule et même tige. La glissière quadrangulaire est boulonnée au bâti. Le montage des manivelles et des volants n'offre aucune particularité digne d'être notée. Le volant du côté du cylindre à haute pression contient un régulateur à ressorts et la commande de la distribution de ce cylindre ; l'excentrique est remplacé par un levier oscillant ; entre ce levier et la boîte à étoupes du cylindre à haute pression, il y a une articulation sans guide de tige de piston. La distribution dans le cylindre à haute pression (fig. 1 et 2) se fait par un tiroir plan équilibré. Comme dans les machines Ball, les glaces des tiroirs sont perpendiculaires à l'axe du cylindre et horizontales.

Le tuyau d'amenée de vapeur débouche à la partie supérieure de la coquille du tiroir. L'échappement se fait par un tuyau qui amène la vapeur par dessous le bâti jusqu'à la coquille du tiroir du cylindre à basse pression (fig. 3 et 4). Cette coquille est un gros cylindre avec distribution par valves. Cette distribution est commandée par le volant du côté du cylindre à basse pression au moyen d'un bouton et d'une bielle placés à distance convenable sur le levier.

Le tiroir circulaire se compose de deux soupapes indépendantes; elles sont percées de canaux pour le passage de la vapeur. Ces deux soupapes sont constituées par l'extrémité plate et de forme ovale de la tige de tiroir. Comme elles se déplacent dans un plan horizontal, et qu'il n'y a à l'arrière aucun guide pour la tige du piston, les deux tiroirs sont portés par un segment de cylindre vissé à la tige de tiroir entre eux. La vis d'arrêt visible sur la figure 7 empêche les tiroirs de quitter leur glace. Le régulateur, semblable à celui dont nous avons précédemment parlé, a quatre ressorts avec poids et frein à huile. La tige de tiroir est commandée par un tourillon et non par un excentrique.

Les ateliers Ball et Wood exposaient encore une machine de 200 chevaux à deux cylindres horizontaux accolés. Les pistons agissent sur deux manivelles calées à 180°. L'arbre à manivelle est supporté par trois paliers et reçoit à ses deux extrémités les volants. La distribution pour la haute pression est semblable à celle de la machine précédente. Pour le cylindre à basse pression, il y a sur le deuxième côté de la machine un tiroir circulaire. La coquille de ce tiroir est sur la face inférieure du cylindre. La vapeur d'échappement est envoyée vers le bas d'abord, puis remonte par deux coudes jusqu'à cette coquille. La machine fait 280 tours à la minute. Les diamètres des cylindres sont de 356 et 559 millimètres, la course des pistons de 305 millimètres.

Deux machines à un cylindre de 150 chevaux du même constructeur, sont en tout semblables aux machines à deux cylindres en tandem, sauf que le deuxième cylindre est supprimé.

Ateliers de construction de la Compagnie Buckeye.

Les ateliers de construction de la Compagnie Buckeye (Salem-Ohio) exposaient six machines dont quatre sont à grande vitesse. La première est une machine horizontale compound à condensation indiquant 300 chevaux et faisant 150 tours à la minute. Les diamètres des cylindres sont de 356 et 711 millimètres, la course de 610. Le bâti est du type Tangye, les cylindres en porte à faux, les glissières quadruples. Les manivelles sont à 90° l'une de l'autre, et ont pour contrepoids des disques vissés sur elles. La distribution à haute pression se fait au moyen de deux tiroirs plans et deux excentriques. Un régulateur à ressorts agit sur l'excentrique de l'expansion. Le mouvement est transmis des deux excentriques aux tiroirs par une barre oscillante commune. L'excentrique du tiroir d'admission est en connexion avec le grand bras de levier de cette barre, tandis que l'excentrique du tiroir d'expansion agit sur un levier tourné dans la barre.

La chambre de vapeur n'est malheureusement constituée que par le tuyau qui relie les deux cylindres.

Chaque cylindre a son régulateur à ressorts spécial. L'arbre à manivelle porte une poulie de 3 mètres de diamètre pour courroie de 700 millimètres.

Ensuite viennent deux machines horizontales à un cylindre, à échappement libre, dont le piston a une course très courte. Chacune d'elles développe 100 chevaux indiqués; leurs vitesses respectives sont de 180 et 240 tours à la minute. La forme des bâtis diffère de l'une à l'autre des machines. La première a une glissière quadruple, la deuxième une glissière double.

Enfin les mêmes ateliers présentent une quatrième machine à grande vitesse; elle est à deux cylindres disposés en tandem, avec manivelle unique, à condensation. Elle indique 150 chevaux et fait 225 tours à la minute. Les deux cylindres ont des tiroirs d'expansion doubles. Pour chacun des cylindres, deux excentriques agissent sur une barre commune qui commande les tiroirs : de la sorte le régulateur fait varier en même temps l'admission dans les deux cylindres.

Nous trouvons dans toutes ces machines un grand nombre de caractères communs : tous les excentriques ont des surfaces de roulement sphéroïdales, afin d'empêcher le frottement latéral, et de produire le graissage à la partie inférieure de l'excentrique. La tête de piston est en acier, les glissières sont garnies de 10 millimètres de métal antifriction. Les garnitures des tiges de piston sont métalliques et proviennent de la U. S. Metallic Packing Cᵒ; elles s'ajustent automatiquement au moyen de ressorts placés à l'intérieur.

La valve d'expansion se compose simplement de deux petites plaques reliées par une tige et glisse sur une glace qui se trouve située à l'intérieur du tiroir d'admission. Celui-ci est équilibré. Il paraît intéressant d'étudier d'un peu plus près le système de distribution des machines Buckeye, en raison de son extrême simplicité.

La figure ci-dessous représente un diagramme du système qui fait mouvoir la soupape.

Le levier A porte en son milieu, ou à peu près, le levier coudé EDF qui commande l'expansion. Il s'ensuit que l'excentrique H, dont l'excentricité est constante, produit un déplacement constant de la soupape d'expansion relativement à celle d'admission, quel que soit le point où l'on fait commencer la détente. Nous figurons aussi une coupe des deux soupapes. On remarquera que l'excentrique, au lieu de mener la manivelle, suit au contraire son mouvement. Dans les machines à grande vitesse, où la course du piston est faible, l'ouverture de la valve d'expansion est un peu tardive, mais on ne peut l'avancer qu'en diminuant la durée d'ouverture de la valve d'admission, ce qui diminue la puissance de la machine ; il faut, dans la pratique, adopter un moyen terme entre les deux extrêmes.

Lorsque la détente commence au quart de la course du piston, l'excentrique de la détente est à angle droit avec l'excentrique de la distribution. Si donc la détente se fait à ce moment, elle aura lieu, la soupape d'admission étant au repos et celle d'expansion à son maximum de vitesse. L'ouverture de la soupape d'expansion lorsqu'elle est dans sa position moyenne par rapport à la soupape principale peut être appelée son recouvrement négatif. La somme de ces recouvrements négatifs est en général calculée de façon à être sensiblement égale au passage que laisse à la vapeur la valve principale. De cette manière on obtient la fermeture la plus rapide possible des orifices par lesquels arrive la vapeur.

La tige principale de commande étant oblique, les recouvrements négatifs ne sont pas égaux aux deux bouts du cylindre lorsqu'on veut que la détente soit la même des deux côtés.

L'application de cette distribution aux machines compound en tandem se fait de la manière suivante : la soupape principale du premier cylindre porte une tige creuse à son bout extérieur. Cette tige traverse le cylindre et est reliée à la tige creuse de la soupape principale du deuxième cylindre; la pièce qui les relie est en deux morceaux, boulonnés de manière à constituer un joint universel. Une des pièces de ce joint porte un palier dans lequel prend un mouvement de va et vient un arbre dont chaque bout est muni d'un bras ajustable. Chaque bras est attaché à la partie extérieure de la tige de soupape de détente du cylindre le plus voisin. Grâce à cet arrangement les soupapes d'un des cylindres agissent sur celles de l'autre par des organes de transmission très simples.

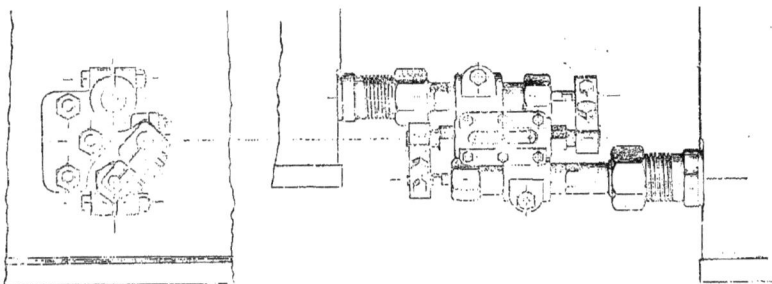

Machine Buckeye compound en tandem. — Distribution.

Le régulateur est formé de deux leviers à contrepoids avec ressorts. Les extrémités des leviers se déplacent sur une voie à section circulaire. Les ressorts en U qui agissent sur les leviers à contrepoids ont pour but de suppléer à leur force centrifuge, au moment où la machine se met lentement en marche. Aussitôt que les ressorts à spirale entrent en action, ceux en U cessent de travailler.

Machines des Forges d'Érié City.

Ces forges ont exposé deux machines à un cylindre de la force de 135 chevaux indiqués, avec cylindre de 381 millimètres et course de piston de 365. Le nombre de tours à la minute est de 275. Le bâti de la machine est en forme de fourche. Il y a deux volants, dont un muni d'un régulateur. L'arbre coudé à manivelle repose sur trois paliers, dont un est indépendant du bâti général de la machine, et repose sur un socle spécial. On voit, sur les figure 6 et 7, la liaison entre le coude de l'arbre et le contrepoids. Les glissières sont quadruples et planes. La distribution n'offre aucune particularité saillante; elle se fait par un tiroir de forme ordinaire. La tige du tiroir est reliée au bouton d'une petite manivelle qui est mue par le régulateur. Le régulateur se compose de deux contrepoids et deux ressorts sans pompe à huile. La coquille du tiroir est vissée au cylindre; l'étanchéité du joint est obtenue par une fermeture métallique. Le T et ses tourillons sont en acier d'une seule pièce. Une des deux machines fait tourner deux, et l'autre trois poulies, qui commandent pareil nombre de dynamos.

Des mêmes ateliers, nous rencontrons une machine de 100 chevaux indiqués, genre Tangye. Le cylindre a 157 millimètres de diamètre, 559 millimètres de course. La machine fait 160 tours à la minute. Il y a des glissières à quadruple guide. La manivelle est équilibrée par un contrepoids, et son arbre a un palier indépendant du bâti de la machine. Le bouton de manivelle et les paliers sont revêtus de métal anti-friction. La distribution est commandée par un excentrique sous l'action duquel manœuvre un tiroir plan équilibré. Le régulateur est placé dans une roue spéciale; le volant, qui a 1m,98 de diamètre. et 0m,61 de de large, sert comme poulie. Le cylindre est en porte à faux. Cette machine présente un caractère de simplicité qu'on rencontre rarement en Amérique.

Machines de Ide and Sons

Ces constructeurs ont fait sur leur nom un jeu de mots qui les a amenés à qualifier leur moteur d'*Idéal*. C'est une machine d'aspect agréable, bien soignée dans sa construction et dans la conception des détails.

On rencontrait à Chicago une machine Ide de 250 chevaux, horizontale, avec cylindres en tandem, de 330 et 559 millimètres (course de piston 406 millimètres) faisant 243 tours à la minute, et actionnant deux dynamos. Elle est montée avec des cylindres en porte à faux sur une solide plaque de fondation. Le bâti proprement dit, repose sur cette plaque : il est en forme de fourche à ses extrémités : il porte les paliers de manivelles qui sont coupés en biais et non ajustables. Les glissières sont doubles ; on ne peut accéder à la tête de T qu'en enlevant un cou-

vercle qui le protège. La manivelle est aussi abritée par un chapeau, de
sorte que toutes les pièces en mouvement sont enfermées. Cela permet
de maintenir la machine remarquablement propre en service. L'arbre
à manivelle porte à chaque bout un volant qui sert en même temps de
poulie. Un des volants porte, du côté du palier, le régulateur à ressorts.
Celui-ci est en relations directes avec l'excentrique de commande de la
distribution.

Comme nous l'avons dit, les deux cylindres sont en porte à faux
et celui à haute pression qui se trouve à l'avant, est soutenu par une
colonne. La boîte à garnitures, qui se trouve entre les deux cylindres,
est placée dans un presse-étoupes commun à l'un et à l'autre. C'est une
longue capsule métallique avec chambre à huile. La distribution se fait
dans le cylindre à basse pression par un tiroir plan équilibré, présentant quatre ouvertures d'admission à la vapeur; dans le cylindre à haute
pression, par une valve à piston, système Trick, avec admission par
l'intérieur. Les deux cylindres ont leur distribution commandée par une
tige commune. Le graissage automatique de tous les organes en mouvement, se fait d'une manière analogue à celle employée dans les moteurs Westinghouse. Un bâti renferme, au-dessous de la manivelle, un
réservoir qu'on remplit d'huile. A chaque tour de roue, la manivelle
plonge dans cette huile, et, tout en se graissant elle-même, projette
l'huile sur les diverses pièces du moteur. Des conduits spéciaux amènent l'huile aux tourillons du T et au bouton de manivelle que le
graissage automatique n'atteint pas. Des tuyaux spéciaux récoltent
l'huile qui s'écoule, et la ramènent au réservoir (fig. 7). Le régulateur
présente cette particularité que le ressort qui fait équilibre aux contrepoids est placé à angle aigu, et qu'on peut régler sa position, au moyen
de vis qui agissent sur de petites coulisses biaises, par rapport à la
direction des mouvements. Un frein à huile empêche les changements
brusques de vitesse.

Une machine encore de MM. Ide, est du même système, mais à un
seul cylindre. Elle développe 125 chevaux; le cylindre a 406 millimètres; le nombre de tours à la minute est de 245. La distribution se fait
comme au cylindre à haute pression de la machine précédente; mais la
boîte de tiroir n'est plus placée sous le cylindre, avec levier à double
bras pour soutenir le tiroir. La boîte, ici, est placée sur le côté et au-
dessus de l'axe du cylindre; et est commandée directement par l'excen-

trique. L'assemblage entre les tiges d'excentrique et le tiroir est à genou.

La figure montre le système employé pour embrayer ou débrayer la machine Ide à grande vitesse, et la dynamo qu'elle commande directement.

Machine à grande vitesse « Américaine ».

La Compagnie de Constructions mécaniques de Bound Brook (New-Jersey) a donné a ses machines le nom de « Américaines; » elles le sont au même titre que toutes celles que nous étudions, parce qu'elles se construisent en Amérique ; il est d'autant plus difficile de les désigner par un qualificatif plus spécial que leur inventeur s'appelle Schmidt, comme des milliers de ses compatriotes.

La machine est à grande vitesse ; elle admet la vapeur et la laisse s'échapper quatre fois par tour de roue ; elle est à détente variable automatique, et peut se régler de manière à donner jusqu'à 1000 tours à la minute. Voici comment travaille la machine : le tuyau d'amenée C introduit la vapeur dans une caisse AA; des trous, pratiqués dans la gaîne de la tige du piston F, lui donnent passage jusqu'à la partie interne de la valve de détente, et de là la vapeur passe dans un des quatre compartiments formés par le couvercle et deux lames, indiquées sur la figure 1 par les lettres d et f. La tige du piston, étant liée à la manivelle, ne peut se déplacer longitudinalement; elle est donc obligée de pivoter autour de son axe. La vapeur continue à pénétrer dans le compartiment jusqu'à ce que la soupape de détente lui ferme le passage. Pendant la détente, elle continue à faire tourner le piston dans son couvercle. Le passage, qui avait permis à la vapeur de pénétrer dans le compartiment, finit par être mis en communication avec la chambre d'échappement par la valve principale ; l'échappement se fait par D et par G. Cette série de mouvements se produit quatre fois en un tour.

Dans les figures 1 et 2, le bâti est marqué a, le cylindre b, son couvercle c. A est la chambre d'admission, B la chambre d'expansion. On voit que l'extrémité de l'axe, qui traverse le fond de l'enveloppe du moteur, est en forme de calotte sphérique qui sert de guide à la base du piston dans son mouvement de rotation. Les figures 3 et 4 représentent les valves principales et de détente, et le régulateur. La valve principale est placée au milieu du piston, et, tout en participant à son mouvement de rotation, elle tourne autour de son axe, étant immédiatement fixée au manchon sphérique m. Cette soupape contrôle l'admission et l'ouverture, et la fermeture de l'échappement. La valve de détente est à l'intérieur de la première.

Le régulateur est monté sur le bord du disque de manivelle, et est pourvu de deux poids Q_1. Ces poids peuvent pivoter autour d'axes situés sur les bords de ce disque, et placés symétriquement, par rapport à son centre. Des tiges qq, et une platine R, relient ces masses pesantes à la tige de la soupape de détente. La force centrifuge, des masses QQ, est contrebalancée par les ressorts TT, fixés à la circonférence du disque de manivelle, et dont les extrémités libres viennent porter sur elles par l'intermédiaire de rouleaux tt.

Toutes les parties mobiles de la machine sont lubrifiées par la vapeur.

Ateliers de construction de la fonderie de Harrisburg.

Ces ateliers sont copropriétaires des brevets Ide. Leurs machines ont donc une étroite parenté avec celles que nous venons d'étudier. Ils en exposent deux, toutes deux compound, avec cylindres en tandem, d'une construction soignée ; l'arbre à manivelles met en mouvement deux volants.

Dans la première de ces machines, le bâti proprement dit de la machine repose sur une forte plaque ; les paliers des manivelles sont en forme de fourche. La commande de distribution est à l'intérieur du bâti.

Le cylindre à basse pression fait corps avec le bâti et est situé dans son axe ; le cylindre à haute pression est relié à l'autre par une lanterne ouverte qui prend appui sur la plaque de base.

La distribution du cylindre à haute pression se fait par un tiroir à piston avec régulateur à ressort système Ide. La tige de tiroir est reliée à l'excentrique au moyen d'un mouvement à bayonnette ; la transmission au cylindre à haute pression qui est à l'arrière se fait à travers l'enveloppe du cylindre à basse pression. Derrière celle-ci se trouve un joint à genou pour balancer l'effet de la dilatation latérale du cylindre. Pour la mise en marche de la machine, on déclanche la tige d'excentrique et on règle le tiroir à la main.

Le tuyau d'échappement n'a pas de chambre à vapeur; il se dirige
vers l'arrière et arrive d'une façon fort simple en dessous et sur le côté
du cylindre à basse pression. La distribution de ce cylindre qui se fait
par un tiroir à piston, se trouve sur le deuxième côté de la machine ;
l'excentrique qui le commande est entre le palier et le volant. Son réglage se fait à la main de la même manière que celui de l'excentrique
du cylindre à haute pression se fait par le régulateur. Le mouvement
se transmet directement au tiroir, la tige d'excentrique étant légèrement couchée. La tige de transmission a également un joint à genou ;
la tige de tiroir n'est guidée que par la boîte du tiroir.

Les tiroirs à piston sont d'une construction spéciale (fig. 6-7); ils
comportent quatre bras en bronze ajustables suivant les rayons au
moyen d'un cône central. Ces bras poussent vers l'extérieur les anneaux
obturateurs du piston. Leur arrangement relativement au cône qui est
maintenu au centre par des contre-écrous est tel que sous l'action de la
vapeur l'obturation est complète. Il n'y a d'ailleurs point à craindre
que, par suite d'un long arrêt de la machine, il se produise un coince-
ment ; le refroidissement fait, en effet, contracter les rais métalliques
plus que les boîtes guides de la boîte à tiroir. Lorsque les obturateurs
ont subi une certaine usure, il suffit pour remettre le tiroir en bon
ordre de marche d'enfoncer un peu plus le cône.

L'obturation est assurée dans le cylindre à haute pression par de
légers anneaux d'expansion en fonte ; dans celui à basse pression par
des anneaux jumelés divisés en plusieurs segments et poussés contre
la paroi du cylindre par un grand nombre de ressorts en maillechort.

La deuxième machine a une simple manivelle, avec un deuxième palier
indépendant pour supporter l'arbre des volants. La construction est
sensiblement la même que dans la machine précédente, sauf qu'il n'y a
pas de plaque de fondement. La bielle directrice agit sur une manivelle.
La distribution pour les deux cylindres se trouve du même côté de la
machine. La tige de commande du tiroir du cylindre à basse pression
est creux, et la tige de commande du tiroir du cylindre à haute pression passe à
travers.

Forges du Phénix,
A MEADVILLE

Ces forges exposent une machine Dick et Church de 250 chevaux.
C'est une machine horizontale à un cylindre à échappement libre. Les

manivelles sont équilibrées par des masses de fonte. A chaque bout de l'arbre se trouve un volant ; à l'un des volants se trouve le régulateur à ressorts, l'excentrique de commande entre le palier et le volant est relié par un mouvement à baïonnette à la tige de tiroir. La coquille du tiroir est fondue avec le cylindre, les conduites d'amenée de la vapeur sont inclinées et arrivent au point le plus bas du cylindre. A la partie inférieure du cylindre se trouvent des purgeurs et des soupapes de sûreté.

Le diamètre du cylindre est de 470 millimètres, la course du piston de 45 millimètres. La machine fait 220 tours.

Le bâti de la machine, avec quadruple glissière, est posé directement sur la fondation.

Les mêmes ateliers présentent encore une petite machine à un cylindre dont la construction rappelle beaucoup celle de la machine à 250 chevaux dont nous venons de parler.

Ils exposent, en outre, une machine de 250 chevaux, compound. Une machine semblable à celle à un cylindre déjà décrite est placée sur une une forte plaque de base qui se prolonge vers l'arrière et porte un cylindre à basse pression, relié au premier par des boulons et placé en porte à faux. Le deuxième cylindre peut être centré très exactement. La seule différence qui existe entre cette machine et celle à un cylindre des mêmes constructeurs consiste dans la distribution. Celle-ci se fait par le régulateur pour les deux cylindres à la fois. La tige d'excentrique aboutit à un levier oscillant dont un bras agit sur la distribution de chacun des deux cylindres. La détente est ainsi réglée simultanément dans les deux cylindres et on obtient ainsi une répartition très uniforme du travail entre les deux cylindres, même lorsque la charge de la machine varie beaucoup.

La machine est pourvue d'un condenseur Davidson. Les dimensions sont pour les cylindres 343 et 610 millimètres de diamètre, pour la course des pistons 457. Le nombre de tours est de 220 à la minute.

Cette machine présente malheureusement un aspect des plus disgracieux ; elle paraît excessivement lourde, et le régulateur semble très compliqué en raison des nombreux tuyaux qui sont nécessaires pour son graissage.

Les mêmes observations s'appliquent à la station de 500 chevaux que les forges du Phénix ont installée en accouplant deux machines de 250 chevaux. Les volants spéciaux à chacune des machines, que l'accou-

plement mettrait entre elles, sont supprimés et remplacés par un volant plus lourd commun aux deux machines. Le cylindre à haute pression travaille avec un cylindre à basse pression, tandis que le cylindre
intermédiaire travaille avec le deuxième à basse pression.

Nous remarquons dans cette machine les particularités suivantes :
les pistons du tiroir n'ont pas d'obturateurs ; la vapeur arrive au tiroir
par ses bords extérieurs, de sorte que le tiroir s'échauffe convenablement au moment de la mise en route.

Ateliers de construction Russel and Cᵒ,

A MASSILLON.

Cette maison expose quatre machines de formes assez élégantes. La
première est une machine de 200 chevaux, compound, avec cylindres
en tandem. Le bâti représenté (fig. 1, pl. 24), est, comme on le voit
très robuste.

Le cylindre à haute pression est boulonné dessus ; derrière lui et
porté par une lanterne est le cylindre à basse pression. Les cylindres
sont soutenus par des cadres qui servent en même temps pour la circulation de la vapeur. La tête du piston est en fonte avec tourillons en
acier ; les glissières sont garnies de métal blanc ; la tige de piston est
reliée à la tête par deux boulons attaquant une pièce demi-ronde.

La bielle a six fois la longueur de la manivelle.

Un régulateur à ressorts monté sur le volant commande par l'intermédiaire d'un mouvement à bayonnette les deux tiroirs plans. Les deux
pistons ont à leur extrémité une garniture de métal blanc par laquelle
se fait le frottement sur le cylindre. L'obturation se fait par deux petits
anneaux en fonte formant ressorts. Les tiroirs plans sont équilibrés.
L'espace intérieur du piston équilibreur est réuni par des conduits
obliques à la chambre d'échappement du tiroir. Les volants font tourner
un excentrique monté fou sur leur arbre. Ce mouvement est transmis
par un toc à deux bras rectangulaires à l'excentrique de commande
dans la mesure suffisante pour que l'un des deux changements de distribution prévus prenne un mouvement rectiligne.

Les mêmes ateliers exposent une machine de 600 chevaux horizontale
jumelée, avec cylindres en tandem dont la distribution est fort compli-

quée. Le bâti règne sur toute la longueur de la machine ; les glissières sont quadruples. Le cylindre à haute pression est directement relié au bâti, et le cylindre à basse pression est rattaché au premier par l'intermédiaire d'une lanterne. Ici encore les tuyaux de vapeur servent en même temps de supports pour les cylindres. Chaque cylindre a une détente à double tiroir plan, et deux valves circulaires pour l'échappement. Pour manœuvrer ces divers organes, il faut deux excentriques, avec quatre leviers, quatre tige de tiroirs, plus la bielle de commande du tiroir Corliss et environ 25 assemblages. Un excentrique mène le tiroir distributeur et la valve d'échappement des deux cylindres ; le deuxième, en relation avec le régulateur, agit sur la détente des cylindres à haute et à basse pression. On voit par les figures que les tiroirs distributeurs présentent un simple conduit, tandis que les valves de détente sont à persienne avec trois ouvertures.

Pour la mise en marche, on peut rendre le tiroir distributeur indépendant de son excentrique, et on règle alors par un levier à main l'admission et la détente. Dès qu'un régime normal de marche s'établit, on met en action l'excentrique. Cette distribution, fort compliquée, a l'avantage de mieux répartir la vapeur à détente variable, que l'on ne peut le faire avec un tiroir simple commandé par le régulateur. Il donne aussi une très grande régularité de marche parce que la détente offre très peu de résistance au mouvement ; mais ces avantages sont achetés fort cher par le prix de revient de ces machines et leur incommodité.

Le régulateur est placé dans une roue indépendante du volant. Celui-ci a 3^m,66 de diamètre et 1^m,54 de large. La machine fait 150 tours à la minute.

A cette machine se rattache une pompe à air indépendante, dont les cylindres sont verticaux et ont une distribution à tiroir. Deux cylindres sont superposés et connexés par un balancier.

Ateliers de construction Weston

A PAINTED-PORT.

Ces ateliers n'avaient rien exposé à Chicago. Nous croyons cependant devoir leur faire une place dans notre compte-rendu en raison de l'intérêt que présentent leurs machines. Ils ne font que des machines à un

cylindre jusqu'à 160 chevaux et des machines compound avec cylindres
en tandem jusqu'à 230 chevaux. Le plan de la machine à un cylindre
donne une idée suffisante des idées générales qui ont présidé à l'étude
de ces machines. Le cylindre est fondu d'une pièce avec la boîte à tiroir;
il est placé en porte à faux et boulonné à un puissant bâti. Ce dernier
sert de liaison aux deux paliers de l'arbre à manivelles et porte les
glissières. Aux extrémités de l'arbre sont disposés, comme d'habitude
deux volants, dont un contient le régulateur. Toute la machine est montée sur un socle de hauteur suffisante pour que les volants soient complètement au dessus du sol. La distribution se fait par un tiroir équilibré
à cadre (fig. 2 et 3) avec quadruple admission par l'arête intérieure. Une
vis de pression maintenue par un ressort, placée dans le couvercle de
la boîte du tiroir empêche la vapeur admise de soulever la plaque qui
fait équilibre au tiroir.

Le régulateur présente les particularités suivantes : les deux leviers
à poids attaquent au même point l'excentrique de distribution; les tensions des deux ressorts s'égalisent fort bien, étant donné qu'une des
extrémités de chacun d'eux est attaché à un guide commun qui peut
glisser le long des bras du volant.

La traverse du piston se compose de deux pièces longitudinales en
fonte; la tige de piston et les tourillons sont assurés sur ces pièces par
six vis de pression.

Chacune des pièces qui travaillent a son graissage amené par un godet
spécial; la figure 4 montre pour les paliers de manivelle et pour leur
assemblage avec la bielle comment sont disposés ces graisseurs.

Dans les machines à deux cylindres en tandem, les principes de
construction sont identiques. La distribution se fait dans les deux cylindres au moyen du même mouvement d'excentriques commandé par
le régulateur. La détente est variable dans les deux cylindres, mais la
variation s'y doit faire simultanément.

Ateliers de Constructions Williams,

A BELOIT.

Ces ateliers ne font que des machines à un cylindre ou à deux cylindres
en tandem pour des forces allant à 200 chevaux, pour le premier type, à

500 chevaux pour le second. Le nombre de tours varie de 270 à 180 à la minute.

La figure 1 représente une machine à deux cylindres de cette maison. Un large bâti avec quadruple glissière porte boulonné suivant son axe le cylindre à basse pression : celui à haute pression est relié immédiatement au couvercle du premier. La coquille du tiroir et le mécanisme de distribution sont placés de part et d'autre des cylindres : les organes de distribution sont des tiroirs doubles équilibrés. Le tiroir principal sert de cadre où glisse le tiroir de détente qui peut s'ajuster. L'un et l'autre sont équilibrés. Cette circonstance et celle que le tiroir de détente est de faibles dimensions permet de se servir d'un régulateur simple et léger. Dans les machines à deux cylindres, outre l'excentrique de détente il y en a un autre qui commande les deux tiroirs principaux à la fois. La transmission du mouvement se fait par des leviers oscillants.

Ateliers de construction de la Ligne Droite

A SYRACUSE.

Les machines de la « Ligne Droite » peuvent être citées au premier rang de toutes les machines américaines à grande vitesse pour leur simplicité, l'unité de vues qui a précisé à leur étude, et leur fonctionnement régulier et doux. Elles n'ont cependant point figuré à Chicago, le grand moteur de 250 chevaux, le premier du type qu'on destinait à l'Exposition n'ayant pu être terminé en temps utile. Des machines du même constructeur ont figuré en 1889 à l'Exposition Universelle de Paris, et celles qu'il fait actuellement ne diffèrent en rien d'essentiel de celles que nos ingénieurs ont pu voir il y a cinq ans.

La distribution se fait tantôt par un tiroir unique, à cadre, relié au régulateur contenu dans le volant, tantôt par deux tiroirs servant l'un pour l'admission, l'autre pour l'échappement. Ces deux tiroirs sont indépendants l'un de l'autre, équilibrés, et celui d'admission seul est soumis à l'action du régulateur. Les diagrammes obtenus en faisant varier la durée d'admission dans une machine à tiroir simple (229 millimètres de diamètre de cylindre, 305 de course), et dans une autre machine à tiroir double (356 millimètres de diamètre de cylindre, 406 millimètres de course) donnent les résultats suivants. Le nombre de tours dans les deux cas est de 225 à la minute. La régularité des deuxièmes diagrammes ne peut laisser aucun doute sur la préférence qu'il convient d'accorder au tiroir double. Cette machine qui présente un réel intérêt et qui est appréciée en Amérique également par les savants et les hommes du métier est due au professeur Sweet. Elle consomme de 14 à 15 kilogrammes de vapeur par cheval-heure.

Les débuts en ont été difficiles : la première date de 1873, la deuxième de 1875, la troisième de 1879. C'est alors que se créa une Compagnie pour exploiter les brevets Sweet; celui-ci en fut naturellement le directeur; ce n'est qu'en 1890 qu'il a pu installer une usine dans des conditions convenables.

Jusqu'à présent, la « Ligne Droite » s'est bornée à construire trois types de machines.

1. Cylindre de 203 ou 229$^{m}/^{m}$. Course 305$^{m}/^{m}$. Nombre de tours 285
2.   —   254 ou 279 »   —   356 »   —   270
3.   —   356 ou 381 »   —   406 »   —   230

Le système de construction de la machine imposait de ne créer qu'un nombre de types très restreint. Les bâtis en fonte et les organes de distribution sont identiques pour les deux numéros du même type ; on peut d'ailleurs faire varier le nombre de tours, de manière à obtenir à volonté une force variable de 25 à 125 chevaux. Actuellement on construit une machine de 250 chevaux, celle primitivement destinée à l'Exposition de Chicago. Elle a 508 millimètres de diamètre de cylindre et 508 de course.

Société de construction Stearn, à Érié. Machine Woodbury.

Cette Société a donné à ses machines le nom de Woodbury; elle en exposait deux, l'une de 400, l'autre de 600 chevaux, toutes deux horizontales et compound, faisant respectivement 200 et 165 tours à la minute. La première a des cylindres de 380 et 635 millimètres, avec course de 508. Dans la seconde, les cylindres ont 480 et 790 millimètres, la course est de 610 millimètres.

Le cylindre à haute pression est boulonné directement sur un cadre de machine en forme de fourche, dans le même axe et relié de la même façon se trouve le cylindre à haute pression. Ce dernier trouve un appui sur une plaque de base, sans cependant y être lié invariablement, afin que la dilatation du cylindre puisse avoir lieu sans difficulté. La tige de piston qui traverse les deux cylindres passe dans une boîte à étoupes intérieure que l'on ne voit pas. Les deux cylindres agissent sur la même tête de piston et par la bielle sur un arbre à manivelle avec contrepoids (voir figure 1). L'arbre des volants en porte un à chaque extrémité; celui du côté de la haute pression est muni d'un régulateur à ressorts. Le mouvement est transmis par un tourillon à la distribution du cylindre à haute pression. En raison de la grande surface du palier et surtout de la poulie qui constitue le volant, cette transmission de mouvement doit se faire à plus d'un mètre de distance. Pour ne pas soumettre ce long arbre de transmission à l'action d'un levier unilatéral, on y a intercalé un levier double oscillant, manœuvré au moyen de deux assemblages à genou. Le centre d'oscillation du levier est constitué par une console sur laquelle trouve appui le pivot.

Dans la petite machine, la distribution du cylindre à basse pression est commandée par un excentrique placé entre le volant et le palier. Il agit sur le tiroir par l'intermédiaire d'une bielle de 300 millimètres environ. Dans la grande, il y a comme pour la haute pression, un levier horizontal oscillant de transmission. Ce dispositif est plus rationnel certainement que celui qui consiste à placer l'excentrique à l'intérieur des volants ; mais l'aspect de la machine n'y gagne point.

Les têtes de bielles forment coussinets, ajustables au moyen de coins; elles sont garnies de métal antifriction. L'arbre coudé est en acier forgé. On voit sur la figure 3, l'aspect que présente la manivelle; du côté opposé au contrepoids, un anneau donne à l'ensemble une forme plus agréable à l'œil. Les paliers de l'arbre avec couvercles biais sont garnis de métal blanc antifriction. La tête de piston est construite d'une façon particulière. Les patins, en fonte, sont d'une pièce avec les tourillons. Les premiers portent une traverse à laquelle la tige de piston est boulonnée solidement; cette disposition qui permet de séparer la tête de piston de la tige a pour but de faciliter grandement le montage.

Le bouton de manivelle est graissé par le moyen d'un canal où l'huile est poussée par la force centrifuge.

Les mêmes ateliers construisent aussi des machines verticales, mais ne les avaient pas exposées. Les organes de distribution des cylindres à vapeur sont des tiroirs à cadres équilibrés, il y a quatre orifices pour l'admission et deux pour l'échappement. Le cadre se meut entre deux guides et une contre-plaque dont la position se règle au moyen de deux coins mobiles. Le contrepoids du tiroir est maintenu uniquement par la pression de la vapeur. Son mouvement longitudinal est empêché par les têtes de deux vis dont les logements sont pratiqués dans les oreilles de la boîte à tiroir. La contre-plaque est amenée dans la position qu'on reconnaît la meilleure pour la marche de la machine au moyen de deux vis du châssis à coin. Pour augmenter la précision du réglage de ces vis, leur tête est pourvue d'un petit cercle divisé. La tige de tiroir est vissée sur celui-ci ; sa boîte à étoupes est au contraire ajustable sur le guide de tiroir. Le régulateur agit sur l'excentrique de distribution au moyen d'un pivot qui fait corps avec un des bras du volant. Il est assez simple, ne possédant que quatre petites masses soumises à l'action de la force centrifuge, et toujours poussées dans la même direction par les ressorts, et un seul ressort avec contrepoids. On règle le nombre de tours en faisant varier la position du contrepoids, et des points de suspension des ressorts à la jante du volant. Le régulateur est muni d'un frein à huile.

La tige d'excentrique et celle de tiroir sont assemblées au moyen d'un dispositif qui permet de les rendre indépendants au moment de la mise en marche pendant laquelle le réglage se fait à la main.

Ateliers de constructions mécaniques de Watertown.

Cette Société construit une machine couplée, compound, avec cylindres en tandem. Les bâtis des deux moitiés de la machine sont placés sur un socle en fonte commun. Les cylindres à basse pression sont attachés au bâti ; ceux à haute pression sont portés par une pièce intermédiaire qui sert en même temps de couvercle au cylindre à basse pression correspondant. Les cylindres ont 229 et 406 millimètres, une course commune de 350, et le nombre de tours à la minute est de 260. Il y a trois poulies, celle du milieu contient le régulateur. Les tiroirs sont plans, du modèle courant ; ils ont quatre orifices d'admission. Les tiges de tiroir sont légères et la course de tiroir faible. Il n'y a qu'un régulateur pour les quatre tiroirs, avec seulement un ressort et une masse agissant par la force centrifuge.

Machine compound avec cylindres en tandem Taylor

La Compagnie Taylor construit depuis de longues années des machines avantageusement connues en Amérique. Elle a trouvé le moyen de transformer des machines à cylindre unique en machine compound, sans qu'on soit obligé, pour cela, de modifier les fondations ni de rien changer à la disposition générale de la machine. Il suffit pour cela de remplacer le cylindre unique par deux cylindres accouplés comme ils le sont dans les nouvelles machines en tandem de ce constructeur. Il n'y a entre les deux cylindres qu'un support annulaire qui leur est commun et contient les garnitures convenables pour le passage de la tige de piston. Ce dispositif économise de la place et il peut y avoir quelque avantage à remplacer les deux boîtes à garnitures par une seule.

Le cylindre à haute pression est placé le plus près du bâti de la machine et a une enveloppe de vapeur. Cette enveloppe reçoit la vapeur par une ouverture pratiquée dans le haut de la coquille du tiroir de haute pression. Le piston du cylindre à basse pression est amovible, ce qui permet d'enlever la pièce de liaison des cylindres; de cette façon on peut enlever les deux pistons et examiner l'intérieur des cylindres sans déplacer ces derniers ou déranger en quoi que ce soit le reste de la machine.

Les tiroirs sont du type à piston creux, avec anneaux ajustables pour compenser l'usure. Les deux tiroirs sont commandés par une seule tige, mais peuvent se régler indépendamment ; tous deux sont soumis à l'action du régulateur.

Le support qu'on voit en dehors et en dessous du cylindre à basse pression n'est pas boulonné, mais claveté de façon à permettre le déplacement longitudinal des cylindres par rapport à ce support lorsque les cylindres se dilatent par la chaleur.

Les soupapes de sûreté qu'on remarque à la partie inférieure des tiroirs sont calculées de telle sorte que, dès que la pression dans le cylindre dépasse celle des tuyaux d'amenée de vapeur, ces soupapes s'ouvrent automatiquement et évitent ainsi toute pression exercée dans le cylindre.

Voici les résultats d'un essai fait sur une de ces machines ayant des cylindres de 229 millimètres et 368 millimètres avec course de 330 millimètres. Le charbon employé était du « Pensylvanie » bitumineux de qualité médiocre (on estime qu'il était de 20 % inférieur au combustible habituellement employé dans de semblables essais). Pour évaluer la consommation du charbon, on en mit 1500 kilogrammes près du foyer, à la disposition du chauffeur comme si on avait été en marche normale, et à la fin de l'expérience on pesa ce qui en restait. Ce procédé est très bon parce qu'il rapproche les conditions de l'essai de celles de la pratique. La pression de la vapeur était de 8 kilogrammes. Le nombre de chevaux développés était donné par des diagrammes pris d'heure en heure.

La durée de l'essai a été de	11 heures.
La vitesse de la machine.	265 tours par minute.
La pression dans la chaudière	8 kilogrammes.
Le nombre de chevaux indiqués	95
La quantité totale de charbon consommée . .	968 kilogrammes.
La consommation par cheval-heure indiqué. .	$0^k,925$

En supposant qu'une kilogramme de combustible évapore 9 kilogrammes d'eau, on aurait comme consommation d'eau par cheval indiqué 8 k. 3325. Avec du charbon de meilleure qualité, on aurait naturellement obtenu une consommation encore plus réduite.

Le rapport fait sur les essais ne parle malheureusement que des chevaux indiqués ; il serait intéressant de connaître la consommation par cheval effectif, mais c'est généralement un renseignement fort difficile à obtenir des constructeurs. La consommation annoncée par cheval-heure indiqué parait bien faible pour une machine à grande vitesse.

Machine Robb-Armstrong

Cette machine, construite à Amherst (Nouvelle-Ecosse), n'est pas à proprement parler, d'un type nouveau. On s'est seulement proposé en la créant de réunir les organes les plus universellement réputés bons des machines américaines à grande vitesse et d'apporter à la construction quelques améliorations de détail.

Le bâti est du type Porter avec manivelle à double disque. Il a une section de grande surface et est particulièrement épais au sommet. La machine pèse un peu plus de 450 kilogrammes par cheval, ce qui n'a rien d'extraordinaire, mais le poids est réparti de manière à donner la plus grande rigidité à l'ensemble, et sans se préoccuper d'alourdir la partie inférieure ; le constructeur a pensé qu'il pouvait suppléer à cette précaution en donnant une bonne fondation à la machine. La manivelle est composée de disques en fonte d'acier, réunis par un axe en acier forgé. La portée de l'axe dans les disques est fort longue, sans qu'on ait dû pour cela écarter outre mesure les paliers ; la partie droite de la figure montre comment on obtient ce résultat ; les paliers sont en fonte, avec garnitures, en métal antifriction. Il n'y a pas de dispositif prévu pour le réglage après essais. Les paliers sont finis avec le plus grand soin, les arbres sont faits au gabarit, et toutes les pièces des machines sont interchangeables.

Le bouton de manivelle est graissé au moyen de deux trous de $18^{mm},5$; il y a, en outre, un graisseur dont l'œil peut suivre le régime ; c'est là une mesure de prudence, mais il est bien rare que l'on doive se servir de ce graissage supplémentaire.

Le régulateur placé dans le volant est une modification de celui de la « Ligne Droite » ; les ateliers Robb-Armstrong se sont entendus avec la « Straight Line Engine C^o», pour se servir de ce régulateur et des valves qui caractérisent les machines de la « Ligne Droite ».

Les figures indiquent suffisamment le mode de distribution pour qu'il soit nécessaire d'y insister.

Nous complétons cette revue des machines à vapeur à grande vitesse par un tableau donnant les dimensions principales et indiquant le genre de celles qui figuraient à l'Exposition dans le Grand Hall des machines.

NUMÉRO	CONSTRUCTEURS	GENRE de MACHINE	Force indiquée chev.	CYLINDRES à vapeur Diamètre mm	Course mm	Nombre de tours par minute	Pression de la vapeur kg/cm²	PISTON de moteur Diamètre mm	Longueur mm	Diamètre mm	TIROIR		DIMENSIONS de l'admission mm	TUYAUX DE LA DISTRIBUTION Dimensions de l'échappement mm	Rapport à la section du cylindre Admission	Échappement	TUYAUX DE VAPEUR Diam. de l'admission mm	Diam. de l'échappement mm	Rapport à la section du cylindre Admission	Échappement	VOLANTS Nombre	Diamètre et Largeur mm	Poids kg
1	Atlas Engine Works, Indianapolis, Ind.	Compound Tandem	500	356 610	760	150	8,1	152 140 127	12			356×38 559×54	356×44 559×17	7,4 9,5	6,4 4,5	152 203		5,47	0,05	4	3650×965	5800
2	—	Compound Tandem jumelle	1000	355 610	760	150	8,1	152 140 127	12			356×38 559×54	356×44 559×17	7,4 9,5	6,4 4,5	152 203		5,47	9,05	2	3650×965	6800
3	Ball Engine Co., Erie, Pa.	Compound	480	457 9,4	457	220	8,1	203 203 127				280×29 914×63	280×29 914×102	16,9 11,4	16,9 6,0	178 228 228 457		6,6 16,1	4,0 4,0	2	2180	3640
4	The Ball a. Wood Co., New-York	Un cylindre	150	406 380	406	250	7	165 165 89				110 cm² 142 »	116 cm² 142 »	11,1 6,0	11,1 6,0	152 178 127		8,5 6,7	7,8	2	2115	1890
5		Compound Tandem	150	508	406	230	7	165 165 89				194 »	194 »	10,5	10,5	178		8,1		2	2115	1720
6		Compound	200	356 559	380	7		140 140 76				112 » 213 »	142 » 213 »	7,0 11,5	7,0 11,5	127 203		7,8	7,6	2	1675	1890
7		Un cylindre	101	330	538	180	—	89 89 72				305×21	305×29	13,4	9,7	116 152		8,0	4,7	2	2832	
8	Buckeye Engine Cie, Salem, Ohio	do.	108	330	406	246	—	89 89 73				317×29	317×29	13,5	9,5	116 152		8,0	4,7	2	2120×205	—
9		Compound Tandem avec condensation	150	279 533	406	228	—	102 102 89				292×10 292×29	292×37 308×41	11,0 10,2	7,75 10,9	114 203		6,0	8,0	1	1830×560	—
10		Compound avec condensation	300	356 711	610	150	—	95 102 89				356×32 711×38	356×28 711×56	8,7 13,7	7,35 10,4	127 254		7,8	10,0	1	3050×838	—
11	The Eclipse Clutch W., Butch, Wis.	Compound Tandem avec condensation	250	508 623	457	225	8,45	171 181 127				305×38 432×51	305×38 432×51	0,25 13,8	—	152 178		5,0	12,3	1	2745×229	—
12	Erie City Iron Works, Erie, Pa.	Un cylindre	125	381	356	275	5,6	140 121 89				408×29	408×29	7,8	7,8	127 152		9,0		1	1524×368	1450
13		do.	150	381	356	300	5,6	140 121 89				508×29	508×29	7,3	7,3	127 152		0,0	6,3	1	1524×368	1450
14		do.	180	457	559	160	5,6	114 127 89				445×35	444×51	11,6	7,86	152 178		9,8	7,4	2	1880×420	990
15	A. L. Ide & Son, Springfield, Ill.	Compound Tandem	250	406 380	406	245	9,15	140 127 89				117 cm² 123 »	117 cm² 185 »	11,7 6,8	11,1 6,8	152 178		7,3	5,2	2	1830×420	1550
16		Compound Tandem avec condensation	250	508	406	245	9,15	140 127 89				244 »	218 »	10,4	10,0	152 178		4,7	9,8			
17	Racine Hardware Mfg. Co., Racine, Wis.	Verticale à un cylindre	85	229	229	230	6	89 102 51				127×25,4	100×41	12,3	2,8	63 89		13,3	6,7	1	965	478
18		Un cylindre	250	470	457	220	8,45	216 216 114												2	2440×690	—
19	Phoenix Iron Works, Meadville, Pa.	Compound Tandem à condensation	250	343 610	457	200	8,45	216 216 114												1	2496×690	—
20		4 cylindres triple expansion	500	381 610 2×356	467	200	8,45	216 216 114												2	2740×690	—
21	Russel & Co.,	Compound Tandem	200	330 521	508	180	8,8	127 174 89				130 cm² 300 »	131 cm² 300 »	6,8 7,1	6,5 7,1	127 322		6,6	5,6	1	2285×762	2900
22	Massillon, Ohio	Un cylindre	200	432	610	150	8,8	102 114 92				140 »	177 »	10,5	8,3	180 195		7,2	7,1	1	1830×305	1400
23	Watertown Steam Engine Co., New-York	Compound Tandem	250	229 406	356	280	8,8	127 127 54								102 127 152		5,1 10,2	3,34 7,3	1	1524×305	5000
24		Un cylindre	15	152 208	400	5,6		76 89 51				21 cm²,6	21 cm²,6	8,3	9,3	51 68		9,0	5,50	1	914×191	260
25	Weston Engine Co.,	do.	33	203 330	250	5,6		114 140 88				48 » ,4	48 » ,4	6,7	6,7	68 70		10,4	7,2	1	1244×267	428
26	Painted Port, N.Y.	do.	50	254 330	300	5,6		140 160 102				72 » ,5	72 » ,5	7,0	7,0	89 89		8,2	8,2	1	1372×317	700
27		do.	130	406 406	300	5,6		191 171 114				129 »	129 »	10,0	10,0	152 152		7,1	5,2	1	1880×482	1390

(¹) Non exposée.

Condenseur Conover

Nous avons nommé incidemment le condenseur indépendant Conover.
Il est intéressant d'y revenir. Le but que se sont proposé les constructeurs de cet appareil est d'obtenir un condenseur réellement économique. On se donne beaucoup de mal aujourd'hui pour construire des
moteurs à vapeur à rendement élevé ; or ces moteurs marchent à condensation. Le condenseur dépense du quart au tiers de la force développée. Il faut donc, pour que la condensation procure une économie, que
la pompe à air présente la moindre résistance possible, et que la machine motrice qui la commande emploie le moins de vapeur possible. La
Conover C° de New-York estime que la solution qu'elle a trouvée de ce
problème est pleinement satisfaisant.

La figure 1 représente le type de condenseur qui convient jusqu'à
2 000 chevaux ; au delà, il faut employer le type de la figure 2. Dans la
figure 1, le condenseur est à droite, la pompe à air à gauche, et la machine qui commande la pompe est au milieu. La pompe est verticale, à
simple action, et la direction du courant d'eau mélangée d'air qui vient
du condenseur est toujours vers le haut ; cette forme de pompe favorise
la tendance naturelle de l'air à se porter à la partie supérieure. La
pompe à air est du modèle à fourreau ; comme les orifices d'échappement sont au-dessus des soupapes et des boîtes à garnitures, ces parties
essentielles sont toujours fermées automatiquement par l'eau. Les soupapes sont en caoutchouc de première qualité ; elles n'ont point de
ressort, leur poids suffisant à les appliquer sur leur siège. Le fourneau
du plongeur occasionne une perte de capacité, mais non de puissance,
attendu que la pression atmosphérique se fait sentir dans les deux
courses ascendante et descendante, et restitue ainsi dans un sens ce
qu'elle a absorbé de force vive dans l'autre. Ce dispositif permet, ce
qui est important, de réduire la course du piston.

La pompe à air étant à simple action, et faisant tout son travail dans
la course ascendante, c'est pendant la course descendante de la machine que cette dernière travaille à faire monter le piston de la pompe.
Dans sa course ascendante, le piston de la machine à vapeur fournit la
puissance nécessaire pour maintenir la régularité de la vitesse. Le moteur est également à fourreau, compound et à condensation. On voit,

sur la figure 3, que l'espace annulaire situé à la partie supérieure forme le côté de la haute pression. De ce côté, on trouve une distribution Corliss complète et un amortisseur à air comprimé. Un régulateur à registre est employé pour maintenir la vitesse constante ; il donne la pression initiale qui convient à chaque détente adoptée. La vitesse se maintient constante sans qu'on ait à s'inquiéter des variations de la pression dans la chaudière ou de la quantité d'eau injectée. La vapeur est introduite sur la face du piston qui supporte la haute pression, puis elle passe dans un réservoir entre les soupapes du haut et du bas, après détente. La vapeur contenue dans ce réservoir attaque alors l'autre face du piston ; ici, la détente est invariablement fixée à 5/8 ; enfin, elle est évacuée dans le condenseur.

Lorsque le piston descend, il supporte sur sa face supérieure la pression de la vapeur vive ; sa face inférieure est, au contraire, soumise à l'action de la pompe qui fait le vide. La résultante des deux forces est suffisante pour déterminer le mouvement de montée du piston de la pompe, qui fait à ce moment tout son travail. Quand la pompe commence son mouvement vers le bas, la machine commence sa marche ascensionnelle, la vapeur du réservoir agissant sur la face inférieure du piston ; mais, comme l'espace annulaire qui entoure le haut du piston est soumis à la même pression, la surface réelle sur laquelle la vapeur agit, a pour diamètre celui du fourreau. La machine admet la vapeur à chaque révolution complète. Pratiquement, elle travaille comme une machine à simple effet, ce qui est particulièrement convenable pour la commande d'une pompe à simple action. Les boutons de manivelle ne sont pas dans le prolongement l'un de l'autre, mais calés à 30°. De la sorte, la pleine pression se manifeste sur le piston au moment où il fait son travail le plus dur.

Lorsque la pompe à air a son piston au point le plus élevé de sa course, le piston du moteur est environ à 30° de son point le plus bas, et la roue de rencontre lui fait facilement franchir le point mort. Quand le piston de la pompe à air arrive au bas de sa course, il s'en faut de 30° que le piston du moteur soit en haut de la sienne, et le volant intervient pour lui faire franchir le point mort. A ce moment, les soupapes de la pompe sont bien assises sur leurs sièges, et le moteur est prêt à donner son effort maximum. Il n'est pas nécessaire, on le voit par ce qui précède, que les volants soient bien considérables.

Ce condenseur a l'avantage d'être peu bruyant. Il n'y a pas de soupape d'aspiration au fond de la pompe à air ; ce condenseur agit comme le ferait une colonne d'eau pour donner la pression nécessaire et obliger l'échappement à passer par les soupapes du piston ; au retour, cette eau est facilement refoulée par la colonne d'eau, et il n'y a pas de choc.

La pompe à air est garnie intérieurement de bronze, et le piston plongeur est en bronze fondu, fort solide. Le diaphragme, les boîtes à garnitures, etc., sont également en bronze. On emploie plus d'une tonne de cet alliage dans un condenseur de 150 chevaux. Dans les machines de moindres dimensions, il faut compter que le poids du bronze contenu dans le condenseur arrive au sixième de poids total de la machine.

La figure 2 montre un condenseur double du même système. Il présente tous les traits généraux du précédent, mais, pour les grandes forces, il présente l'intérêt spécial que les deux pompes à simple action sont combinées de façon à donner un mouvement continu et régulier. Un arrangement spécial permet de faire engrener la roue centrale avec l'un ou l'autre côté, et on peut ainsi, à volonté, se servir du condenseur entier ou de la moitié seulement. La figure 5 donne le détail de l'amortisseur à air comprimé avec une clarté suffisante pour qu'il soit inutile d'y insister.

CHAPITRE II

COMPRESSEURS D'AIR

L'emploi de l'air comprimé a été très fréquent en Amérique, depuis que le machinisme y a fait sa première apparition, et il est encore fort en honneur, particulièrement dans les mines et les grands travaux publics. Il ne faut pas perdre de vue que l'Amérique exploite les minerais dans des proportions inconnues à l'Europe. Dans tout l'Ouest et le Sud de l'Union, sauf dans les cas assez rares où la chaleur excessive n'empêche pas de se servir de machines à vapeur, on n'a pas dans les exploitations souterraines d'autres machines que celles mues par l'air comprimé. Aussi les États-Unis sont-ils les grands constructeurs de compresseurs et non seulement ils en usent largement chez eux mais ils en exportent d'énormes quantités au Mexique, dans l'Amérique du Sud et dans l'Afrique australe.

Nous allons passer rapidement en revue les plus intéressants compresseurs exposés par les constructeurs Américains. Remarquons que depuis le moment où les journaux anglais et américains ont fait connaître, bien avant leur mise en service, le genre de construction des machines à air comprimé de la Compagnie Popp à Paris, le plus grand nombre des compresseurs américains ont été faits dans le même ordre d'idées, avec des soupapes à distribution, et sont des compresseurs compound, et cela même dans le cas de petites machines. Nous ne nous arrêterons pas aux types anciens qui ne trouvent pour ainsi dire plus d'applications. Le nombre d'ailleurs des brevets qui ont été pris en Amérique pour la construction des compresseurs d'air est extraordinairement grand.

Compresseurs Rand.

La maison qui a le plus répandu ses compresseurs en Amérique est la maison Rand. Les compresseurs Rand sont employés aux mines de

Calumet dont nous parlerons dans un autre chapitre. Leur construction
ne présente pas de particularités bien saillantes ; ils sont semblables aux
compresseurs Colladon qui ont servi au percement du tunnel du Saint-
Gothard. Les soupapes d'aspiration et de compression sont dans le
couvercle, les premières en dessous, les secondes en dessus. Les dispositions habituelles sont prises pour refroidir l'air qui sort du compresseur.

Une installation plus importante de compresseurs Rand existe aux
mines de fer des Iron Montains pour le service de la mine Chapin. Ces
compresseurs sont mûs par la force hydraulique d'une chute d'eau éloignée de 4 kil. 800 environ. La chute actionne des turbines dont le mouvement se transmet aux compresseurs par des engrenages. La force est
vendue à la Compagnie minière par une Compagnie spéciale dite Compagnie de force hydraulique ; cette Compagnie livra à la mine Chapin de
l'air comprimé pour servir à mettre en mouvement des machines ; la
mine, de son côté, a des machines à vapeur qui lui permettent dans certains cas de se passer d'air comprimé, et par suite de la Compagnie
auxiliaire.

L'installation des compresseurs est aux chutes de Quinnesec sur la
rivière Menominee à 4 800 mètres environ du puits. La chute naturelle
de la rivière mesure $15^m,90$. L'eau est amenée aux turbines par des
tuyaux de fer de $2^m,14$ de diamètre. Les turbines sont verticales, trois
d'entre elles ont un distributeur intérieur de 1219 millimètres de diamètre, une quatrième a 1352 millimètres de diamètre. Ces turbines actionnent trois couples de compresseurs Rand de 813 millimètres de diamètre, 1 524 de course et un couple de compresseurs du même système
ayant un diamètre de 914 millimètres et une course de 1 524. Les cylindres, les couvercles et les pistons sont refroidis au moyen d'eau. Le
nombre de tours à la minute est de 30 environ ; la pression moyenne de
l'air atteint 4 k.32. Au fond de la mine cette pression est réduite de 0 k,14
à 0 k. 21. La conduite de l'air comprimé de la station productrice de
force à la mine est constituée par des tuyaux en fer, rivés, de 610 millimètres de diamètre et disposés à l'air libre, sans aucune protection,
sur une longueur de 4 800 mètres. Tous les 146 mètres il y a un dispositif permettant la dilatation. En 1889 la consommation journalière a été
de 72 000 mètres cubes à la pression de 4 k. 2, et à la température de
$15°5$ correspondant à peu près à une dépense de 1 700 chevaux à la

chute. L'installation fournit l'air comprimé à toutes les machines de
l'exploitation et à 150 perforatrices.

Récemment, la Compagnie Rand, encouragée par l'exemple d'autres
constructeurs, a appliqué à ses compresseurs une distribution à soupapes, sans cependant modifier leur mode de construction en rien d'essentiel, et sans approprier la forme des soupapes à leur nouveau mode
d'action. On a donc conservé la même disposition des soupapes, leur
forme et leur nombre, et l'on s'est contenté de les réunir par une tige
commune animée d'un mouvement de va et vient, qu'elles sont bien
obligées de suivre. Cette tige de commande est commandée directement
par le piston de la machine motrice. Cette disposition a tout d'abord été
appliquée à de petits compresseurs qui ont été employés aux fouilles
de la station centrale de force des chutes du Niagara. Elles y ont donné
de forts mauvais résultats. Même à la vitesse très modérée de 40 tours
elles faisaient beaucoup de bruit, et les constructeurs eux-mêmes ont
reconnu que ce n'était là qu'un essai.

Des compresseurs du même genre étaient exposés à Chicago. Les
figures 3 et 4 en donnent une vue de côté et une vue d'arrière. Cette
dernière indique la manière dont communiquent les cylindres à haute et
basse pression. Le compresseur est commandé directement par une
machine Corliss. Le cylindre à basse pression seul possède une distribution ; il y a quatre tiges de commande, deux de chaque côté du cylindre.
Ces quatre tiges sont animées d'un mouvement de va et vient au moyen
d'une commande reliée par un segment denté et un levier à la bielle du
piston de la machine à vapeur. La figure 5 représente un autre modèle
où il n'y a qu'une tige de commande de distribution de chaque côté du
cylindre.

Ces nouveaux modèles Rand sont loin d'être heureux. On y a mal appliqué aux anciens compresseurs à soupapes multiples le principe de
la distribution, et on n'a réussi qu'à faire une machine bâtarde sans
grande valeur.

Compresseurs Ingersoll.

Le compresseur Ingersoll est en Amérique, d'un usage presque aussi
répandu que le compresseur Rand. L'Exposition en offrait deux spécimens : l'un de grande puissance se compose de deux compresseurs ju-

melés actionnés directement par une machine Corliss compound. Le
second, plus petit était exposé dans la section des mines ; sa machine
motrice est à un cylindre.

La construction des compresseurs Ingersoll était autrefois semblable
à celle des constructeurs Rand, et toutes les soupapes étaient dans le
couvercle. De nombreuses modifications y ont été apportées, certaines
d'entre elles sont justifiées par les conditions de marche de la machine;
d'autres ne sont visiblement que des prétextes à la prise de brevets.
Les soupapes de compression sont restées dans le couvercle du cylindre. Celles d'aspiration sont montées dans le piston, de sorte que l'air
aspiré doit passer à travers la tige de piston qui est creuse et le piston.
La tige du piston risque fort d'être insuffisante à donner passage à l'air
lorsque la machine travaille à pleine force.

La Compagnie Ingersoll construit aussi des compresseurs à haute
pression spécialement pour comprimer le gaz ; la compression s'y fait
en deux étapes successives, mais le fonctionnement des deux cylindres
est indépendant.

Le cylindre à haute pression est monté en porte à faux sur celui à
basse pression. Pour le reste, on retrouve le dispositif du modèle Ingersoll le plus récent.

Compresseurs de la Cⁱᵉ de Norwalk.

La Compagnie de Norwalk construit depuis trois ans des compresseurs
compound avec tiroirs circulaires dont nous donnons des vues des deux
côtés. La machine à vapeur à un cylindre, mène par manivelle et bielle
le compresseur compound. La glissière se trouve entre les deux cylindres de compression. Les soupapes du cylindre à air à haute pression
ne sont pas commandées par la machine ; celles au contraire du cylindre à basse pression sont soumises à la commande qu'indiquent les
figures : les soupapes d'aspiration reçoivent un mouvement alternatif,
celles de compression un mouvement rotatif. La disposition des soupapes de compression leur permet de s'ouvrir rapidement au début de
la période de compression, et de se fermer également vite lorsque le
sens du mouvement du piston change.

Cette distribution ne peut pas se régler d'après le degré de compression, il n'y a pour cet effet qu'un petit ressort spirale insuffisant. Cette

absence de réglage fait sentir ses inconvénients dans les machines exposées. Mais nous devons y noter la perfection du refroidissement et la disposition des cylindres.

Les compresseurs de Norwalk se sont modifiés fréquemment pour suivre la mode. Tout d'abord ce furent des compresseurs ordinaires à double action avec soupapes dans ses couvercles, et refroidissement par l'eau. Puis on introduisit la distribution Corliss pour l'aspiration d'abord puis pour le refoulement ; ensuite on eut un réglage automatique pour arriver enfin au type actuel.

Compresseurs Allis.

La Compagnie Allis de Milwaukee, dont les machines à vapeur ont attiré notre attention, exposait aussi des compresseurs Reynolds dont plusieurs sont en service aux mines de cuivre du Lac Supérieur. La distribution de l'air s'y fait par des tiroirs circulaires, dont la commande ressemble fort à celle des machines Corliss. C'est la pression de l'air qui fait office de régulateur. Les compresseurs exposés ne donnaient pas grande satisfaction.

Compresseurs Fraser et Chalmers.

Les ateliers Fraser et Chalmers de Chicago, ont exposé un compresseur à grande vitesse semblable à celui qu'ils ont fourni à la mine d'argent de Horn dans l'Utah. Une machine compound Corliss actionne directement un compresseur compound ; la distribution du compresseur est commandée par une bielle mise en mouvement par le plateau oscillant de la distribution Corliss. Les soupapes du compresseur sont fermées avant la fin du mouvement de l'excentrique ; des ressorts sont disposés pour supporter l'effort de la fin de la course d'excentrique, correspondant à l'angle d'avance. On remarquera l'utilisation du bâti de la machine pour la communication entre les deux cylindres de compression (pl. 33).

Les mêmes constructeurs ont livré à une mine d'or à Johannesburg (Afrique australe) un compresseur vertical compound avec machine compound verticale que représentent les planches 34 à 37.

La pression de la vapeur est de 8 k. 400 par centimètre carré ; il y a un condenseur vertical à surface. Les tiges de piston prolongées vers le haut actionnent le compresseur.

MM. Fraser et Chalmers ont aussi fourni une machine à triple expansion avec compresseurs aux mines de diamants De Beers. Le type en est à peu près le même que celui de la machine de Johannesburg dont nous nous occupons.

La machine motrice est compound, du type Corliss, et verticale. Elle a ses deux manivelles calées à 90°. Quatre piliers verticaux la soutiennent sur une plaque de fondation relativement petite. Au-dessus des cylindres à vapeur et réunis à eux par des pièces de faible longueur se trouvent les cylindres à air. Sur le côté sont les tiroirs. Le réservoir est placé horizontalement entre les deux cylindres sur la première galerie ; le condenseur est à côté de la machine ; la pompe à air, verticale comme toutes les parties de la machine est mise en mouvement par l'intermédiaire d'un bouton de manivelle placé sur le prolongement de l'arbre. Le refroidisseur par lequel passe l'air pour aller du cylindre à basse pression dans celui à haute pression est horizontal et placé devant la machine.

Le régulateur agit sur les deux distributions. Sa charge est variable suivant la pression de l'air. Le condenseur est cylindrique dans les petites installations. Dans les grandes sa section est habituellement ovale ou rectangulaire.

La distribution est du même type que dans le compresseur déjà cité de la mine de Horn (planche 33). Les constructeurs se sont efforcés de mettre en coïncidence les axes de toutes les soupapes ; c'est une grande facilité pour l'agencement, mais cela a pour effet d'augmenter l'espace nuisible. Les soupapes du compresseur sont de simples rondelles guidées par des nervures. Ces soupapes sont fermées par l'action directe de la commande de la distribution, et par suite l'influence des variations des masses en mouvement est bien diminuée.

Compresseurs Eckart.

Les compresseurs dont nous venons de parler sont tous construits dans l'Est des Etats-Unis ou sur le bord des grands lacs. L'industrie de l'Ouest a été très longtemps, comme nous aurons l'occasion de le voir en parlant des funiculaires, indépendante de celle de l'Est, et les mines très nombreuses sur le versant du Pacifique demandaient des compresseurs ; aussi en trouvons-nous un grand nombre, mais la plupart sont de construction fort imparfaite. Exception doit être faite pour les compresseurs Eckart, qui sont des machines fort bien étudiées et exécutées. Les principales dispositions de ces compresseurs sont représentées par les figures 1 à 15, pl. 31-32.

Les soupapes d'aspiration sont à la partie supérieure du couvercle du cylindre, les soupapes de compression dans sa partie inférieure. L'eau est injectée à travers le piston qui porte à cet effet des trous convenables. L'adduction de l'eau se fait par un tuyau spécial. Bien que celui-ci soit animé par l'intermédiaire du piston d'un mouvement de va et vient, l'appareil est disposé de telle sorte qu'il ne produise pas l'effet d'une pompe dans le tuyau d'amener, et que l'injection de l'eau soit continue.

Les soupapes d'aspiration sont maintenues par deux petits boulons en plus de la tige du milieu pour qu'en cas de rupture de cette tige on soit assuré que les soupapes ne tombent pas. Les soupapes de compression sont à un seul siège, ont des guides cylindriques et sont balancées par des ressorts.

Compresseurs des forges de Risdon.

Nous devons encore citer les compresseurs des forges de Risdon. Ce sont les plus anciens qui aient été construits, dans les grandes forces tout au moins, comme compresseurs compound. Ils sont employés depuis 20 ans dans les mines de l'Utah et de la Nevada surtout pour remplir les accumulateurs des machines hydrauliques du fond. Ils sont à piston différentiel. L'air est comprimé en deux fois et refoulé par le piston supérieur dans le réservoir qui sert en même temps de bâti à la machine.

MOTEURS A GAZ ET A PÉTROLE

Le moteur à gaz est devenu, dans ces dernières années, en Europe, le moteur par excellence de la petite industrie. Il est moins indispensable aux Américains chez qui la distribution de l'électricité a fait de tels progrès que des villes d'importance même médiocre ont leurs rues sillonnées de câbles qui peuvent porter la force motrice dans tous les quartiers. Néanmoins l'industrie du moteur à gaz est fort développée aux Etats-Unis. L'exposition de Chicago renfermait plusieurs spécimens intéressants de moteurs américains. Les moteurs à pétrole y avaient également une place importante, ce genre de machine étant particulièrement convenable dans un pays producteur d'huile minérale.

Moteurs à gaz

La place d'honneur dans cette section de l'Exposition de Chicago revient sans conteste aux moteurs européens, mais il nous parait d'un intérêt médiocre de décrire les moteurs universellement réputés de MM. Rouart frères, Crossley frères, ou de l'usine Otto à Deutz. L'usine américaine qui exploite les brevets Otto avait également exposé de nombreux moteurs. D'une manière presque générale, d'ailleurs, on peut dire que les moteurs exposés étaient des moteurs Otto, puisque presque tous marchaient d'après le cycle de Beau de Rochas. Nous allons décrire quelques-uns des moteurs à gaz exposés ; les constructeurs américains se montrent malheureusement fort réservés dans la communication des renseignements relatifs à leurs moteurs à gaz, ce qui explique les lacunes que le lecteur pourra remarquer.

National Meter C°

Le moteur construit par cette Compagnie est connu sous le nom de Nash. Il peut, à volonté, marcher au gaz ou à la gazoline ; il est d'une construction ramassée et robuste. Le cylindre est vertical, il est

boulonné sur un bâti creux en fonte ; ce bâti porte, venu de fonte avec
lui, les paliers qui servent à supporter l'axe du volant. La bielle de
manivelle et la tige de commande du tiroir sont préservées de la pous-
sière par un couvercle mobile. Le bouton de manivelle en acier durci
est pourvu, comme tous les paliers, d'un graissage automatique.

La chambre de combustion se trouve
en partie dans le logement spécial pratiqué sur le côté du cylindre. Ce logement est mis, par une ouverture latérale, en communication avec la conduite
d'arrivée, le mélange étant comprimé.

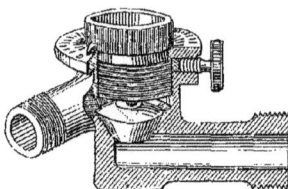

Le rebord inférieur du cylindre repose
sur une partie du bâti alésée à sa de-
mande, et ce dernier constitue l'espace où se meuvent la bielle et
la manivelle, et en même temps la chambre de compression pour le
mélangé de gaz et d'air aspiré dans le mouvement en avant du piston.
L'air arrive par une ouverture latérale du cylindre, tandis qu'une soupape amène le gaz. Le mélange tonnant passe par un conduit qui
entoure l'enveloppe du cylindre dans la chambre de combustion qui se
trouve au-dessus du cylindre ; l'accès du mélange dans cette chambre
est réglé par l'action d'une soupape commandée par une came dont le
mouvement dépend de la vitesse de la rotation du volant. L'allumage
est au contraire commandé par un régulateur ordinaire qui dépend
également du volant. Le mélange inflammable passe par un petit trou
dans la chambre circulaire du tiroir, prend un mouvement de rotation
et constitue un allumeur certain. Les produits de la combustion sont
expulsés, avant que le piston soit arrivé au bas de sa course, par des
trous pratiqués dans la paroi du cylindre.

Le tiroir est en acier durci et ajusté avec une telle précision que
son poids suffit à le faire descendre et que cependant il ne permet aucune fuite. Le tiroir est équilibré et nécessite par suite peu de graissage.

Il y a une explosion à chaque tour de roue ; ce moteur agit donc
comme une machine à vapeur à simple effet ; d'après le constructeur,
cette analogie se retrouverait même dans les diagrammes. Enfin, d'après
les prospectus tout au moins, une machine indiquant 3 chevaux ne
consommerait que $1^{m3},590$ de gaz par heure.

Ateliers Sintz. Grands rapides

Le moteur de ces ateliers n'est pas à proprement parler un moteur à gaz, puisqu'il marche à la gazoline. Il est comme le précédent, à 2 temps.

L'une des machines exposée est de 6 chevaux. Le diamètre du cylindre est de 125 millimètres, la course du piston de 150. Le nombre de tours à la minute est de 360. Il n'y a qu'une soupape pour l'admission de l'air aspiré par le piston. La gazoline est emmagasinée en dehors de la chambre de la machine et est amenée par un tuyau de 6 millimètres environ au moyen d'une pompe actionnée par le moteur. Le réglage de l'admission du mélange explosif et de l'expulsion des produits de la combustion est fait par le piston. Le mélange est allumé électriquement.

La manivelle se meut dans un logement spécial pratiqué à la partie inférieure, le moteur dans le socle. Cette chambre, lorsque le piston est animé de sa course avant, se remplit d'air. La soupape d'admission de l'air est commandée par un excentrique du volant. Lorsque le piston descend, il rencontre avant d'arriver au bas de sa course un tuyau qui amène la gazoline ; le piston fait ouvrir ce tuyau et la gazoline en pluie fine vient se mélanger à l'air. Au moment précis où s'ouvre le tuyau le piston de la pompe à gazoline commence sa course descendante.

Les pistons du moteur et de la pompe à gazoline arrivent en même temps au bas de leur course. L'air qui est comprimé d'une façon insignifiante dans la chambre à air passe également par le même tuyau, et à son arrivée dans le cylindre rencontre un déflecteur, venu de fonte à la partie supérieure du piston et est ainsi détourné vers le haut : la gazoline est entraînée par l'air et il en résulte un mélange explosif qui est comprimé pendant la course ascensionnelle du piston, et à la fin de cette course, s'allume. Le piston, lorsqu'il arrive aux 7/8 de sa course descendante découvre l'orifice d'un 2e tuyau par lequel se fait l'échappement avant qu'un nouveau mélange d'air et de gazoline s'introduise au-dessus du piston. Le régulateur est monté dans le volant. Il agit sur un excentrique dont les mouvements augmentent ou diminuent la course du piston de la pompe à gazoline, et par suite la quantité de combustible introduite dans le cylindre.

Voici comment se produit l'étincelle électrique qui détermine l'allumage. Un boulon traverse la paroi du cylindre à sa partie supérieure. Son extrémité intérieure au cylindre porte un levier à bras inégaux; le long bras est maintenu au contact d'une vis isolée qui traverse le couvercle du cylindre au moyen d'un système de leviers et de ressorts qu'on voit à l'extérieur du cylindre. Cette vis est en communication avec avec un des fils venant de la pile, tandis que l'autre communique avec le levier directement. Lorsque le piston arrive vers le haut de sa course il choque le petit bras du levier et écarte le long bras de la vis. Au même moment, le circuit est fermé par deux pièces appropriées, et l'étincelle se produit.

Le même constructeur exposait un moteur également à gazoline spécialement destiné à être placé sur des bateaux. Le principe en est le même que celui de la machine fixe, mais le moteur pour bateaux n'a qu'un seul volant et il est muni d'un appareil permettant de changer pendant la marche la vitesse du bateau. L'hélice peut travailler en tournant soit à droite, soit à gauche; le sens du mouvement est déterminé par la position relative des ailettes et de l'axe, et cette position même est commandée par un levier de réglage qu'on voit près du moteur; lorsque le levier est à la position moyenne, les ailettes sont perpendiculaires à l'axe de l'hélice, et il ne peut se produire de mouvement ni en avant ni en arrière. Lorsqu'on écarte le levier de cette position moyenne, les ailettes s'inclinent et le mouvement se produit dans le sens que l'on a choisi, et s'accélère d'autant plus qu'on incline davantage le levier pour la double raison que les ailettes prennent une position plus favorable à l'action de l'hélice, et que le levier agit sur la pompe à gazoline dont il augmente le débit en s'écartant de sa position moyenne. Le régulateur à force centrifuge règle le nombre de tours du volant jusqu'au moment où le levier intermédiaire étant au bout de sa course, sa came oblige le piston de la pompe à gazoline à donner sa course maxima; à ce moment la machine donne tout ce qu'elle peut. Le moteur a une circulation d'eau avec pompe. Celle-ci peut au besoin servir de pompe d'épuisement par un jeu de fermeture et d'ouverture de robinets convenables.

Moteur à gaz White et Middleton

Ce moteur est du genre le plus répandu en Europe, c'est-à-dire à quatre temps, comme le moteur Otto. Le piston est creux, il est relié directement à la bielle par l'intermédiaire d'un axe qui permet un déplacement angulaire relatif des deux pièces ; il n'y a donc pas de glissières. Le gaz et l'air sont mélangés dans la chambre *a*; le piston s'éloignant du fond du cylindre, ce mélange pénètre dans le cylindre par la soupape *b* ; puis le piston revenant, le mélange est comprimé à 4 kilogrammes environ ; à ce moment la communication s'établit entre le cylindre et le tube à incandescence *t*; la charge est allumée, fait explosion et donne l'impulsion au piston ; lorsque cependant celui-ci arrive à l'extrémité de sa course, il découvre l'orifice *f*, ce qui permet à une proportion des produits de la combustion évaluée à plus des 3/4 de s'échapper; la marche arrière du piston achève de les expulser par les soupapes, *c* et *d*, après quoi le cycle recommence. La soupape *c* est commandée par le levier *g* qui a son point d'appui en *h*. Ce levier reçoit son mouvement de la tige *i* commandée elle-même par la glissière *k*. Un régulateur est fixé en *m* à la manivelle ; il a pour effet de mettre en rapport la glissière *k* avec l'excentrique *l*; par ce mouvement, la soupape *c* est mise en mouvement, et avec elle, mais avec un léger retard, la soupape d'admission du mélange détonant. Il est à remarquer que cet effet ne se produit que lorsque la vitesse a une tendance à décroître, c'est-à-dire quand il est nécessaire de donner une admission nouvelle. Si, au contraire, la force demandée vient à décroître, la vitesse augmente, le régulateur n'agit plus sur l'excentrique ni celui-ci dans la tige de commande du levier et les soupapes restent fermées. Le régulateur est très sensible. Le tube à incandescence donne un allumage sûr jusqu'à 280 tours à la minute. Ce tube est un tuyau à gaz de 6 mill, 3 ayant 229 millimètres de long et fermé à un bout; il est vissé sur le cylindre et porté à l'incandescence au moyen d'un bec Bunsen. Sous l'action de la compression le mélange explosif pénètre dans ce tube, et s'y allume. Une petite soupape ferme l'entrée. Au moment de la mise en marche on la manœuvre à la main.

L'Associations des Ingénieurs civils d'Amérique a fait faire des essais sur un de ces moteurs ayant 152 millimètres de diamètre de cylindre et 305 millimètres de course, d'une force nominale de 8 chevaux. Il avait à mener une dynamo de 75 lampes accouplée directement par courroies au volant; le nombre normal de tours était de 212 ; le moteur fournissait la force suffisante pour entretenir 61 lampes électriques, et un petit ventilateur de 305 millimètres faisant 1 400 tours à la minute. Voici quels ont été les résultats obtenus : durée de l'essai, 10 minutes ; vitesse moyenne, 215 tours à la minute; puissance développée au frein, 5 ch. 98.

Consommation de gaz pendant les 10 minutes de l'essai 0^{m3},538. Consommation de gaz par cheval au frein 0^{m3},540. En marchant à vide le moteur ne faisait qu'une admission sur 10. Le frottement représente donc 20 % de la dépense. Si cette proportion se maintenait, la machine étant en charge, elle développerait pendant la durée de l'essai 7 1/2 chevaux indiqués, et on arriverait au chiffre extraordinairement réduit de 430 litres par cheval indiqué et par heure. Il ne faut pas oublier que ce sont des résultats américains que nous mettons sous les yeux de nos lecteurs, sans avoir pu les vérifier personnellement et ils sont souvent sujets à caution.

Moteur à gaz Roots

Le constructeur de ce moteur, « l'Economic Gas Engine Company », revendique pour lui le titre d'économique. Il ne paraît pas qu'il le soit plus ou moins que la plupart des moteurs marchant, comme lui, sur le cycle Otto.

Pendant la période d'aspiration, un mélange d'air et de gaz est introduit par la soupape A qui est en forme de champignon dans un espace B, voisin du cylindre d'où ce mélange chasse les gaz résidus de l'explosion précédente. A ce moment, il y a en B un mélange de gaz plus riche que celui qui se trouve dans le cylindre C. Lorsque le piston redescend, le passage qui existe entre B et C est presque immédiatement fermé, parce qu'il se trouve dans la partie supérieure de B. Le piston continuant sa course comprime le mélange qui occupe le cylindre : il est en majeure partie constitué par les résidus de la détonation précédente. Au bout de la compression, le tube D sert à mettre le feu au mélange comprimé, le piston est poussé vers le haut et lorsqu'il découvre B, le mélange contenu dans cet espace prend feu et le piston reçoit une nouvelle impulsion. Lorsque la course est à sa fin, la soupape d'échappement s'ouvre automatiquement au moyen d'un excentrique.

La pression obtenue en B est, d'après le constructeur, comprise entre 8 et 9 kilogrammes; il prétend aussi que son système procure une notable économie de gaz. Il est bien évident qu'il faut que la combustion soit incomplète pour que les résidus de la détonation précédente puissent en produire encore une. Nous croyons qu'il faut voir dans ce dispositif une exagération des idées d'Otto sur la stratification des mélanges gazeux.

Il est remarquable que ce moteur puisse marcher et travailler à de très faibles vitesses. Ainsi celui d'un demi-cheval peut descendre à 75 tours, soit 25 % de sa vitesse normale.

Moteur à gaz Backus

Le constructeur de ce moteur a cherché à réaliser une très grande simplicité tout en conservant une puissance et une économie convenables. Le moteur marche sur le cycle des moteurs Otto; il est vertical; il y a donc une explosion au commencement d'une course ascendante du piston sur deux; la course de retour qui précède l'explosion sert à comprimer le mélange explosif.

Sur la figure schématique n° 4, on voit que le gaz arrivant par le tuyau *a* passe par de petits pertuis sous la soupape *b* pour se mélanger à l'air. La soupape *b* est maintenue sur son siège par un ressort à boudin non représenté qui s'enroule autour de sa tige.

Au-dessus de cette soupape est celle d'échappement *d* qui est également maintenue sur son siège par l'action d'un ressort à boudin, excepté au moment où l'excentrique mené par un engrenage à une vitesse moitié moindre que celle de l'arbre, la force à s'ouvrir.

Le tuyau d'échappement est perpendiculaire à la tige de cette soupape.

L'allumage se fait au moyen d'un tube *c* qu'on maintient incandescent par un brûleur de Bunsen.

Le régulateur de ce moteur en est une des particularités les plus nouvelles. Le mécanisme en est tout entier intérieur à la poulie de commande qui se trouve sur la gauche. Les poids en s'écartant par l'effet de la force centrifuge agissent sur un coin qui fait glisser un anneau sur l'arbre. A cet anneau est fixé le levier qui commande la soupape d'admission du gaz. A l'extrémité inférieure de ce levier est un joint qui permet d'allonger ou de raccourcir à volonté, même pendant la marche, la connexion entre le levier et la bielle et, par suite, de changer la vitesse.

Le cylindre a une enveloppe d'eau; son bord supérieur est incliné pour faciliter le graissage du piston. La bielle est attachée au piston par un œil. La figure montre deux positions de la manivelle. Toutes les soupapes et autres pièces du mécanisme à l'exception du cylindre et de la bielle sont enfermées dans une boîte en fonte qu'on peut ouvrir pour vérifier le bon état des diverses pièces.

Ces moteurs se font dans les forces d'un demi-cheval à 3 chevaux.

Moteurs à huile minérale

Les moteurs à huile minérale sont, nous l'avons dit, fort appréciés aux États-Unis où le pétrole est abondant et bon marché. Aussi étaient-ils représentés par de nombreux spécimens à l'Exposition de Chicago. Nous ne parlerons pas des moteurs allemands du système Otto, appropriés à l'usage du pétrole que l'usine de Deutz avaient envoyés à Chicago — nous préférons examiner les moteurs moins connus, tout en rendant un hommage mérité à ceux que leur trop grande notoriété en Europe nous fait passer sous silence.

Moteur à pétrole Hornsby

Ce moteur marche avec de l'huile lampante et même avec une huile minérale pesant 50 grammes de plus au litre. La dépense n'atteint guère que la moitié de celle d'un moteur de même force marchant au gaz d'éclairage. Ceci, bien entendu, s'applique aux circonstances américaines. On ne peut employer dans cette machine ni benzine, ni toute autre huile légère dont la vapeur s'allume facilement. Sauf au moment de la mise en route, on n'a pas besoin d'une lampe entretenant l'incandescence d'un allumeur. La sécurité est donc fort grande. Une fois que la machine est mise en marche, tant qu'il y a de l'huile dans le réservoir, on n'a à s'en occuper que pour graisser de temps à autre; ce moteur est donc d'une conduite aussi facile qu'un moteur à gaz.

Pour la mise en marche, il est nécessaire de porter au rouge le vaporisateur au moyen d'une lampe; cette opération, activée par l'usage d'un petit ventilateur manœuvré à la main, dure de 3 à 5 minutes. La lampe peut alors être éteinte, la chaleur produite par les explosions fournissant la quantité de chaleur nécessaire pour entretenir la température du vaporisateur. Ce vaporisateur V est en fonte, pourvu intérieurement d'ailettes pour présenter à l'huile une plus grande surface de chauffe. Il est entouré d'une chemise d'air pour éviter qu'il se refroidisse, et il est mis en communication avec le cylindre par des tuyaux.

Les soupapes d'admission de l'air et d'échappement sont placées dans un logement commun et commandées par des cames montées sur un arbre distributeur. Ce dernier est mis, par des engrenages, en relation avec l'arbre du volant; des ressorts forcent les soupapes à se fermer dès que la came cesse d'agir sur elles.

Le cylindre est entouré d'eau. Le brûleur qui sert pour la mise en route est composé d'un tube rempli d'huile jusqu'à la hauteur où débouche le tuyau d'amenée d'air du ventilateur. L'air insufflé sur la surface de l'huile produit une flamme claire et chaude.

Le réservoir à pétrole est logé dans le bâti du moteur. Le pétrole nécessaire à chaque charge est amené au vaporisateur par une pompe; il y pénètre par une soupape V_4.Celle-ci, pour maintenir l'huile froide jusqu'à son entrée dans le vaporisateur, est entourée d'une chemise d'eau. Lorsque le nombre de tours dépasse une certaine limite, le régulateur ouvre une autre soupape par laquelle l'huile s'écoule au réservoir au lieu d'aller au vaporisateur; de la sorte, la pompe reste toujours amorcée bien que le cylindre ne reçoive pas de nouvelle charge de mélange explosif.

Pendant que l'huile est refoulée par la pompe dans le vaporisateur, le piston du cylindre aspire de l'air, et l'huile a le temps de se mélanger à l'air et de former avec lui un mélange explosif pendant la marche en sens inverse du piston.

La consommation moyenne est de $0^{\text{lit.}},15$ par cheval-heure indiqué.

Moteur à naphte de la Gaz Engine and Power C°

Ce moteur travaille, non comme un moteur à gaz, au moyen d'explosions, mais comme une machine à vapeur. Il est spécialement destiné à l'usage des embarcations. Il se compose de trois cylindres accolés, à simple effet. Les pistons agissent par leurs têtes de bielles sur les trois manivelles, calées à 120° l'une de l'autre, d'un arbre qui commande d'une part la pompe G par un excentrique et est accouplé par l'intermédiaire d'un ressort C avec l'hélice C_4. L'arbre à manivelles est à la partie inférieure du bâti. Sur le bâti se place une boîte rectangulaire A qui supporte la plaque A_2 percée de trous e, e' pour l'admission et l'échappement des gaz; sur cette plaque glissent les tiroirs distributeurs qui sont commandés depuis l'arbre coudé au moyen de roues dentées. On peut les régler à la main au moyen de la manivelle M. Par dessus la plaque A_2 est disposée la boîte du tiroir B. Elle a une ouverture centrale f_3 pour l'admission du gaz venant du générateur, et deux ouvertures latérales f, f_1, fermées par des soupapes de sûreté automatiques.

La pompe G aspire le naphte dans un réservoir et le refoule dans un serpentin en cuivre où la chaleur le transforme en vapeur. Cette vapeur se rend dans la chaudière qui est placée au-dessus de la machine. La pression y est de 4 k. 60. Une partie de la vapeur de naphte se rend par le tuyau P à un injecteur Q, s'y mélange avec l'air venant de Q_1, et enfin arrive par Q_2 à un brûleur qui chauffe le serpentin pendant la marche.

Pour la mise en route, il y a un brûleur spécial. La vapeur qui va aux cylindres suit le tuyau O.

Pour mettre le moteur en marche, on commence par donner de 2 à 5 coups de pompe pour amener l'huile minérale au brûleur de mise en marche, en même temps que de l'air ; on allume le brûleur ; en une ou deux minutes, par les temps chauds, la chaudière atteint une température suffisante ; on ouvre alors la valve d'admission du naphte, et, en 10 ou 20 coups, on en refoule une certaine quantité dans la chaudière. Dès qu'on arrive à une pression convenable, qu'indique le manomètre, on met en action le brûleur de marche, et on admet la vapeur sous les pistons ; le moteur ne tarde pas à se mettre en mouvement.

On fait ces moteurs jusqu'à la force de 16 chevaux. Ils consomment suivant leur puissance de 1 1/2 à 2 1/4 litres de naphte par cheval-heure. La machine et sa chaudière ne prennent que peu de place et ont un faible poids, et on peut les placer à l'arrière du bateau. Ce dernier se fait en 8 grandeurs jusqu'à 16 mètres de long, et contient, suivant les dimensions, de 6 à 40 personnes; la vitesse du plus grand modèle est de 16 kilomètres à l'heure.

Moteur horizontal à pétrole Roots

Le pétrole est amené goutte à goutte par la valve que commande le régulateur ; des courants d'air chaud sont dirigés sur le pétrole à sa sortie de la valve ; ils le vaporisent et l'entraînent constituant ainsi le mélange explosif.

Les constructeurs attachent une grande importance à la disposition qui consiste à enfermer dans une poche ou chambre spéciale reliée au cylindre une partie de la charge, et à l'y comprimer à 3 atmosphères environ. Après quoi, le piston intercepte la communication entre cette chambre et le cylindre, et comprime le reste de la charge à 6 kilogrammes.

La figure 4, pl. 42-43 est un diagramme du vaporisateur et de l'admission de l'air. L'air entre par A dans le logement B qui contient des tuyaux annulaires C. Ce logement B sert d'abri au tube à incandescence de l'allumage et est chauffé par la même flamme que ce tube. L'air, en traversant tous les tuyaux annulaires C, se chauffe au contact du métal, puis par le tube D, il passe dans la chambre E de l'alimentateur. J est le robinet du tuyau adducteur de pétrole. Le petit plongeur G est actionné par un levier ; la gorge H remplie d'huile arrive en E juste au moment où commence la course aspirante du piston ; l'air se mélange au pétrole qu'il réduit en vapeur ; l'air chargé de vapeur de pétrole monte jusqu'à l'espace annulaire L en haut du logement du tube d'allumage ; puis, par le tuyau M, se rend à la valve d'admission N du cylindre. Un tuyau P amène, par un robinet O, un complément d'air plus ou moins chauffé.

Il y a deux chambres d'explosion, de sorte que la charge est partagée en deux, et que, pendant le mouvement en avant du piston, il se produit deux explosions successives. La deuxième chambre d'explosion est boulonnée sur le côté du cylindre, et communique avec lui par une ouverture que le piston découvre et recouvre alternativement dans sa marche. Comme le mélange explosif est aspiré à travers la deuxième chambre, il s'en suit que quand le piston fait sa course de compression, cette deuxième chambre contient un mélange absolument pur des produits de la combustion précédente qui ne peuvent se trouver que dans le cylindre et son couvercle. La communication entre le cylindre et la chambre se trouve aux 5/6 environ de la course du piston. Au moment où celui-ci la supprime en recouvrant la lumière, la pression est la même dans les deux chambres, 3 kilogrammes environ; le piston continuant sa course achève de comprimer à 6 kilogrammes, ce qui reste de la charge dans le cylindre. Aussitôt après le point mort, la première explosion a lieu. Lorsque le piston découvre la lumière, les gaz de la combustion compriment violemment la charge de la deuxième chambre; cette charge s'allume, et il y a élévation de pression et réaction sur les produits de la première combustion qui, disent les constructeurs, sont plus complètement brûlés. Le diagramme pris sur la machine rend bien compte de ce qui se passe.

Le petit moteur que nous figurons développe 3 chevaux au frein, à la vitesse de 228 tours.

Il consomme moins d'un litre de pétrole lampant ordinaire par cheval heure effectif.

Moteur à gazoline Lewis

Ce moteur diffère sensiblement dans ses détails de ceux auxquels nous sommes habitués en Europe. L'arbre à manivelle traverse le bâti et est porté par des coussinets en métal blanc. Sur le bâti se dresse le cylindre vertical avec enveloppe d'eau. L'arbre principal commande par des engrenages un arbre secondaire dont dépend le mouvement de la soupape d'échappement et de la pompe à gazoline; des cames transmettent le mouvement de l'arbre secondaire aux organes qui lui sont subordonnés. L'admission de la charge dans le cylindre se fait par une soupape dont le mouvement est commandé par le régulateur, de sorte que lorsque la vitesse augmente, la quantité de gazoline et d'air introduite dans le cylindre diminue.

La gazoline refoulée par une pompe dans un réservoir supérieur ne s'y élève qu'à la hauteur de 13 millimètres. Un trop-plein la fait écouler lorsqu'elle dépasse ce niveau.

La gazoline ne redescend, d'ailleurs, pas par son propre poids, et est aspirée par une pompe. Le réservoir supérieur fournit la gazoline nécessaire à l'alimentation du brûleur qui entretient l'incandescence du tube allumeur.

Moteur à pétrole Louis Nobel

La Russie qui produit le pétrole commè l'Amérique a aussi des moteurs spéciaux pour l'emploi de ce combustible. La maison L. Nobel, de

Saint-Pétersbourg, en exposait un de 3 1/2 chevaux. Le cylindre a 170 millimètres de diamètre, le piston 280 de course. Le moteur proprement dit pèse 500 kilogrammes. Le volant en pèse 275, et la poulie de commande 48. Il fait 180 tours à la minute.

A la partie inférieure du moteur se trouvent boulonnées deux caisses, dont l'une sert de bouteille d'échappement, et l'autre contient le vaporisateur avec soupape d'entrée et de retenue, le brûleur et le tube à incandescence. Au moment de la mise en marche, on chauffe la lampe au moyen d'un peu d'esprit de vin. La lampe même se compose d'un tube en laiton courbé en forme d'U, percé de petits trous ; elle est alimentée, soit par un réservoir spécial, soit par le réservoir général de la machine.

Le pétrole nécessaire au moteur arrive par le tuyau dans un petit réservoir où son afflux se règle au moyen du robinet N. L'huile coule ensuite dans un cylindre vertical où se meut un piston P, et de là le long du piston vers un cône B situé à la partie inférieure de ce cylindre où l'huile se divise en filets minces. Le piston P détermine par sa descente la quantité d'huile qui peut s'écouler. Celle-ci se vaporise et se mélange à l'air qui arrive par la soupape L. On chauffe le mélange explosif qui va se faire comprimer dans le cylindre puis y fait explosion. Le régulateur agit sur la distribution.

La consommation est de 0k,523 de pétrole par cheval-heure — le pétrole employé ayant une densité de 826.

Application du gaz d'eau à l'éclairage

Le gaz d'eau commence à être assez fréquemment employé en Europe pour la production de la force motrice, et tous nos lecteurs connaissent les gazogènes Dowson et Lencauchez. Les applications de ce gaz sont bien plus étendues en Amérique où il est couramment distribué pour servir à l'éclairage après carburation. C'est l'appareil Wilkinson qui est le plus employé aux Etat-Unis ; il sert à fabriquer journellement :

Dans une usine à Boston.	. . . .	113.000 m³
— à New-York	. . . . . .	142.000 »
.... à Hoboken.	. . . . . .	14.000 »
— à Baltimore	. . . . . .	113.000 »
— à Washington.	. . . . .	113.000 »
— à Milwaukee	. . . . . .	85.000 »
Dans deux usines à Brooklyn.	. . . . . .	100.000 »

Nous allons donner quelques détails sur l'usine de New-York qui, installée par l'inventeur même de l'appareil, est l'exemple le plus parfait que nous puissions choisir. Elle appartient à la Mutual Gas Lighting C° et est située dans la onzième rue sur le bord de la rivière de l'Est. Elle reçoit son combustible de Pensylvanie. Suivant les cours, c'est du charbon ou du coke qu'on y brûle. Le naphte qui sert à la carburation vient ordinairement de Pensylvanie, plus rarement de Russie.

Le charbon qui doit être anthraciteux, ou le coke est amené dans la cour de l'usine et est pris par un monte-charge qui l'élève jusqu'à la plate-forme de chargement du gazogène. Celui-ci est désigné par Wilkinson sous le nom de Coupole. Les coupoles ont une forme évasée qui rappelle celle d'un haut-fourneau très ramassé.

La hauteur de la colonne de combustible est de $2^m,50$. On brûle par jour 1016 kilogrammes d'anthracite ou 680 kilogrammes de coke. Lorsqu'on brûle de l'anthracite, on produit 21 200 mètres cubes de gaz; cette quantité est réduite proportionnellement au poids du combustible lorsque c'est le coke qu'on emploie. On compte en moyenne 1700 mètres cubes par tonne, et 5660 mètres cubes par ouvrier. Les manœuvres qui manipulent le charbon gagnent 6 fr.50, les chauffeurs 12 fr.,50 par jour.

Voici quelle est la marche du générateur : dès que la fabrication des gaz a suffisamment abaissé la température du foyer pour que la décomposition de l'eau ne puisse plus avoir lieu, après qu'on a bien secoué la grille, on insuffle de l'air par en-dessous, en laissant le gueulard ouvert. On voit presque aussitôt sortir une flamme bleue, puis, à mesure que la température s'élève, la flamme passe au rouge et peu à peu on y remarque des particules incandescentes de charbon. A ce moment, le conducteur de l'appareil ferme le registre d'adduction d'air, et le gueulard, ce dernier au moyen d'un couvercle courbe qui s'applique d'autant plus exactement dans l'ouverture qu'il est plus chaud, et il ouvre successivement le tuyau par lequel doit s'échapper le gaz et celui qui amène la vapeur. Celle-ci est produite à sept atmosphères de pression par les générateurs placés entre les coupoles. La vapeur est obtenue à l'état sec. Pendant 5 à 10 minutes, le gaz se produit, formé en majeure partie d'hydrogène et d'oxyde de carbone, avec une proportion variable d'acide carbonique, et de faibles quantités d'hydrocarbures. La température est trop élevée pour qu'il puisse se former du sulfure de carbone et on ne trouve en général que des traces d'ammoniaque. Au bout d'un certain temps il n'y a plus de feu vif qu'à la partie supérieure du foyer et on peut, à ce moment, faire arriver la vapeur d'eau par le haut au lieu du bas : le gaz produit trouve alors son échappement en-dessous de la grille. L'air est fourni par des souffleurs Root ; sa pression est de 356 millimètres d'eau. Les cendres atteignent de 5 à 15 % du poids du combustible.

Le gaz se refroidit sur son chemin jusqu'au gazomètre ; il traverse un compteur.

L'installation est symétrique par rapport à l'axe longitudinal du bâtiment ; de chaque côté de l'axe il y a deux chaudières alimentant quatre coupoles placées sur deux rangs. Il y a en outre une réserve de deux chaudières avec quatre coupoles.

Le gaz produit est bien entendu, toujours composé comme nous l'avons dit plus haut, et sa flamme d'un bleu pâle n'est nullement éclairante. Lorsqu'on veut l'utiliser pour l'éclairage, on le reprend au gazomètre et on l'amène dans une chambre de carburation où il passe au-dessus d'un bain de naphte chauffé par des serpentins à la température de 188°. Le gaz se charge donc de vapeur de naphte. Le naphte de Pensylvanie qu'on emploie ici de préférence a un poids spécifique de 0,68 à 0,82 et coûte de 0,45 à 0,55 le litre. Un litre de naphte donne 0^{m3},600 de vapeur qui s'ajoute au gaz d'eau, la production du gaz et la carburation augmentent parallèlement. De là, la conclusion, assez étrange au premier abord, que le gaz le plus éclairant est relativement le moins coûteux. On fait aux États-Unis, pour cette raison, le gaz à pouvoir éclairant double de celui usité en Europe (30 à 40 bougies).

Pour plus de simplicité on vend toujours au même prix de 0,225 le mètre cube quelle que soit sa composition. Le gaz ainsi carburé doit, maintenant, être porté à une température déterminée pour que la vapeur de naphte s'y incorpore et ne se condense pas. Cette opération se fait dans des cornues à gaz ordinaires disposées en batteries de huit rangs de six.

Le gaz est amené par un large tuyau dans les couvercles des cornues qui peuvent toutes être à volonté mises dans le circuit ou enlevées. Lorsque l'on ne se sert pas de l'une d'elles, on continue à la chauffer pour qu'elle soit toujours prête à rentrer en service. On emploie en moyenne 1/2 litre d'huile brute provenant du raffinage du naphte par mètre cube de gaz pour chauffer les cornues.

Le phénomène qui se passe dans les cornues est incomplètement connu. Il est vraisemblable que l'hydrogène du gaz d'eau s'y combine

avec le carbone en excès dans les vapeurs de naphte et forme du car-
bure CH^4. L'usure du graphite des cornues est très lente, car ces usten-
siles durent jusqu'à six ans. La proportion du gaz d'eau à la vapeur de
naphte est de 631 à 369.

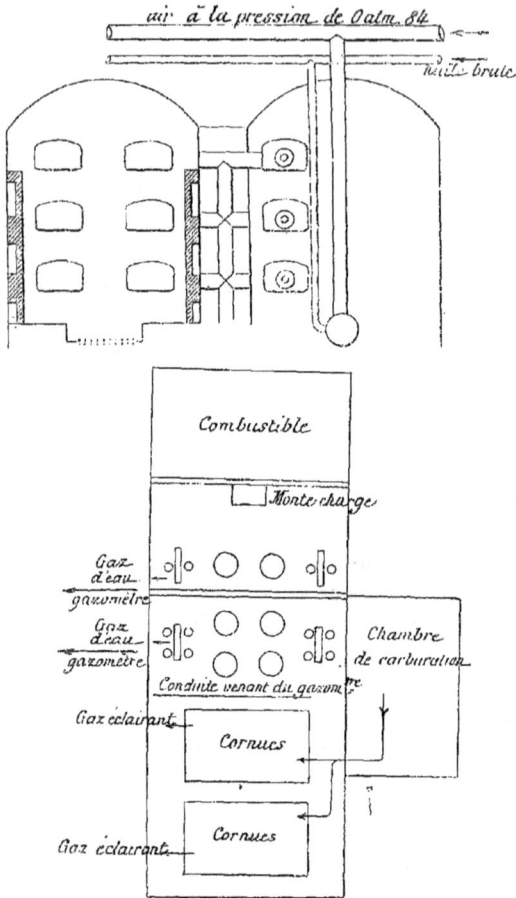

L'usine de New-York avec un personnel de 120 hommes, en tout, dont
près de la moitié sont des ouvriers d'art : serruriers, charpentiers,
peintres, etc., employés au service général de l'usine.

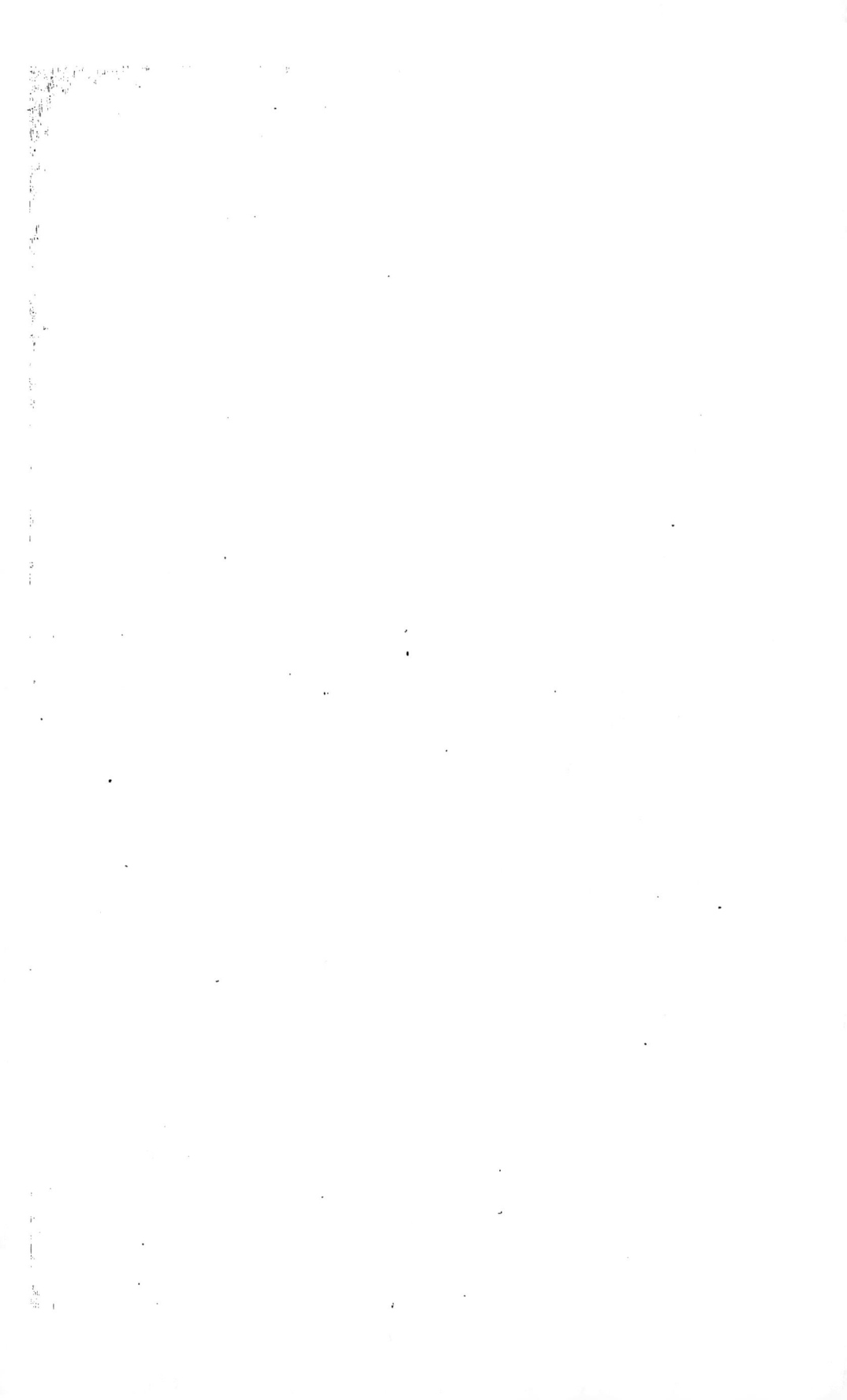

CHAPITRE III

POMPES

Les pompes sont d'un usage si fréquent en Amérique, elles entrent, depuis longtemps, dans des installations si importantes, qu'il est fort difficile de donner, dans les étroites limites de cette revue, une idée même générale de la construction de ce genre de machines aux États-Unis. Nous essaierons de décrire seulement les plus intéressantes, en empruntant surtout nos informations aux installations des services d'eau des grandes villes. L'Exposition, en effet, en dehors de son propre service d'eaux, dont nous parlerons en détail, ne pouvait rien présenter de comparable à ce qui se peut voir dans les principales cités améri-ricaines. Tout d'ailleurs n'y est point parfait, et, en les passant en revue, nous aurons souvent des critiques à formuler.

Les plus anciennes machines élévatoires furent établies en 1801 et 1803 à Philadelphie, par Roosevelt. La machine du square central élevait l'eau à 16 mètres dans un réservoir. Son cylindre a 813 millimè-mètres de diamètre, sa course de piston est de 1^m,80. La deuxième ma-machine installée à Philadelphie, sur le bord du Schuylkill, avait un cylindre de 1 816 millimètres avec course de 1^m,80. Les pompes avaient 414 millimètres de diamètre. Le refoulement atteignait 17 mè-tres. C'étaient, comme bien on pense, des machines à balancier et à volants. Le bois avait été employé pour la construction des supports de paliers, des pompes auxiliaires, et des réservoirs. La vitesse était de 16 tours à la minute, et la deuxième machine débitait en 24 heures 556 mè-tres cubes, avec une pression de vapeur qui variait de 0k,18 à 0k,28. Au commencement du siècle, il y avait encore deux grandes installations du même genre, l'une à New-York, l'autre à Boston. Leur construction est caractérisée par les procédés primitifs de montage employés, qui sont identiques à ceux usités en Angleterre pour les plus anciennes ma-chines à balancier; il n'y a que les détails ici qui rappellent le type amé-ricain bien connu de machines marines à un cylindre. Il faut dire que les moyens dont on disposait il y a quatre-vingt-dix ans, étaient fort élémentaires, et qu'on ne pouvait guère se dispenser de faire toutes les pièces lourdes en plusieurs morceaux.

Depuis 1822, la force hydraulique de la rivière du Schuylkill est utilisée à la station de Fairmount Park à Philadelphie. L'installation comprenait, au début, une roue de $4^m,60$ de diamètre et $4^m,60$ de largeur actionnant une pompe de 406 millimètres de diamètre et $1^m,40$ de course de piston. Plus tard, en 1830, on ajouta 2 roues de $4^m,90$ de diamètre et $4^m,60$ de large, dont chacune mettait en marche une pompe de 406 millimètres de diamètre, et $1^m,60$ de course de piston. En 1851, la première turbine fut installée à Philadelphie; elle avait $2^m,10$ de diamètre; la pompe qu'elle commandait avait 406 millimètres de diamètre et $1^m,80$ de course. Actuellement, la station d'eaux de Philadelphie comporte 7 turbines et 13 pompes. Chaque turbine mène 2 pompes de 457 millimètres de diamètre, $1^m,80$ de course. Toutes ensemble peuvent débiter, par vingt-quatre heures, 1 267 mètres cubes. Les machines qui fournissent actuellement l'eau à Philadelphie, dans son ancienne usine, ne sont donc plus des pompes à vapeur: celles-ci n'ont cependant nullement perdu la faveur, dont elles jouissaient au moment où les premières distributions d'eau ont été établies; et, comme nous le verrons, Philadelphie même en a installé à nouveau il y a une douzaine d'années.

Il faudrait citer toutes les grandes villes d'Amérique si l'on voulait énumérer toutes les installations de ce genre qui offrent quelque intérêt. La quantité d'eau mise à la disposition des habitants est considérable dans la plupart d'entre elles. Il est superflu d'ajouter que les machines installées partout en grande hâte dès les débuts du développement de chaque cité, sont d'une valeur très variable. Il est rare qu'un plan quelconque ait été suivi, et généralement on trouve dans la même usine des machines de nombreux modèles différents.

A Chicago, les plus anciennes machines de la distribution d'eau sont à balancier et à volant; à l'usine du Nord, elles sont à cylindre unique à simple effet; dans celle de l'Ouest, elles sont compound. La première a été montée en 1843; elle débite 28 000 mètres cubes. Le cylindre à vapeur a 1 118 de diamètre, $2^m,70$ de course. La pompe a un diamètre de 864 millimètres avec course de $1^m,60$. La seconde machine, installée en 1857, débite 49 000 mètres cubes; la troisième, qui date de 1867, et est une machine jumelée, 68 000 mètres cubes; la quatrième, établie en 1872, 162 070 mètres cubes.

La distribution dans les cylindres à vapeur se fait au moyen de sou-

papes équilibrées à double siège. Les soupapes métalliques des pompes
sont aussi à double siège. Le balancier qui se trouve à la partie supérieure est en fonte de fer ; il a 9 mètres de long, pèse environ 20 tonnes.
Le volant a 7^m,90 de diamètre et pèse 40 tonnes. Les machines sont du
type anglais bien caractérisé. En moyenne, avec ses 3 chaudières, l'une
d'elles coûtait 940 000 francs. En 1876, on plaça à l'usine Ouest de Chicago. 4 machines compound à balancier de 1 219 millimètres de diamètre
et 1^m,80 de course pour le cylindre à haute pression, 1 930 millimètres
de diamètre et 3 mètres de course pour le cylindre à basse pression.
Les deux cylindres sont pourvus de la distribution Corliss, le balancier
est à la partie supérieure, suivant l'usage anglais. Les pompes, avec une
course commune de 3 mètres, ont des diamètres de 1295 et 914 millimètres. Les machines peuvent être accouplées deux par deux au moyen
d'un volant commun. Les balanciers se composent de plaques de fer
forgé assemblées ; ils ont 11 mètres de long, 2^m,10 de 68 millimètres
d'épaisseur et pèsent 30 tonnes. Le deuxième couple de ces machines a
été mis en marche en 1884. Le coût de ces installations, générateurs
compris, a été de 122 000 francs pour les deux premières et 125 000 francs
pour les autres. Chicago a été une des premières villes dotées de grandes pompes à vapeur. Saint-Louis l'a suivie de près et, en 1880, cette
dernière ville possédait, après Chicago, les plus grandes usines de distribution d'eau ; à ce moment, la consommation était même plus grande
à Saint-Louis qu'à Chicago, mais actuellement, la proportion est ren-
versée.

L'installation primitive de Saint-Louis ne pouvait néanmoins passer
pour un modèle. La ville est divisée en deux districts pour l'un desquels
seulement il est nécessaire d'avoir de l'eau en pression. Pour celle-ci
on dispose de trois machines à balancier et à volant, débitant environ
60 000 mètres cubes, et de deux machines compound du même type
ayant un débit de 90 000 mètres cubes. Le district à basse pression est
desservi par deux machines à balancier et volant d'un type inusité, et
par deux machines du type Cornouailles à action directe. Ces dernières
sont les seules qui se soient toujours bien comportées, et les autres ont
donné lieu à de nombreux accidents ; cela suffit pour juger de leur peu
de valeur, car on sait que les machines du type Cornouailles ne sont
pas les plus perfectionnées. Récemment on a établi en amont une nouvelle usine d'un débit à peu près équivalent, qui dessert la ville
basse. Une usine avec pompes de refoulement à haute pression, compre-

nant aussi des filtres, est en projet pour le service de la ville haute. Une machine compound Corliss verticale a été installée en 1874 à Milwaukee. Elle débite 60 000 mètres cubes. Une deuxième machine débitant 45 000 mètres cubes lui a été adjointe en 1881 ; les cylindres à vapeur ont 610 et 1 524 millimètres de diamètre, et 1^m,50 de course ; le corps de pompe a 1 041 millimètres, le piston y a une course de 1^m,50.

A Détroit, deux machines compound à balancier et volant (cylindres de 1 067 et 2 134 millimètres, course de 1^m,80) ont été placées en 1880. Les deux cylindres agissent directement sur deux pompes à double effet situées au-dessous d'eux. Le corps de pompe a 1 022 millimètres ; son piston a une course de 1^m,80.

Les usines hydrauliques de Cincinnati constituent commes celles de Saint-Louis une sorte d'exposition rétrospective des pompes à vapeur. Les grandes machines Shield de 2540 millimètres de diamètre et 3^m,60 de course ont une certaine réputation.

Pittsburg possède une machine de construction horizontale avec plongeurs verticaux d'une puissance extraordinaire. Les pistons plongeurs reçoivent leur mouvement de l'arbre coudé. La transmission du mouvement aux pistons des pompes se fait avec une vitesse variable et au moyen d'un système qui rappelle le plateau de distribution Corliss, de sorte que le changement de course se fait avec une faible vitesse. Les pistons des corps de pompe sont si lourdement chargés que le refoulement se fait sans l'intervention de la vapeur ; celle-ci n'est employée que pour faire remonter les pistons. Il y a deux machines à simple effet de 1 575 millimètres de diamètre et 4^m,50 de course ; deux machines compound avec cylindres disposés en tandem de 1 575 millimètres et 2 692 millimètres de diamètre et 4^m,30 de course sont en outre en service depuis 5 ans.

On remarquera combien cette disposition des cylindres en tandem dans les machines compound plaît aux constructeurs américains ; nous avons eu l'occasion de décrire, dans une autre partie de la revue, nombre de machines de ce genre.

Chacune des machines actionne des pistons de 1 016 millimètres de diamètre et 3^m,40 de course. La hauteur de refoulement atteint 107 mètres, la pression de vapeur 8 k. 4. Les machines ont, deux à deux, un volant commun de 10 mètres de diamètre et du poids de 100 tonnes. Les manivelles originairement calées à angle droit, ont été plus tard placées à 180 degrés pour améliorer le rendement des pompes. Les soupapes primitives des pompes étaient grandes et à un seul siège : elles ont donné lieu à des réparations continuelles. L'installation est d'ailleurs, dans son ensemble, assez médiocre. Les machines les plus récentes n'ont pas donné satisfaction, et on les a transformées en machines à un cylindre. Elles avaient coûté, sans les fondations, 6 125 000 francs. C'est, en tenant compte du débit, la plus coûteuse des intallations de service d'eau qu'on ait jamais faite.

Ainsi que nous le disons plus haut, Philadelphie a repris, vers la fin de 1880, le système des pompes à vapeur pour augmenter le débit de ses anciennes usines. Les nouvelles pompes fournissent ensemble près de 500 000 mètres cubes par 24 heures. Elles sont réparties entre cinq stations, comprenant neuf pompes Worthington qui donnent plus de la moitié du débit, une machine compound à balancier, 2 machines compound verticales, et une machine horizontale jumelée.

La première pompe à vapeur de Brooklyn était à action directe du système Wright, et fut mise en service en 1857. En 1869 vint une machine à un cylindre et à volant, puis deux autres machines du même genre à cylindre à simple effet de 2 159 millimètres de diamètre et 3 mètres de course, débitant ensemble un peu moins de 60 000 mètres, En outre, en 1889, fut installée une pompe duplex Davidson.

Une machine Morris a été installée, en 1873, à Lowel ; c'était pour l'époque une machine d'un rendement remarquable. C'est une machine à balancier (914, 1 575, 1 778 et 914 millimètres), avec volant. Les pompes qui refoulent l'eau ont ont 660 millimètres de diamètre et 1ᵐ,80 de course ; elles fournissent 1 900 mètres cubes d'eau environ.

Les villes de Lynn et de Lawrence ont également des machines compound à balancier à rendement élevé, qui, au moment de leur construction, étaient fort supérieures au machines des types courants. Elles rompaient définitivement avec les errements de la construction anglaise et marquaient la première étape dans la voie de la construction rationnelle des machines à balancier destinées à la commande des pompes. Elles ont été dessinées par Leavitt. Les cylindres à vapeur sont placés au-dessous du milieu du balancier ; ils sont obliques et dirigés vers le haut, de sorte que le point d'intersection des directions des forces est au-dessous du balancier. L'extrémité du balancier, du côté de la basse pression, est accouplée à la pompe ; l'autre extrémité, à la manivelle. Les pistons ont par suite une marche inverse. Les cylindres à vapeur ont 457 et 965 millimètres de diamètre, leurs pistons 2^m,40 de course.

Le corps de pompe a 660 millimètres, et son piston 2^m,40 de course. Le débit est de 7 500 mètres cubes, la machine faisant 16 tours à la minute.

Les installations de Providence et de Pawtucket datent de 1878 ; elles ont été faites par Corliss, et elles ont eu une grande influence sur le développement des usines pourvues de pompes à vapeur. Leur célèbre constructeur y a donné la mesure de son génie inventif et de son originalité. Leurs dimensions sont les suivantes : diamètre des cylindres 381 et 762 millimètres ; course 762 millimètres. Les cylindres à vapeur sont placés horizontalement l'un à côté de l'autre et sont accouplés directement aux pistons des pompes qui ont 267 millimètres de diamètre. Une bielle transmet le mouvement de la manivelle au volant. Les pompes ont des soupapes Corliss à charge à ressorts. La hauteur de refoulement atteint 80 mètres. En 1881 Corliss a en outre placé à Providence deux machines compound à balancier, débitant 35 000 mètres cubes (cylindres de 457 et 914 millimètres, course de 1^m,80). Chaque cylindre actionne deux pompes à simple effet à plongeurs, de 483 millimètres de diamètre et 854 millimètres de course. Le rendement de ces machines est très élevé, en raison du soin apporté à leur construction, et surtout de la grande hauteur de refoulement qui réduit au minimum les résistances passives. Ces machines ont fait époque en Amérique, en raison de l'emploi de la vapeur à haute pression et de la longue détente qu'elles inauguraient.

Cette rapide revue des plus importantes installations anciennes montre qu'aucune idée d'ensemble n'a guidé les ingénieurs américains dans leur établissement. Tous les systèmes de machines ont été mis à contribution, sans qu'aucun soit arrivé à s'imposer de préférence aux autres. Il faut arriver aux travaux de Worthington pour trouver un système qui prenne une réelle prépondérance. Nous y reviendrons plus loin, et aurons l'occasion de parler avec quelque détail des installations faites par la Compagnie Worthington à l'Exposition de Chicago.

On trouve le même défaut de méthode dans l'historique du développement des machines d'épuisement. La première grande installation de ce genre date de 1763; elle a été faite aux mines de cuivre de Schuylkill. Toutes les pièces essentielles avaient été importées d'Angleterre. Au commencement du siècle, il y avait dans ces mines cinq machines d'épuisement. Les machines type Cornouailles venues d'Angleterre ont, également, été les premières en usage dans le district minier de Pensylvanie. Les installations anciennes y comportent des machines ayant de 914 à 2 032 millimètres de diamètre, et, en général, une course de piston de 3 mètres. La plus célèbre de ces machines est celle du puits Empire du district de Schuylkill ; le cylindre moteur a 2 032 millimètres, celui de la pompe 610, la course est de 3 mètres. Beaucoup de ces machines à simple effet étaient installées dans des puits inclinés ; habituellement les pompes avaient des clapets de cuir, les machines marchaient sans détente et ce n'est guère qu'il y a 20 ans qu'on a commencé à se préoccuper de la consommation de vapeur.

Une des plus grandes machines d'épuisement est celle de la mine de zinc de Lehigh, près de Friedensburg (Pensylvanie). Elle a été construite par Merric et fils de Philadelphie. La machine motrice est à balancier en dessus ; son cylindre à vapeur a 2 794 millimètres de diamère, le piston a 3 mètres de course. Le balancier se compose de deux plaques. A son extrémité extérieure est attachée la bielle de commande de la pompe. L'arbre à manivelle est en dessous du cylindre à vapeur. Deux volants avec bielles directrices sont disposés de part et d'autre de ce cylindre.

Vers 1860, on commença à employer fréquemment les machines souterraines — surtout en raison de leur faible prix de revient. En général, les machines souterraines sont à cylindre unique, ou bien elles affectent la forme de pompes Duplex sans volant. Les dimensions varient, d'une manière régulière, entre 203 et 762 millimètres de diamètre de cylindre à vapeur, 305 à 914 millimètres de course, et 127 à 356 de diamètre de pompe. Depuis leur première apparition, les machines de l'un et l'autre type ont trouvé de nombreuses applications.

Les machines des mines d'argent de Comstock sont remarquables : les puits de ces mines sont assez profonds, 1050 mètres environ. L'eau qu'on doit épuiser est à la température de 71 degrés. On y emploie des moteurs bien étudiés dans leurs détails. Les uns sont des machines à balancier à un cylindre, les autres des moteurs horizontaux, compound, à volants. Les pompes ont 406 millimètres de diamètre et 3 mètres de course.

Citons encore les machines des usines de Calumet et Hecla. Les pompes avaient de 178 à 356 millimètres de diamètre et de 900 à 2 090 millimètres de course. Celle-ci pouvait être réglée à volonté d'après la

quantité d'eau à pomper. Les pompes faisaient 10 tours à la minute ;
l'arbre de commande était mis en mouvement au moyen d'un câble. La
force était empruntée à une grosse machine à vapeur, qui servait en
même temps à l'extraction. Ces pompes travaillaient en majeure partie
dans des puits inclinés à 30 degrés environ. La hauteur à laquelle on doit
chercher l'eau est de 1 200 mètres environ.

Les pompes Worthington, inventées en 1848 et installées pour la première fois en 1854 à Savannah, donnèrent, en 1863, naissance à la
pompe Duplex. C'est maintenant la machine la plus répandue en Amérique, surtout dans les usines où l'on redoute les frais d'établissement
trop élevés,

La Compagnie Worthington n'a pas eu au début, en Amérique, le mo-
nopole des pompes des nouveaux modèles. La pompe à un cylindre et
à simple effet, notamment, se construit couramment chez Gev. F. Blake
Boston, L. J. Knowles à Worcester et dans un grand nombre d'ateliers
moins importants.

Il se construit tous les ans des milliers de ces pompes aux Etats-Unis,
et on s'en sert dans toutes les petites installations où la consommation
de combustible ne joue qu'un rôle secondaire. Quant aux pompes Duplex de Worthington, elles ont été copiées dès que leur brevet est tombé
dans le domaine public ; mais les deux usines nommées plus haut se
sont depuis longtemps entendues ; la Compagnie Worthington vient
d'adhérer à leur syndicat, et, par le fait, la pompe Duplex est aujour-
d'hui monopolisée.

Les pompes Duplex à action directe ont pris, depuis quelques années,
une extension considérable en Europe, mais nous sommes encore loin
de nous en servir comme le font les Américains.

Le problème d'alimentation en eau des grandes cités a été beaucoup
plus étudié et mieux résolu qu'il ne l'est habituellement dans l'Ancien
Monde. Aussi, l'étude détaillée des pompes s'imposait-elle à l'ingénieur
qui, visitant l'Exposition de Chicago, voulait, en même temps, se faire
une idée générale des installations mécaniques des Etats-Unis. L'Exposition même, d'ailleurs, fournissait un des plus beaux exemples d'installation de services d'eau, c'est la Compagnie Worthington qui en
avait été chargée.

On sait que la pompe Worthington a été inventée par le premier ingénieur de ce nom pour servir à l'alimentation de la chaudière d'un bateau.
Le premier brevet fut pris en 1841 pour une pompe à action directe ; la

pompe était alors à cylindre unique ; il y avait donc interruption pério-
dique dans l'écoulement du liquide, et, par suite chocs répétés fort
nuisibles à la tuyauterie. L'inventeur perfectionna successivement son
invention, et, en 1856, finit par créer le type Duplex, qui est encore actuel-

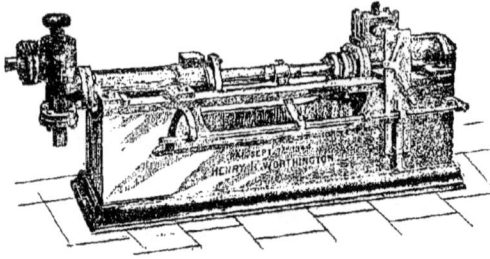

lement en usage, non seulement à la Compagnie Worthington, mais chez
le plus grand nombre de constructeurs de pompes, qui se sont presque
tous inspirés des idées de Worthington. Il est à peine nécessaire de
rappeler que la pompe Worthington consiste en deux pompes à un
cylindre juxtaposés et agencés de façon que leurs pistons agissent
alternativement, de sorte que l'écoulement du liquide est continue, et
que les clapets se reposent doucement sur leurs sièges. Jusqu'en 1884,

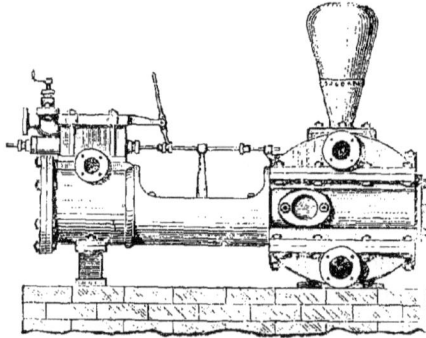

des modifications, et surtout des simplifications furent apportées à la
construction du corps de pompe, puis on employa des cylindres compound et des condenseurs, afin de diminuer la dépense de combustible.
Mais, jusqu'alors, on n'était pas arrivé à donner à la pompe un rendement assez élevé pour qu'il fût avantageux de l'employer dans les

grandes installations hydrauliques. M. Worthington, fils de l'inventeur de la pompe primitive, a imaginé alors le *compensateur* qui porte son nom. Ce compensateur se compose de deux petits cylindres oscillants attachés au prolongement de la tige du piston de la machine, et de préférence du côté de la pompe. Ces deux cylindres et leurs tuyaux sont remplis de liquide, d'eau par exemple, et ils sont reliés directement ou par l'intermédiaire d'un accumulateur à la conduite de refoulement de la pompe ; dans ces conditions, la pression sur les pistons des cylindres compensateurs est toujours proportionnelle à celle qui existe dans le tuyau de refoulement. Ces pistons résistent au commencement de la course du piston de la machine, et restituent à la fin ; l'eau de la conduite de refoulement exerçant d'ailleurs sa pression invariable en chaque point de la course. Les deux cylindres compensateurs agissent dans le même sens, et, étant placés l'un en face de l'autre, déchargent la traverse sur laquelle ils sont placés, de toute résistance due au frottement, et la machine de toute pression latérale. Ils font, en somme, l'effet d'un volant avec cette différence que la pression constante du liquide est substituée à l'inertie d'une masse en mouvement. Toute variation de pression dans la conduite de refoulement est immédiatement transmise aux compensateurs, et il s'en suit qu'un rapport invariable existe entre la charge sur les pistons de la pompe et le travail effectué par les compensateurs. Ce dispositif a donné les meilleurs résultats économiques et même les nouvelles machines à triple expansion de la Compagnie Worthington ont donné le rendement le plus élevé qui ait été jusqu'ici obtenu par des machines élévatoires.

Lorsqu'on fit les premiers projets de la *foire du monde*, on crut que la distribution d'eau qui existe à Chicago suffirait aux nouveaux besoins qu'on allait créer ; mais il fallut bientôt reconnaître que l'importance des services de l'Exposition nécessitait l'installation de pompes spéciales. Un traité fut conclu avec la Compagnie Worthington pour la fourniture de pompes capables de débiter journellement 237 000 mètres cubes d'eau. Cette quantité d'eau est considérable ; à Philadelphie, et à Paris, le débit quotidien d'eau n'atteignait pas 23 000 mètres cubes. Il s'agissait donc ici de décupler la puissance des pompes qui avaient été suffisantes aux plus grandes expositions universelles précédentes.

La station centrale du service des eaux a été placée dans un bâtiment spécial ; comme il était de dimensions insuffisantes pour contenir tous les organes de ce service, la Compagnie Worthington a installé, dans le grand hall des machines, les pompes de ses condenseurs; elle s'y est, en outre, réservé un espace de 30 mètres $\times$ 15 mètres pour son exposition qui comportait une quarantaine de pompes de divers modèles ; sept d'entre elles travaillaient utilement et débitaient 90 000 mètres cubes par jour. L'installation de la station centrale se ressent, au point de vue de la diversité des types de pompes, de la circonstance que cette station se trouve faire partie d'une exposition. Les quatre pompes, qui, partout ailleurs seraient d'un type uniforme, représentent ici quatre numéros du catalogue de la maison. Le service n'en a pas souffert et l'intérêt de la visite en était augmenté.

Il y a deux machines horizontales et deux verticales. La plus grande de ces dernières débite 57 000 mètres cubes par vingt-quatre heures. Elle est semblable à une pompe installée à Toledo (Ohio) pour le service d'eaux de cette ville avec cette seule différence qu'on a supprimé, dans la machine d'exposition, la détente variable par le régulateur. Ce dispositif n'était pas essentiel à Chicago, où la question de dépense de charbon était accessoire. Les cylindres à haute pression sont placés au dessus de ceux à basse pression ; leurs axes coïncident. Les cylindres à basse pression reposent sur une plaque d'assise qui traversent les tiges de pistons. Celles-ci commandent les pompes verticales placées au fond d'un puits sec. Une plaque métallique massive occupe tout le dessous de la machine et en supporte le poids complet. Les cylindres à vapeur sont portés par un cadre, de telle sorte qu'on peut entièrement démonter les pompes, sans toucher aux cylindres ni compromettre leur alignement. Le poids des pièces en mouvement est équilibré par un plongeur à simple effet attaché à chaque tige de piston, et travaillant dans un cylindre à air comprimé.

Cette première pompe est comptée pour 500 chevaux. Les diamètres des cylindres sont 762 et 1^m,524. Le plongeur a un diamètre de 800 millimètres. La course commune au plongeur et aux pistons des cylindres est de 1^m,575. Les tuyaux d'aspiration et de décharge ont 762 millimètres. Les tuyaux de vapeur 152 millimètres. Un condenseur à jet, indépendant, système Worthington, est adjoint à cette machine ; les cylindres à vapeur ont 356 ; le corps de pompe 432 millimètres de diamètre ; la course commune est de 381 millimètres.

Ce genre de machines est très courant en Amérique. Le type de 38 000 mètres cubes par jour se rencontre notamment à Memphis, Nashville et Brooklyn.

La deuxième machine verticale est à quatre cylindres, à triple expansion et à condensation. Les deux cylindres à haute pression ont 381 millimètres, l'intermédiaire 838, et celui à basse pression 1^m,460 de diamètre. La course commune à leurs pistons et à leurs plongeurs de 550 millimètres est de 950 millimètres. Chaque cylindre à vapeur est placé directement au dessus et dans l'axe d'une des pompes, avec tige de piston commune. Des balanciers horizontaux relient les tiges des pistons des cylindres à haute pression, l'une à la tige de piston du cylindre intermédiaire, l'autre à la tige de piston du cylindre à basse pression. De cette manière, les pistons des cylindres accouplés marchent à l'unisson. Le mouvement des distributeurs est réglé de telle sorte que chacun de ces couples commande le distributeur de l'autre côté. La marche obtenue est douce et régulière. Les cylindres ont une enveloppe de vapeur et les espaces compris entre les cylindres où circule la vapeur sont réchauffés au moyen de vapeur vive. Le condenseur est du même type que pour la machine précédente ; ses cylindres ont 305 ; ses corps de pompe 356 millimètres avec course de 254 millimètres. Le tuyau d'amenée de vapeur a 102 millimètres, le tuyau d'aspiration, 610, celui de refoulement 508. On peut, avec cette pompe, refouler l'eau à près de 70 mètres de haut, son débit atteint 30 000 mètres cubes par jour de vingt-quatre heures; elle est comptée pour 330 chevaux.

Des deux machines horizontales, l'une est du type ordinaire à détente variable qu'on rencontre dans nombre de villes pour le service municipal des eaux. C'est une machine compound à condensation, dont les deux cylindres à haute pression ont 635 millimètres, les deux à basse pression 1 270 millimètres de diamètre. Deux plongeurs à double action de 788 millimètres de diamètre ont, avec les pistons des quatre cylindres une course commune de 965 millimètres. La détente est variable par le régulateur ; ce type de pompe est bien connu en France, puisqu'il a obtenu le grand prix à notre exposition de 1889. Les cylindres compensateurs sont supportés par des cadres boulonnés à l'extérieur des corps de pompe ; les pistons compensateurs agissent par des manivelles sur l'extrémité des tiges des pistons plongeurs prolongés jusqu'à leur sortie du corps de pompe. Il y a deux pompes à air horizontales placées directement en dessous des cylindres à haute pression ; elles ont 805 de diamètre et 965 de course. Elles sont actionnées par les extrémités inférieures de bielles dont la partie supérieure est rattachée aux manivelles des cylindres compensateurs. Le tiroir de distribution placé entre les deux cylindres de pompe à air sert de support au condenseur à jet garni de plaques perforées. Cette machine de 500 chevaux donnait 46 000 mètres cubes par vingt-quatre heures. Les tuyaux d'aspiration et de décharge avaient 762 millimètres, celui d'amenée de vapeur 127 millimètres.

La deuxième machine horizontale est d'un type tout nouveau ; son piston marche à la vitesse de 110 mètres ; elle est à six cylindres et à triple expansion. Dans chaque demi-machine, les cylindres à haute, moyenne et basse pression, et le plongeur sont placés en tandem (diamètres 241, 381, 635, 820 millimètres course 1m,220). La distribution est du système Corliss. Les cylindres à moyenne et basse pression ont seuls une enveloppe de vapeur. La vapeur d'échappement est condensée au moyen d'une pompe à air Worthington avec condenseur de forme conique, qui reçoit la vapeur nécessaire par un branchement pratiqué sur la conduite principale. Les cylindres du condenseur ont 229 millimètres de diamètre, des corps de pompe 305, avec course commune de 254. La vapeur est amenée à la machine par un tuyau de 102 millimètres ; les tuyaux d'aspiration ont 610, ceux de décharge 508 millimètres. La machine développe 190 chevaux et donne en vingt-quatre heures 19 000 mètres cubes.

L'eau potable était fournie à l'Exposition par une autre pompe Worthington, semblable à la première horizontale exposée. Elle fonctionne dans la soixante-huitième rue. Les cylindres ont 838 et 1 676 millimètres ; les plongeurs 762, la course est de 1 270 millimètres ; le débit journalier de 57 000 mètres cubes.

Il ne faudrait pas croire que l'Amérique ne possède, en dehors des pompes Duplex, du genre Worthington, que des installations bâtardes telles que celles dont nous avons fait l'historique. Néanmoins, on est loin d'y trouver répandue, comme en Europe, la combinaison d'une bonne pompe avec une bonne machine à vapeur, et c'est même un phénomène extraordinaire que celui du pays où Corliss avait porté à un si haut degré de perfection la machine à vapeur, se servant de préférence de machines anglaises de qualité fort inférieure. L'abus de la réclame fait d'ailleurs grand tort à l'industrie des pompes en Amérique ; beaucoup d'industriels insuffisamment instruits sont exposés à ajouter foi, sans les comprendre, à des prospectus qui confondent le rendement de la machine motrice et celui de la pompe, ou commettent des erreurs plus ou moins volontaires du même genre. Hâtons-nous de dire que lorsque des constructeurs sérieux font des essais de leurs pompes, les chiffres qu'ils publient n'ont pas le caractère d'extravagance qu'on trouve dans les prospectus dont nous avons parlé. Mais on n'attache pas en Amérique une assez grande importance à l'économie de combustible, et les pompes Duplex, fort bonnes dans certains cas, y jouissent d'une faveur trop exclusive.

Nous remarquerons que, d'une façon générale, les services d'eaux sont en Amérique bien plus importants que chez nous. On y compte couramment 200 litres pour la consommation journalière de chaque habitant, et certaines villes vont jusqu'à 350 litres. La distribution d'eau est un des premiers travaux qu'on entreprend au moment où les rues se tracent, soit dans une ville neuve, soit dans un nouveau quartier d'une ville ancienne, et la canalisation existe presque toujours avant que les colons s'établissent dans les maisons. Ce sont donc des installations d'une grande importance que les villes doivent faire, et des machines imparfaites ou peu économiques peuvent causer aux cités de lourdes dépenses inutiles. Malheureusement, on n'a que trop d'exemples de l'ingérence d'influences locales et fort peu scientifiques dans la matière, et souvent l'ingénieur directeur des travaux se voit obligé de s'effacer devant le maire, au détriment de l'installation rationnelle de l'usine.

Pompes Gaskill

Parmi les pompes qui sont d'un fréquent usage pour les usines d'eaux des villes américaines, nous citerons la pompe Gaskill qui est employée dans plus de 370 villes. Elle est construite à Lockport par la Compagnie Holly. Ce sont des machines à volant de faibles dimensions dans tous les sens. Leurs plus anciennes applications ont été faites à Lockport et à Auburn, où elles sont mues par des turbines. Le principe des pompes Gaskill s'est dégagé tout naturellement des études que l'on a faites pour arriver à construire des machines à volant présentant les avantages des pompes Duplex sans volant, tout en conservant l'avantage de cet organe et du mouvement par manivelle et bielle, c'est-à-dire surtout la possibilité de marcher avec détente et avec une consommation modérée de vapeur. L'un des principaux avantages des pompes Duplex est qu'elles tiennent peu de place : les deux cylindres se touchent presque, et l'on n'a pas à tenir compte de la longueur de la bielle et de la manivelle. La planche 44 représente la solution donnée par M. Gaskill au problème que se sont posé nombre de constructeurs américains de réduire à des dimensions comparables à celles d'une pompe Duplex une pompe à volant. Entre le corps de la pompe et les cylindres à vapeur est un court balancier qu'actionnent les deux cylindres, à haute et à basse pression. La tige de piston du cylindre à basse pression attaque le balancier à sa partie supérieure, et de là une bielle rejoint l'arbre à manivelle placé au-dessus de la machine. Entre les cylindres et le corps de pompe sont intercalés les guides. On voit sur les figures combien tous les éléments de la machine sont condensés ; il paraît difficile d'aller plus loin dans cette voie. Les diverses pièces sont déjà même d'un accès trop difficile.

Une machine de ce genre, faisant 18 tours à la minute, débite à la pression de 5 k. 600, 15 millions de litres environ aux sources de Saratoga. La distribution se fait, à l'admission, par une soupape, à l'échappement, par un tiroir à persiennes.

Les soupapes d'admission de vapeur sont des soupapes doubles ordinaires avec changement de marche automatique. L'excentrique commande directement l'échappement pour les deux cylindres. Le corps de pompe a un piston plongeur à double action avec boîtes à étoupe intérieures. Les soupapes de la pompe sont en caoutchouc avec armature.

On voit par les pages qui précèdent que l'idée qui domine dans la plupart des installations d'eau américaines est celle de gagner de la place. Les pompes Duplex ont dû en grande partie leur succès à leur construction ramassée ; nous venons de voir comment les pompes Gaskill ont pour objet de concilier l'économie de place avec des machines à volant. L'étude des anciennes usines nous a montré le développement historique des idées relatives aux pompes. Il peut être intéressant maintenant d'en suivre l'application dans quelques installations plus récentes.

Usine de Cincinnati, (Pompe Shields).
(Planche 45. Fig. 6)

Cincinnati possède actuellement l'usine élévatoire la plus considérable qui existe; elle a été aussi la plus coûteuse d'établissement. Le cylindre à vapeur a 2560 millimètres de diamètre; les pompes sont à double action; le corps de pompe de 1143 millimètres de diamètre. La course commune aux divers pistons est de 3^m,65, la plus grande hauteur de refoulement atteint 51^m,86; le débit est de 3000 mètres cubes à l'heure. Comme le niveau de l'Ohio est très variable, on a dû installer les pompes au font d'un puits.

Usines de Saint-Louis.

Nous avons déjà dit plus haut que cette ville est divisée, pour la distribution de l'eau, en deux districts, dans l'un desquels l'eau est envoyée à haute pression et dans l'autre à basse. Nous pensons qu'il y a quelque intérêt à donner le dessin de la machine du district à basse pression, comme exemple, à ne pas suivre, des bizarreries des installations américaines. Elle a été construite à Saint-Louis par la maison Allen and Company, en 1874. En voici les dimensions principales : cylindre à vapeur : diamètre 1524 millimètres; course 2135. Pompe : diamètre du corps 1270 millimètres; course 2135 millimètres. La machine est à volant et à balancier en dessous.

Nous nous sommes déjà occupé des pompes Leavitt en parlant des installations de Lawrence, elles ont eu un grand succès et naturellement ont trouvé de nombreux imitateurs; deux constructeurs surtout ont fait, dans le même ordre d'idées que Leavitt, des pompes intéressantes : l'usine Holly de Lockport, dont nous avons déjà remarqué les pompes horizontales, et celle Allis de Chicago, dont la grande machine à vapeur attirait l'attention de tous les visiteurs de l'Exposition. Nous aurons plus loin l'occasion de parler d'une nouvelle pompe due à Leavitt qui fait également honneur à son inventeur.

La ville de Kalamazoo a commandé à la Compagnie Holly une pompe à vapeur devant débiter 11 500 mètres cubes par 24 heures, la hauteur normale de refoulement étant de 37 mètres. Le balancier est à la partie inférieure, il y a deux volants de 3m,05 de diamètre pesant 3 600 kilogrammes. Le moteur est compound ; la cylindre à haute pression a 914 millimètres de diamètre. La course est de 762 millimètres. Les pompes ont 508 millimètres de diamètre de corps 768 millimètres de course. Aux essais, on constaté que la machine donnait au frein 1 422 500 kilogrammètres, la pression étant de 5 kg. et la vitesse de 26 tours 1/2. On n'a pas mesuré le débit, mais on l'a calculé en admettant une perte de 2 %. On trouve ainsi 11 600 mètres cubes.

La même Compagnie Holly construit aussi des pompes verticales à triple expansion, mais de construction normale. Elles sont représentées à côté de la précédente sur la planche 45. Les cylindres à vapeur sont à la partie supérieure et l'un à côté de l'autre ; ils agissent sur trois manivelles. Des traverses et des guides assurent la liaison avec les pompes à simple effet qui sont en dessous. Entre les trois manivelles se trouvent deux volants.

Usines de Chicago, Pompes Allis.

Avant de nous occuper des machines de la ville de Chicago, notons une pompe différentielle actionnée directement par une machine compound dont les deux cylindres ont même axe et ayant néanmoins un mouvement à manivelle avec balancier sur le côté. Ce modèle n'est pas très répandu (pl. 48, fig. 5).

La machine représentée par les autres figures de la même planche et par la planche 47 est, au contraire, fréquemment employée. Trois d'entre elles sont montées à la nouvelle usine des eaux de Chicago. Elles passent pour des machines de premier ordre et ont donné le meilleur rendement connu jusqu'ici en Amérique. L'Europe a mieux que cela, et on pourrait citer nombre d'exemples de machines à vapeur et de pompes donnant des résultats supérieurs à ceux de Chicago, mais où nous devons renoncer à la lutte, c'est lorsque nous comparons les prix de revient de premier établissement. Pas une ville sur le vieux continent ne voudrait dépenser pour toute l'installation d'une usine donnant même débit que celle de Chicago la somme que la jeune métropole de l'Ouest a enfouie dans les fondations et les bâtiments de son usine.

La machine motrice est placée sur le sol de la chambre des machines. Les cylindres sont placés à la partie supérieure ; il y en a trois. Tous sont munis de la distribution Corliss. Celle du cylindre à haute pression peut être modifiée à volonté, celle des deux autres est fixe. Les cylindres sont supportés par des montants en forme d'A qui les relient à la plaque d'assise. Celle-ci porte l'arbre à manivelle. La liaison entre les tiges de piston des cylindres à vapeur et celles des corps de pompe se fait au moyen de deux des premières et quatre des secondes qui sont réunies en haut par une traverse, en bas par la tête du piston plongeur. Les pompes sont à simple action. Les soupapes y sont logées sur le côté et les soupapes d'aspiration et de refoulement sont l'une au-dessus de l'autre. Elles sont représentées par les figures 3 et 4 de la planche 48.

Chaque machine comporte 170 soupapes. Malgré cela, même à une vitesse modérée de 17 tours à la minute, les pompes sont assez bruyantes ; cela tient surtout à l'installation défectueuse du réservoir à air.

Les dimensions principales sont les suivantes : cylindre à haute pression 686 millimètres, cylindre à moyenne pression 1067 millimètres, cylindre à basse pression 1575 millimètres, course commune 1524 millimètres. Diamètre des trois pompes 857 millimètres, course 1524 millimètres. Nombre de tours à la minute, 16. Pression de l'eau, 2kg,8. Pression de vapeur, 8kg,2. Force développée, 540 chevaux. Débit de chaque machine par 24 heures, 60000 mètres cubes.

Ces machines sont en service depuis 1892.

Pompes des Ateliers de construction G.-F. Blake,
à BOSTON

Cette Compagnie est de celles, nombreuses aux États-Unis, qui, considérant les pompes comme un objet de vente courante, se sont attachées à en commercialiser la construction, en réduisant au minimum le nombre des types adoptés et en s'efforçant de rendre interchangeables les pièces de leurs machines. Ce dernier résultat ne mériterait certes que nos éloges s'il n'entraînait pas souvent, par malheur, avec lui quelque dédain des questions d'appropriation des machines aux circonstances dans lesquelles elles sont destinées à servir. Les ateliers Blake sont, après ceux de Worthington, les plus importants pour la fabrication des pompes Duplex. On y construit aussi des pompes à volant qui, comme les pompes Gaskill, réunissent aux avantages du balancier et de l'économie de vapeur ceux qui résultent du faible espace occupé. Pour obtenir cet effet, le balancier est placé entre le moteur et la pompe avec son axe d'oscillation très bas, et il est relié à la manivelle par un bras très court. Le constructeur a l'intention de modifier un peu son modèle; la liaison entre les pompes et les cylindres à vapeur deviendrait absolument rigide et les paliers du balancier seraient suspendus à la partie supérieure. L'inconvénient de cette construction est que la pression est reportée sur le bouton de manivelle et que l'accès de toutes les pièces en mouvement est fort difficile.

Les cylindres à haute et basse pression ont la distribution Corliss, et cylindres et couvercles sont pourvus de chemises de vapeur. La plus grande machine de ce genre qui ait encore été construite fait le service d'eaux de Newton, dans le Massachussets. Elle a des cylindres de 533 et 1 066 millimètres de diamètre, un double piston plongeur de 342 millimètres. La course commune est de 1 016 millimètres. Les tiges de piston ont 101 millimètres de diamètre. La conduite de refoulement a 5^{km},600 de long et 510 millimètres de diamètre. La hauteur de refoulement, y compris la résistance, atteint 72 mètres. La machine débite environ 19 000 mètres cubes par 24 heures. La puissance développée garantie est de 15 900 000 kilogrammètres; aux essais avec 37 t. 7 de vitesse, on a trouvé 16 140 000 kilogrammètres.

Pompes Leavitt à triple expansion

Pour n'avoir pas figuré à l'Exposition de Chicago et n'appartenir même pas aux États de l'Ouest, les pompes Leavitt construites en 1893 pour le service des eaux de la ville de Boston, ne perdent rien de leur intérêt. Chacune de ces pompes débite en 24 heures 75 à 76 000 mètres cubes d'eau. Comme on le voit sur les figures, ces machines sont du type inversé. Les cylindres ont 349, 618,5 et 990 millimètres de diamètre.

Les calculs du constructeur l'amenaient à estimer à 634 grammes la consommation de charbon par cheval-heure. Cela paraît bien peu et dans
la pratique il faudra sans doute compter sur plus que cela. Les cylindres et la distribution sont portés par six colonnes verticales et un
même nombre de colonnes obliques, qui toutes, ont leur base sur une
lourde plaque de fondation. Les valves d'admission et d'échappement
sont à persiennes et mues par des cames montées sur un arbre horizontal, qui lui-même est actionné au moyen d'engrenages par l'arbre
coudé de la machine. Les détentes des cylindres à moyenne et basse
pression sont fixes; celle du cylindre à haute pression est variable par
le régulateur qui agit sur elle par l'entremise d'un cylindre hydraulique.

La vapeur qui entre de côté dans le cylindre à haute pression passe
à travers un tuyau d'arrivée dont la section est percée de nombreux
trous. De ce cylindre la vapeur passe au cylindre intermédiaire en traversant un réchauffeur tubulaire, puis dans le cylindre à basse pression
en traversant un deuxième réchauffeur. Les réchauffeurs ont de la vapeur
vive à la pression de 13 kilogr. dans les tubes, et au dehors la vapeur qui travaille. Tous les cylindres ont des chemises de vapeur, sur
les couvercles et les parois ; ces chemises sont alimentées en vapeur
vive pour les cylindres à haute et à moyenne pression, et pour le cylindre à basse pression en vapeur à 7 kilogrammes seulement.

Les T de la machine circulent sur des glissières venues de fonte avec
les colonnes verticales. Des T le mouvement se transmet par des bielles
à des leviers en forme de double champignon que portent des piédes-
taux faisant corps avec la plaque de base. A partir de ces leviers les
bielles travaillent dans une direction et les barres de commande des
pompes dans la direction opposée, mais sous une inclinaison de 30° sur
l'horizon. Les points d'attache des bielles et des barres sont calculés de
manière que la course qui est de 152 millimètres pour les pistons de la
machine ne soit que de 102 pour les pistons plongeurs des pompes.
L'arbre coudé porte trois manivelles calées à 120° correspondant aux trois
cylindres. Cet arbre est porté par 4 paliers ajustables, les manivelles
extrêmes se trouvant en dehors des paliers. Entre deux des paliers se
trouve le volant, entre les deux autres les engrenages qui commandent
l'arbre à cames. Les pompes sont établies sur une fondation à un niveau
inférieur à celui de la machine; les corps de pompes sont liés à la plaque de base de la machine par des poutres horizontales, et par les guides
des T des pompes qui sont inclinés à 30°. Les chambres d'aspiration au

nombre de six, une pour chaque bout de chacune des pompes, sont réunies entre-elles, et les deux qui correspondent à une même pompe sont reliés à un tuyau spécial d'aspiration. Les corps de pompes inférieurs sont entourés sur toute leur hauteur par des espaces annulaires formant chambre à vide. Le haut des corps de pompes contiennent les becs de décharge et au-dessus il y a six chambres à air réunies entre-elles par des tuyaux. Chaque bout des pompes a ainsi une soupape d'aspiration et une de décharge. consistant en un assemblage de plusieurs anneaux réunis d'une façon rigide et couvrant des ouvertures circulaires pratiquées dans les sièges de soupapes.

Les soupapes sont commandées toutes ensemble par des leviers aboutissant à un seul plateau qui est lui-même actionné par la machine au moyen de bielles. Lorsque les leviers se relèvent, ils laissent les soupapes libres de se lever au début de la course suivante.

La plus grande partie de l'eau débitée par les pompes s'écoule directement dans le tuyau principal du conduit. Mais une portion de l'eau pompée par la pompe intérieure du cylindre à haute pression est prise par un tuyau spécial et passe par le condenseur à surface. Pour obliger l'eau à suivre cette voie et régler son afflux au condenseur, il y a un clapet à papillon sur le tuyau principal de décharge de la pompe, et un semblable sur le tuyau d'écoulement du condenseur. Ce dernier tuyau d'écoulement rejoint la canalisation principale du condenseur. La pompe a air est à simple action, verticale, elle est immédiatement au-dessous du condenseur et mue par un bras que porte l'arbre de commande des valves.

La vitesse normale de la machine est de 50 tours à la minute; dans ces conditions le débit journalier atteint 75 000 mètres cubes. La pression à vaincre est de 4 kilogrammes.

Pompe à incendie Hale.

Dans les villes américaines de l'Ouest, où le bois entre dans une large mesure dans la construction de tous les bâtiments, les incendies prennent facilement des proportions considérables. Les incendies qui ont deux fois détruit Chicago en fournissent un terrible exemple. A ces gigantesques incendies il faut opposer des moyens de défense d'une taille inusitée en Europe. La Société des fournitures de matériel des pompiers de Kansas-City a construit une pompe de forme spéciale, qui constitue une sorte de château-d'eau ambulant. Elle a pour but de projeter une grande quantité d'eau par les fenêtres dans l'intérieur d'une maison en flammes, ou sur les toits, et d'éviter, pour obtenir ce résultat, la perte de temps occasionnée par l'installation d'une échelle pour soutenir les tuyaux à la hauteur voulue. L'appareil Hale donne d'ailleurs un débit supérieur à celui des tuyaux ordinaires d'incendie. Celui qui est en usage à San-Francisco verse par une bouche de 76 millimètres de diamètre l'eau à $16^m,760$ de hauteur, lorsque la tour est complètement dressée, et le tube télescopique entièrement déployé. Avec une pression de 13 kilogrammes il permet d'envoyer un jet d'eau à 48 mètres de hauteur. Les figures pl. 50-51 représentent la machine avec la tour baissée, c'est-à-dire dans la position convenable pour le transport. Il y a deux manières de lever la tour lorsque l'on arrive sur le lieu de l'incendie, l'une consiste à se servir de la pression du gaz carbonique qu'on produit par réaction chimique dans un réservoir. Le gaz refoule l'eau contenue dans ce réservoir, et cette eau agit sur deux pistons qui font pivoter la tour autour de son axe horizontal. L'autre méthode de levage emprunte la pression soit à la chaudière de l'appareil même, soit à la canalisation d'eau de la ville, lorsque la charge de celle-ci est suffisante. Le réservoir où se passe la réaction chimique est en cuivre et contient environ 200 litres. On le remplit d'eau jusqu'à 15 centimètres environ de son bord supérieur; on y met 12 k., 5 de bicarbonate de soude et 4 litres d'acide sulfurique; il en dégage du gaz acide carbonique en quantité suffisante pour donner une pression supérieure à 13 kilogrammes par centimètre carré. Il suffit d'une pression un peu moindre que 9 kilogrammes pour que l'eau sous pression lève la tour en 15 à 20 secondes. Les cylindres hydrauliques représentés de part et d'autre du réservoir et qui servent à pousser les arcs qui lèvent la tour, ont environ 200 millimètres de diamètre et 102 millimètres de course de piston. Ils sont en bronze et des tuyaux y aboutissent venant d'une part du réservoir à réaction chimique, et de l'autre du tuyau à embranchements multiples qui est relié à la machine à vapeur. On peut donc à volonté, produire la pression nécessaire au levage de la tour par la machine ou par le réservoir. Dans plusieurs villes, on se sert de la pression produite par la machine pour lever la tour, par la raison que celle-ci ne peut servir que quand on a une grande quantité d'eau sous pression et qu'il est, par suite, inutile de la lever avant que ce résultat soit obtenu.

Le châssis du truc sur lequel la tour repose se compose de 4 longrines en chêne de 76×152, longues de $5^m,789$; renforcées par des tôles d'acier de 6×127. Sur ces longrines sont boulonnées deux traverses de fer en A de 76×19 qui portent un pivot en acier de 57 millimètres, autour duquel la tour peut prendre un mouvement de rotation. Le milieu de cet axe est déformé de manière à présenter un anneau où s'engage le tube télescopique lorsque la machine est au repos et baissée. Deux arcs dentés sont fixés au pivot et engrènent avec des crémaillères que les pistons hydrauliques font mouvoir dans une direction perpendiculaire. Ces crémaillères sont faites de deux barres d'acier de $9^{mm},5 \times 76$ millimètres entre lesquelles s'insèrent des goujons de 32 millimètres.

La tour proprement dite est reliée au pivot par des sabots en fonte qui s'adaptent à la partie carrée du pivot. Les parties inférieures des cornières d'acier qui constituent la tour sont rivées sur ces sabots. La tour comme nous venons de le dire est construite en cornières de $57 \times 57 \times 6$, contreventées par des tôles de 6 millimètres. Le bâti en forme de tronc de pyramide à $6^m,85$ de long, la base inférieure mesure 687×406; tandis que la base supérieure n'a que 490×203. La figure montre comment sa solidité est assurée. A la partie inférieure se trouve un chapeau en bronze muni de 4 guides où glisse le tube télescopique. Ce tube a $8^m,378$ de long, 152 millimètres de diamètre et 3 mill. 2 d'épaisseur. Il porte quatre pieds en forme de T. Un chapeau de bronze fixé à la partie inférieure du tube sert à attacher un câble en bronze phosphoreux qui sert à manœuvrer le tube au moyen de treuils.

A la partie inférieure du tube est une roue dentée en bronze qui engrène avec un pignon (rapport des diamètres 1 : 5 environ) et sert à diriger la lance. La roue dentée est solidaire du tube, quant au pignon, il est porté par un axe d'acier qui coulisse dans une colonne creuse de 25 millimètres. Celle-ci est portée par une crapaudine faisant corps avec le bas de la tour, et se meut à la main. Enfin, au-dessus de l'engrenage le tube télescopique porte encore deux bras en fer forgé qui forment point d'appui pour la lance et permettent de lui donner toutes les inclinaisons. Le truc est muni de vérins ayant des mâchoires adaptées aux essieux. Avant de lever la tour, on décharge les ressorts par l'action de ces vérins. Ils servent aussi à rendre la plate-forme du tube horizontale et par suite la tour verticale quelle que soit l'inégalité du terrain. La pompe de ce genre livrée à San Francisco a coûté 21 750 fr. et pèse de 3 600 à 3 800 kilogrammes.

ÉPUISEMENTS DANS LES MINES

L'étude des pompes nous a naturellement amenés à sortir de l'enceinte de l'Exposition et de la ville même de Chicago, pour aller examiner sur place certaines distributions d'eau. Le même procédé d'étude s'impose avec une nécessité plus grande encore en ce qui concerne les pompes d'épuisement. L'Ouest des Etats-Unis renferme un nombre considérable d'entreprises minières où il nous sera possible d'étudier les divers systèmes de pompes d'épuisement usitées en Amérique; nous dirons, en passant, quelques mots sur les autres installations mécaniques que nous rencontrerons dans les mines.

La partie occidentale des Etats-Unis est constituée en majeure partie par un haut plateau qui commence à la vallée du Missouri et s'étend jusqu'aux Montagnes Rocheuses. Les chemins de fer qui le traversent s'élèvent à des hauteurs considérables, mais c'est par une rampe très régulière et ils n'ont pas le même caractère que nos chemins de fer de montagnes qui s'élèvent subitement; il n'y a guère d'exception que pour le passage de quelques cols de la Sierra-Nevada.

Nous citerons aussi comme particulièrement remarquable le réseau de trois lignes différentes qui relient Denver au district minier de Leadville; la région parcourue est extrêmement accidentée et fait un singulier contraste avec la prairie uniforme et monotone qui s'étend sur des heures et des journées de trajet, toujours semblable à elle-même. Ces voies ferrées ont été construites dans ces montagnes sauvages pour desservir les mines de Leadville et des environs. L'industrie a fait de Leadville une ville de 30 000 habitants; elle est située à 3 000 mètres au-dessus du niveau de la mer, c'est-à-dire qu'à l'exception de quelques villes mexicaines du Sud, il n'y a pas de villes plus haut placées. La beauté du pays y attire d'ailleurs nombre de touristes en dehors des gens d'affaires. Il y a, nous l'avons dit, trois lignes allant de Denver à Leadville et de là, en franchissant des cols à 3 600 mètres d'altitude à la Cité du Grand Lac Salé, ce sont un prolongement à voie étroite de l'Union Pacific Ry, le Colorado-Midland, et le chemin de fer de Rio-Grande; il est difficile de dire laquelle des trois mérite le prix de hardiesse et de grandeur. Il y a encore un chemin de fer à crémaillère entre les sources du Colorado et le sommet du Pic de Pike à 4372 mètres.

Leadville, dans le Colorado, et Butte-City, dans le Montana, offrent deux exemples les plus caractéristiques des centres miniers modernes de l'Amérique. Il y a une quantité de petites exploitations voisines les unes des autres, mais disposées sans idée d'ensemble. En 1880, Leadville ne comprenait que quelques huttes : il y a une quinzaine d'années, on n'y traitait que l'or, dans des laveries ; ce n'est qu'à ce moment qu'on commença à attacher quelque prix à l'argent qu'on pouvait exploiter ; en 1880, on creusa les premiers puits, qui se trouvent maintenant au milieu de la ville, et on se mit à extraire du minerai d'argent et de cuivre. L'extraction du minerai était très irrégulière, aussi a-t-on dû se contenter, pour son traitement, de moyens relativement simples. L'exploitation des mines est entre les mains de Compagnies qui achètent les diverses concessions, et rétrocèdent à des particuliers, moyennant redevance, le creusement des puits et même l'extraction. Aussi trouve-t-on une multitude de petites installations côte à côte. Les installations mécaniques sont simples en général, mais très différentes d'un puits à l'autre. On rencontre tous les systèmes d'extraction, depuis le treuil mû à bras jusqu'à la machine à vapeur perfectionnée.

La question d'épuisement a peu d'importance dans les mines de Leadville, les infiltrations de quelque importance y étant presque inconnues. Dans quelques puits seulement on a installé au fond des pompes à vapeur ordinaires foulantes. Partout, on débute avec les moyens les plus simples, et à mesure que l'extraction se développe, on perfectionne l'outillage. Tous les marchands de la ville tiennent d'ailleurs à la disposition des mineurs des treuils et des pompes de tout système, neufs et d'occasion.

En moyenne, la profondeur d'un puits est de 90 à 120 mètres. La force nécessaire à son exploitation atteint de 20 à 80 chevaux. La plupart des chaudières sont chauffées au pétrole. Une tonne de charbon, dans la montagne, coûte en effet 30 francs et le pétrole donne une quantité égale de chaleur pour 25. Le charbon et le pétrole se trouvent à Canon City, non loin de Leadville ; on les amène par chemin de fer, puis on les camionne jusqu'aux puits ; l'inégalité du terrain et le défaut absolu de plan dans l'installation des puits empêchent de les faire desservir par une petite voie ferrée. Malgré l'importance du travail des usines du district, on n'y trouve au total qu'une force de 300 chevaux. On voit combien modestes sont les moyens d'action des mines de Leadville en comparaison de ceux dont disposent les grandes mines de cuivre de

Calumet dont il est question dans un autre chapitre de la *Revue*. La production est néanmoins assez grande. Elle a été, en 1892, de 40 millions de francs, et depuis 13 ans de 750 000 000 de francs. La teneur du minerai s'exprime ici non par le rapport du poids du métal précieux au poids total du minerai mais bien en dollars. Ainsi, on dit que le minerai a pour teneur 30 dollars, ce qui signifie que d'une tonne de ce minerai on extrait pour 30 dollars d'argent. Cette teneur est très mauvaise, en raison du prix élevé de la main d'œuvre ; c'est à la baisse continue de l'argent, depuis quelques années, qu'on doit d'être tombé à une teneur aussi faible ; elle n'est pas rémunératrice, et cependant on ne se décide pas à suspendre l'exploitation. Les fonderies sont partie à Leadville, partie à Denver.

Les installations mécaniques et les procédés de travail sont encore plus simples et primitifs aux mines voisines de Aspen, Curray, Silverton, etc..., les exploitations minières s'étendent dans toutes les vallées au Sud et à l'Ouest de Leadville, notamment dans la vallée de l'Aigle, où elles sont fort pittoresques, les puits étant creusés dans le vif des rochers qui bordent la rivière. Mais le rendement est encore moins bon qu'à Leadville.

Lorsqu'on poursuit le voyage vers l'Ouest, après Leadville, on trouve la cité du Lac Salé, puis le grand désert américain, plaine immense où la plus forte dépression est encore à 1160 mètres au-dessus du niveau de la mer. Il y a un certain intérêt à étudier le développement des villes des États-Unis qui se sont fondées dans ce bassin intérieur : ce sont les mines qui ont donné naissance à ces villes ; elles sont d'ailleurs encore fort jeunes et petites ; que peut être, en effet, la capitale de l'État de Nevada qui n'a pas plus de 6000 habitants ? Cette petite ville de Canon City a cependant de fort beaux monuments municipaux, elle est éclairée à l'électricité mue par une usine hydraulique. De nombreux barrages sont en voie d'exécution ou en projet dans la vallée, partout où on ne voit pas d'avenir pour les mines. C'est déjà bien là la cité américaine, et les mœurs mexicaines ne sont plus guère qu'un souvenir.

La plus intéressante des villes de cette région est Virginia City, près de laquelle se trouve la mine d'argent de Comstock. Les abords en sont moins grandioses que ceux de Leadville, sur le trajet on ne trouve rien d'intéressant jusqu'à la Colline d'Or (Goldhill) ; c'est un amas de petites exploitations comme à Leadville. Encore un pli de terrain, et on arrive à Virginia City à 1860 mètres au-dessus du niveau de la mer. C'est une

ville toute moderne, à rues larges, avec palais scolaires, hôtels, etc.....
On y trouve les puits les plus importants du monde entier. L'histoire
du développement de l'exploitation minière à Virginia City est fort
simple et jette un jour tout particulier sur le système américain ; il a
obtenu ici un plein succès, tandis qu'il a échoué autre part, mais les
méthodes ont été partout les mêmes.

Les premiers gisements d'or ont été découverts par des Mormons se
rendant en Californie ; ne pouvant repasser les montagnes en hiver,
ils ont dû revenir sur leurs pas et occuper leurs loisirs à l'exploitation
des champs d'or. Beaucoup d'entre eux abandonnèrent leur apôtre,
restèrent dans cet Eldorado et y gagnèrent sans grande peine, en
lavant de l'or, de 25 à 40 francs par jour. Puis, vinrent d'autres exploi-
tants, travaillant toujours à ciel ouvert, faute de ressources suffisantes
pour creuser des puits ; on était alors en 1850, et l'éloignement des
États de l'Est, seul développés alors, et du chemin de fer, rendaient toute
grande industrie bien difficile. Ce n'est que plus tard, lorsqu'on eut dé-
couvert de nouvelles mines, qu'on se décida à exploiter l'argent sur
une grande échelle, en creusant les puits les plus profonds qu'on ait
jamais faits pour ce genre de minerai, et à l'aide d'un outillage convenable.

C'est à la fin de 1850 qu'on découvrit les premiers gisements importants de minerai argentifère. L'histoire de cette découverte se raconte
identique dans tous les districts à quelques variantes près. Deux chercheurs d'or, après des travaux infructueux, se préparaient à aban-
donner la partie lorsque près de l'endroit où se trouve maintenant le
puits Ophir, ils trouvèrent une veine où il y avait un peu d'or et beaucoup de sulfure d'argent qu'ils traitèrent d'abord de lourde gangue
noire, sans en soupçonner la valeur. Dès que le bruit de leur découverte se fut répandu, un certain M. Comstock vint faire valoir, son re-
volver au poing, des droits antérieurs sur la concession ; mais, bon
prince, il consentit à laisser les inventeurs du filon continuer à y travailler, tandis que lui s'occupait de la partie commerciale de l'affaire.
L'analyse faite à San Francisco du minerai noir bien à tort dédaigné,
montra qu'il contenait beaucoup d'argent, et les trois associés firent
une fortune colossale ; leur succès contribua à la fondation d'une ville
dans ces parages autrefois habités par quelques Mormons.

La découverte de ces mines d'argent par des chercheurs d'or ignorants a été l'origine non seulement des usines de Comstock, mais

encore de celles de MM. Mackay, Fain, John et Woods, etc..., dont la réputation est universelle.

Les premiers travaux furent extrêmement difficiles, les ouvriers compétents faisant absolument défaut ; les quelques milliers de chercheurs d'or qui peuplaient la région ne pouvaient passer pour des mineurs. Il n'y avait guère, comme gens du métier, que quelques Mexicains ignorants mais au courant de la pratique des mines, et il fallut bien suivre leurs avis, faute d'en avoir de meilleurs. Ce n'est guère que deux ans plus tard que des ingénieurs américains introduisirent le bocardage. La plus grande partie de l'installation des mines est due à des ouvriers allemands qui ont introduit les procédés d'amalgamation, de grillage et de forage des puits qu'ils avaient appris à connaître en Europe. L'outillage se développa rapidement sous l'impulsion des ingénieurs californiens qui poussèrent les puits à une profondeur plus grande qu'on ne l'avait encore fait. En même temps la ville grandissait. En 1859, il n'y avait que des huttes en terre et des cabanes. En 1860, la jeune Cité avait à se défendre contre les tribus indiennes des environs. En 1863, la colonie des mineurs était devenue une ville américaine, baptisée avec une bouteille de whisky du nom de Virginia par son plus ancien habitant. Le développement de la ville y avait attiré toute sorte d'aventuriers, et il fallut toute l'énergie des autorités locales pour rétablir l'ordre. En 1863, Virginia City avait déjà 20 000 habitants. En 1875 elle fut presque entièrement détruite par un incendie : 2 000 maisons et tous les bâtiments des mines furent la proie des flammes. Au bout de 30 jours, les mines reprenaient le travail en plein, et un mois plus tard les maisons étaient reconstruites. En 1869, la ville fut reliée au chemin de fer Pacifique, ce qui coûta 15 millions. C'était un grand progrès sur les précédents moyens de transport, car il fallait des camions attelés de 16 chevaux pour amener le matériel et transporter les produits des mines dans la direction du chemin de fer le plus voisin, et les communications avec la Californie, où on prenait toutes les machines, se faisaient par caravanes de mulets.

Il est assez difficile de donner une idée d'ensemble des installations minières de Virginia City, car aucun plan d'ensemble n'y a présidé ; les circonstances locales ont varié d'un puits à l'autre, et tous les premiers occupants ont fait, au hasard, les premiers travaux, que les sociétés établies depuis ont dû utiliser tant bien que mal, en les modifiant comme les avaient modifiées successivement tous les propriétaires de la mine.

Aussi ne rencontre-t-on qu'une diversité inouïe, et les installations sont-elles en général fort défectueuses.

Les premiers travaux ont été entrepris à ciel ouvert, puis on s'est mis à faire des puits inclinés, et enfin les petites Compagnies se sont fondues en quelques-unes plus importantes qui se sont décidées à attaquer le filon dans toute sa profondeur, et à creuser de grands puits verticaux qui traversent perpendiculairement la couche de minerai. La direction du filon en partant du mont Dacidion vers l'Est est à 45° environ. Au début, on supposa qu'il devait présenter sa plus grande puissance vers l'Ouest. Les premiers travaux ont été faits dans cette direction mais le gisement y a été vite épuisé; ce n'est qu'en 1860 que des sondages faits à la mine Ophir ont démontré qu'au contraire c'est à l'Est qu'il faut chercher le gisement puissant; on commença aussitôt à creuser les premiers grands puits : Ophir, Mexicain, Californie, Curray, Savage, Isale, Noscron, etc... Dix ans plus tard, une deuxième rangée de puits profonds s'établissait 300 mètres plus loin à l'Est, et attaquait le filon à une profondeur plus considérable. Cette deuxième rangée de puits a été pourvue de machines perfectionnées pour l'extraction du minerai et pour l'épuisement de l'eau. Les pompes y ont une grande importance, vu qu'on s'attendait à rencontrer beaucoup d'eau au fond des puits. L'eau d'infiltration, froide d'abord, fut bientôt chaude et la température augmenta tellement qu'on dut prendre des mesures pour la ventilation et le refroidissement des puits. Les grosses difficultés d'exploitation qu'on rencontrait étaient d'ailleurs compensées par l'extrême richesse du minerai extrait, surtout des couches profondes. On a été amené à installer au fond des puits de la deuxième rangée une série de machines fort intéressantes.

La deuxième rangée de puits a fait découvrir et exploiter de 1873 à 1880, les couches les plus épaisses et les plus riches de minerais. La teneur, jusque là sans précédent, du minerai d'argent attira l'attention universelle. Les immigrants ne manquèrent pas à Virginia City et les propriétaires des usines se décidèrent vite à entreprendre une exploitation rationnelle avec l'outillage nécessaire. Les mines unies de Virginie notamment inspirèrent en 1873-74 de grandes espérances: leur gisement avait 370 mètres de large et 90 mètres de puissance, et on arrivait à recevoir jusqu'à 3 500 francs d'argent de la tonne de minerai.

Au milieu de 1880, on commença le troisième rang de puits à 600 mètres à l'Est de la deuxième; les puits sur cette nouvelle rangée atteignent 900 mètres de profondeur en moyenne. Le plus profond (Combination) a 990 mètres, sa section est de $9\,m \times 3\,m$. Il remplace quatre anciens puits ; comme les produits de l'exploitation étaient abondants à la fin de 1870, les Compagnies ont pu installer très convenablement les puits de la troisième rangée. En même temps on construisait le tunnel de Sutro, pour l'écoulement des eaux. Il a été décrit dans tous les journaux techniques du monde, et a été généralement apprécié comme un ouvrage d'art de premier ordre. Une fois ce tunnel achevé, tous les puits dont la profondeur ne dépasse pas 490 mètres se sont trouvés drainés et il n'y eut plus qu'à épuiser l'eau dans le tunnel.

Jusqu'en 1880, l'histoire des mines d'argent de Virginia City que nous venons de résumer ne présente que des évènements heureux. A partir de cette époque tout change.

La température de l'eau d'infiltration augmentait toujours, et les savants du monde entier se sont intéressés à ce phénomène ; l'eau atteignait jusqu'à 80°, ce qui ne s'était jamais vu à si faible profondeur. On multipliait en vain les moyens de ventilation, les chambres de rafraîchissement où les mineurs passaient après deux heures de travail ; des accidents dûs à la température élevée de l'eau d'infiltration ne se produisaient pas moins. On était obligé de descendre de la glace dans les puits pour y pouvoir faire travailler, et la dépense de glace montait à 6 500 francs pour un seul puits en un mois. On ne tarda pas à s'apercevoir que tout le territoire de Nevada est sillonné, sous terre, de courants d'eau chaude, qui par endroits donnent des sources jaillissantes, et qu'on rencontre forcément dans les travaux de mines. Tant que le rendement des mines fut bon, il fut possible de lutter à grands frais contre les inconvénients produits par l'eau chaude. Il en venait une quantité énorme dans les fouilles, et les pompes, quoique puissantes, avec l'aide même du tunnel de Sutro n'ont jamais pu l'épuiser complètement.

En 1882, par 825 mètres de profondeur huit puits furent inondés, sans qu'on pût empêcher l'invasion de l'eau. On continua cependant à faire marcher les pompes pour empêcher l'inondation de dépasser le niveau de 825 mètres, et on maintint en activité le puits « Yellow Jacket » qui n'était pas inondé. Mais il fallut reconnaître que les frais d'exploitation étaient, dans ces conditions, bien trop élevés et on dut se résigner à laisser inonder tous les puits jusqu'à la hauteur du canal de Sutro. Le puits Combination (990 mètres) a pu être maintenu sec jusqu'en 1886, époque où on a cessé son exploitation qui ne donnait plus que de la perte. Le puits Mexican-Union avait été abandonné en 1885 pour la même raison.

Actuellement 200 kilomètres de galeries sont inondés. La température de l'eau avant l'inondation était de 60 à 70°.

Les puits à grande profondeur ont coûté fort cher; les travaux nécessités par la lutte soutenue contre les infiltrations ont été surtout fort dispendieux. Les mauvais résultats obtenus firent perdre confiance aux propriétaires qui résolurent de se replier sur la deuxième ligne de puits où on avait abandonné, pour entreprendre la troisième, des puits qui avaient encore quelque valeur, et on s'astreignit à ne pas descendre au-dessous du plafond du tunnel de Sutro. Les mines ont donc considérablement reculé, et elles ne sont plus que l'ombre d'elles-mêmes. L'invasion de l'eau n'a pas été la seule cause de la ruine des mines de Virginia City; depuis nombre d'années, l'argent baissant de valeur, l'extraction ne donnait plus les mêmes bénéfices, et les uns après les autres, on voyait les puits autrefois prospères ne plus pouvoir couvrir leurs frais, surtout en raison des épuisements nécessaires. Les actionnaires, de leur côté, tout en demandant une grande extraction, n'ont jamais voulu comprendre qu'ils dussent faire certains sacrifices; aussi l'exploitation se réduit-elle de jour en jour, et la plupart des puits ne sont plus en activité que nominalement; on y met un gardien pour éviter la déchéance, que la loi américaine impose aux propriétaires de mines abandonnées, c'est-à-dire pour lesquelles on ne fait pas annuellement une dépense de 500 francs. Les heureux débuts de Virginia City avaient provoqué un grand mouvement minier; rien n'a réussi et la crise de l'argent est venue compléter le désastre de nombreuses mines dont la création avait été insuffisamment étudiée.

Virginia City a suivi le sort de ses mines : ce n'est plus qu'une petite ville de 6 000 habitants, qui ne garde de sa splendeur passée que quelques beaux monuments.

Voici en quelques mots l'historique du tunnel de Sutro : dès le début, les infiltrations, les irruptions soudaines de sources ont créé de grosses difficultés à l'exploitation des mines de Virginia City; on avait à plusieurs reprises creusé des galeries de drainage de 300 à 1.500 mètres de long; mais aucun plan d'ensemble n'avait été dressé et ces travaux incohérents n'avaient produit aucun bon résultat; le plus souvent l'avancement du puits était bien plus rapide que celui de la galerie de drainage, et lorsque celle-ci était terminée, le travail se faisait bien en dessous de son niveau, de sorte qu'elle ne servait plus guère.

Sutro imagina de construire un tunnel unique pour le drainage de tout le district minier. Les études furent faites à San Francisco par l'ingénieur Schussler, et le travail commencé en octobre 1869 à partir de la vallée du Carson. Le filon Comstock se trouvait à 6 k. 400 et le tunnel devait y aboutir à 500 mètres de profondeur. Pour faciliter le transport des matériaux provenant de la fouille, on donna au tunnel une section trapézoïdale avec bases de $2^m,40$ et $2^m,70$ et hauteur de $2^m,10$, et on y installa un chemin de fer à double voie étroite pour le transport des matériaux; la traction s'y faisait au moyen de locomotives ordinaires chauffées au coke. Le tunnel est entièrement coffré en bois. Les voies devaient être conservées pour le service des mines. L'eau s'écoule par un conduit en madriers à la partie inférieure.

Malheureusement, il fallut 8 ans pour achever ce tunnel qui coûta 18 millions, et lorsqu'il fut achevé la plus grande partie des puits avaient déjà atteint la profondeur de 900 mètres, de sorte que ce grand travail bien conçu d'ailleurs, ne fut pas d'une plus grande utilité que les petits canaux de drainage qu'il devait remplacer. A partir du filon Comstock, le tunnel de Sutro fut prolongé vers le Nord et le Sud de $3^m,200$ en tout, dans la direction des puits. Le tunnel principal pouvait se fermer par une porte formant digue; dans l'état actuel des mines, tout au moins, l'efficacité de cette porte est fort douteuse. Elle devait servir au cas où les propriétaires des mines ne payant pas leurs redevances, on aurait voulu les y obliger en les inondant.

La Société du tunnel de drainage a fait de bonnes affaires tant que les mines ont été prospères, mais son sort est lié au leur, et aujourd'hui le tunnel pas plus que les puits ne fait ses frais. Comme le tunnel débouche à 46 mètres au-dessus de la rivière, on avait compté sur cette chute pour créer une force motrice qui ne manquerait pas d'attirer de nombreuses industries. Mais l'évènement a trompé cette attente, et Sutro-Ville est toujours restée à l'état de projet, même à l'époque où les mines étaient en plein rapport, la vie ne se porta jamais de ce côté. La construction du tunnel n'a rien présenté de bien remarquable : les procédés employés au percement du Mont-Cenis y ont été appliqués.

Il est bien difficile d'augurer favorablement de l'avenir des Usines de Virginia City. Il faudrait, pour les faire revivre, une révolution dans le marché des métaux précieux; il est vrai que notre siècle en a déjà eu plusieurs. Il n'est donc pas sans intérêt de voir quelles étaient les installations destinées à épuiser l'eau; c'est à ce travail que servaient presque toutes les machines des mines, ainsi que nous l'avons dit.

Les principaux avantages du tunnel étaient les suivants : son existence réduisait de beaucoup la hauteur de refoulement de l'eau épuisée puisqu'il suffisait de l'amener à 490 mètres de profondeur, au lieu d'aller jusqu'à la surface du sol. Il servait aussi, et surtout, à permettre l'utilisation de la chute d'eau depuis le sol naturel jusqu'à son niveau pour la mise en marche de moteurs hydrauliques, et l'emploi dans le même but des conduites d'eau de la ville. Le prix de l'eau de la ville était invariable, quelle que fût la consommation, et la chute de Virginia City à la vallée de Carson demeurait inutilisée. Il était donc fort intéressant pour les propriétaires de mines de tirer parti d'une force qui n'était pas inférieure à 1 000 chevaux. De nombreuses petites installations et quelques-unes plus grandes furent faites avec des roues Pelton, et des transmissions par câbles pour la mise en œuvre de dynamos compresseurs et autres.

Nous allons passer en revue les machines des principaux puits particulièrement au point de vue de l'épuisement de l'eau, nous suivrons pour les étudier l'ordre des puits, sans essayer de les grouper par genres ou espèces. Enfin nous nous abstiendrons de toute critique d'une œuvre qui a eu sa grande utilité, qui à l'époque où les machines ont été mises en place, avait une réelle valeur, et qui rendrait encore de grands services, malgré les progrès accomplis, si les circonstances n'avaient pas immobilisé tout ce matériel. Il est juste de tenir compte aussi des difficultés de transport qui s'opposaient à l'aménagement complet des puits.

Nous avons déjà remarqué que tous les systèmes d'extraction ont été employés simultanément; on trouvait des treuils mûs à bras d'homme et à côté des treuils à vapeur; notamment sur la troisième rangée du puits, il y avait des machines d'extraction avec cylindre de 910, course de 2.440, faisant 100 tours à la minute.

Puits C et C.

La machine d'épuisement est à la surface du sol. Elle est compound, sans volant avec distribution différentielle Davey faite au moyen de soupapes. La profondeur du puits est de 534 mètres. Les pompes ont 305 millimètres de diamètre de plongeur et 2440 millimètres de course. Après la construction du tunnel de Sutro, on installa une station de force hydraulique dans ce puits : l'énergie était transmise au moyen de câbles à une usine de traitement des minerais située à 240 mètres. On avait placé dans le puits les unes au-dessus des autres à 150 mètres de distance des roues Pelton : des câbles de 19 millimètres, amenaient la force jusqu'au jour sur un arbre de 30 mètres de long faisant 120 tours à la minute, d'où elle se transmettait par câble. Les câbles étaient trop gros pour les dimensions des poulies ($1^m,80$); aussi y avait-il une forte résistance à l'enroulement, et par suite une usure excessive. La chute de 595 mètres au total, donnait 700 chevaux de force dont 600 se retrouvaient dans les deux câbles de transmission. Plus tard, on monta dans le même puits de petites roues Pelton de 10 à 15 chevaux qui commandaient directement des ventilateurs. Dans un autre puits (Chollar) on a monté aussi de petites roues Pelton pour le service de l'extraction, mais les mécaniciens ont préféré faire le service à bras, en se servant seulement de la roue comme frein. Il y a presque toujours quelques ruptures de palettes au moment de la mise en marche et sous les fortes chutes, les roues s'usent rapidement, mais le remplacement des palettes y est facile.

Puits Ophir.

L'installation, au jour, de la machine d'épuisement de ce puits a servi de modèle à plusieurs autres. Le siège en bois est suspendu à une poutre armée également en bois commandée par des engrenages. Primitivement, il y avait une machine de faible importance qui, au moyen d'une série de roues attaquait l'arbre de la pompe par le tourillon de la roue dentée ; mais la profondeur du puits augmentant, la puissance de la marche devint insuffisante, on installa une machine plus forte, et l'on conserva les anciens engrenages en ajoutant une deuxième roue dentée ; de la sorte il fallait installer le tourillon entre les deux roues dentées. Cette disposition, imposée d'abord par la nécessité, fut ensuite conservée dans les machines neuves.

Les dimensions de la machine sont les suivantes : cylindre à vapeur 718 millimètres, course 1525 millimètres, rapport des poulies 21.46.

Course du piston de la pompe 2440. La tige de la pompe a une section carrée de 356 millimètres, dans la partie verticale de 305 millimètres ; dans la partie inclinée du puits, la longueur verticale est de 447 mètres, celle de la partie inclinée de 551 mètres. La vitesse de la tige de piston de la pompe est de quatre à cinq coups par minute.

Ce puits possède au jour une machine hydraulique d'extraction. En outre, il y a au fond plusieurs roues Pelton actionnant des dynamos dont le courant est transmis à la surface du sol pour servir aux divers besoins de l'exploitation.

Puits de l'Union mexicaine
(MEXICAN-UNION)

Ce puits comme tous ceux de grande taille, était de forme carrée et divisé en quatre parties dont l'une servait pour le passage de la tige du piston de la pompe, deux pour l'extaction et une pour la descente et la montée des ouvriers. La seule partie intéressante des installations est celle qui concerne les pompes d'épuisement, la machine est représentée par les fig. 9 et 10, pl. 52-53. Le moteur à vapeur a des cylindres inclinés, dans le genre du modèle Leavitt, une distribution à soupapes avec échappement et détente variable pouvant se régler pendant la marche. En dessous des cylindres se trouve le balancier ; à l'une de ses extrémités s'attache la bielle de la manivelle, à l'autre les supports en bois de la pompe. Le balancier se compose d'une carcasse de tôle renforcée par des assemblages à contre-flèches. Cette machine a été dessinée par l'ingénieur de la mine et construite à San Francisco. Les dimensions sont les suivantes : diamètre des cylindres 2 440 millimètres ; la tige du piston a 254 millimètres. La pompe à air 1 372 millimètres de diamètre et 1 524 millimètres de course ; le nombre de tours à la minute varie entre les limites extrêmes de 3/4 à 6. Le volant pèse 95 tonnes et il a 10^m,93 de diamètre ; sa jante, seule, pèse 62 tonnes. Le poids du balancier atteint 108 tonnes, la longueur des tiges en bois 824 mètres. En dessous de cette profondeur jusqu'à 1 000 mètres on a installé au fond des pompes Cameron mues par l'air comprimé. La machine et les pompes, sans compter les tiges de bois qui commandent les pompes, ont coûté 1 000 000 de francs.

Mines d'Ontario,

A PARK-CITY

Il est intéressant de comparer à l'installation que nous venons de décrire celle des usines d'Ontario à Park City. Elles ont été dessinées par M. Eckart et construites à Philadelphie à l'usine Morris. La disposition générale de la machine rappelle celle de la machine du puits de l'Union Mexicaine. Le balancier est en fonte armé de joues en fer, et construit de telle sorte que l'assemblage du milieu ait un certain jeu. Les dimensions principales sont les suivantes : cylindre à haute pression 978 de diamètre; cylindre à basse pression 1778 millimètres de diamètre; course du piston de la pompe 3050 millimètres. Les pompes sont doubles et leur piston plongeur a 508 millimètres de diamètre. La pression de la vapeur est de 7 kilogrammes. Les tiges des pompes ont un équarissage de 406 millimètres; elles ont 425 de long. L'eau est élevée à 240 millimètres par quatre séries de pompes dont chacune la monte à 60 mètres. Le nombre de coups de piston est de sept à la minute (pl. 53, fig. 14).

Puits Combination.

La machine d'épuisement est au jour; il y a une tige de pompe régnant sur toute la profondeur du puits. La fig. 5, pl. 54 donne un diagramme de cette installation. On voit la construction du balancier compensateur entre le sol naturel et celui du tunnel, la distribution des pompes de refoulement et des bâches et l'emplacement des pompes hydrauliques de fond dont nous parlerons plus loin.

Les pompes élévatoires commencent au-dessous du sol du tunnel. Ce sont des pompes à double plongeur disposées de part et d'autre de la tige de bois. La profondeur de chacune des installations et l'époque de leur mise en service sont indiquées sur la figure 5. La machine à vapeur qui est placée au jour, a des cylindres verticaux, un balancier placé en-dessous, pas de volant et une distribution différentielle.

La fig. 11 montre à une échelle un peu plus grande une machine d'une construction analogue qui dessert la mine de Belcher. Cette dernière, dessinée par Pelton, a été contruite à San-Francisco par les forges Risdon. Elle possède un condenseur indépendant avec pompe à air ayant également une distribution différentielle.

Les dimensions de la machine sont les suivantes ; diamètre des cylindres à haute pression, 765 millimètres, basse pression 1 587 millimètres. Courses : haute pression 3 220 millimètres ; basse pression, 2 440. La profondeur du puits est de 915 mètres dont 284 creusés verticalement, le reste en pente (30° 1/2 sur 373 mètres, 33° sur 315, 36° sur 434 mètres). Les pompes ne vont que jusqu'au niveau de 842 mètres en dessous du sol

Lorsqu'on eut dépassé la profondeur de 700 mètres au puits Combination, l'afflux de l'eau devint tel qu'on ne peut plus épuiser au moyen de la machine à longue tige de bois dont nous avons parlé. On a eu recours à des pompes d'épuisement actionnées par l'eau en pression, et placées sous terre. Il y en eut d'abord une à 244 mètres en dessous du niveau de la bâche, puis deux autres plus fortes à 314 et 432 mètres en dessous du tunnel de Sutro. Ces diverses pompes, y compris celle qui, placée au jour produit la force nécessaire, ont toutes été construites aux forges Risdon. La pompe motrice est représentée en plan et par une vue de côté dans les fig. 6 et 7. Une machine compound horizontale, avec cylindres placés l'un derrière l'autre, et distribution différentielle met en mouvement, par l'intermédiaire d'une forte traverse, quatre pompes foulantes, dont deux sont placées du même côté que les cylindres et deux du côté opposé. On voit, sur le plan, comment la tige de piston du cylindre à haute pression attaque au milieu les deux tiges de piston à basse pression en dehors, et la traverse qui commande les quatre pompes par ses deux extrémités. Cette installation, fort coûteuse (1 320 000) à laquelle avaient travaillé plusieurs ingénieurs américains et anglais n'a jamais donné pleine satisfaction. La grande pompe motrice qui devait faire douze tours à la minute, et à laquelle on n'en demandait jamais que 8, ne put résister au travail même réduit ; il se produisait des ruptures de tuyaux particulièrement aux coudes. On dut donc renoncer à l'emploi de cette machine et faire marcher les pompes souterraines au moyen de l'eau de la ville. Les pompes hydrauliques sont représentées par la figure 8. Toute cette installation a été non seulement fort coûteuse comme première mise de fonds, mais encore d'un prix de revient d'exploitation excessivement élevé. On y dépense cinq fois autant qu'avec des pompes ordinaires placées aux divers étages du fond. L'expérience faite de transmettre à distance la force hydraulique a donc fort mal réussi dans ce cas, et encore n'a-t-on pu obtenir une certaine régularité dans la marche des pompes que lorsqu'on eut supprimé la pompe qui devait toutes les alimenter, et qu'on s'est adressé au service des eaux de la ville.

En même temps qu'on essayait de faire mouvoir par l'eau les pompes d'épuisement, on appliquait également la force hydraulique aux machines d'extraction. On se servait, comme puissance motrice, de celle de l'eau de la ville. Le cylindre oscillant de ces machines (fig. 9 et 10) est à simple effet, ce qui est peu rationnel ; la distribution, fort simple, est gâtée par un développement inutile de tuyaux à coudes brusques et à hautes colonnes d'eau qui empêchent tout mouvement régulier de l'eau. La construction des moteurs est peu favorable à une marche assurée de l'extraction. Ces machines, provenant des forges Risdon n'ont jamais pu entrer en service régulier, et on a toujours dû employer la vapeur.

Puits Yellow-Jacket.
Planche 55.

Ce puits possède un moteur compound horizontal pour la manœuvre des pompes disposées le long d'une tige en bois, dont la disposition est montrée par la figure 5. Les autres figures donnent les détails de la machine dessinée par Galton, et construite par Prescott Scott et Cie, à San-Franscisco, en 1878. Les cylindres à haute et basse pression sont l'un à côté de l'autre ; tous deux ont une distribution à soupapes. Leurs tiges de pistons attaquent une traverse commune au milieu de laquelle prend la bielle directrice. Celle-ci est construite de telle sorte que l'arbre coudé de la machine la traverse. Une poutre armée à l'extrémité de la bielle, commande directement la maîtresse tige des pompes. Le mouvement des manivelles est obtenu par une double bielle partant de la traverse ; l'arbre à manivelle porte deux volants, pesant chacun 42 tonnes. La machine a une fondation de granit tellement colossale qu'elle coûte à elle seule autant qu'une machine de force double installée au fond, y compris la construction de la chambre aux machines. Voici les principales dimensions de la machine : cylindres à haute pression, 787 millimètres, à basse pression 1 575 millimètres de diamètre ; course commune 3 660 millimètres. Course du piston des pompes 3 050 millimètres. Les figures donnent de cette ma-

chine une idée suffisante pour qu'il soit inutile d'y insister beaucoup.
On remarquera que la pompe à air du condenseur est commandée par
un levier de dimensions inusitées. Ce levier est en fonte et il est probable que l'on est arrivé à le renforcer dans ces proportions pour éviter
qu'il se brise comme cela arrive trop souvent aux leviers de ce genre.

Mines Alta.

(Planche 53, figure 15).

Nous ne pouvons passer en revue toutes les autres et très nombreuses
installations du district minier de Virginia City. Nous voulons, cependant, dire quelques mots encore de la mine Alta. La machine motrice
est du type Davey, horizontale, avec cylindres en tandem. Le mouvement est transmis par un double levier coudé à deux tiges maîtresses.
L'avantage principal de cette machine est, en théorie, que, s'il se produit une rupture dans la tige, l'appareil de distribution ferme automatiquement l'admission, de sorte que la machine s'arrête. La pratique a,
malheureusement, démontré que la rupture d'une des tiges maîtresses
n'arrêtait point la machine, mais y causait de très sérieuses avaries.
Après cet accident, on a ajouté un appareil de sécurité limitant la course
de la machine, et pouvant arrêter l'admission. On n'a pas eu l'occasion
de juger des résultats que donnerait ce nouveau moyen.

De ce qui précède, il est aisé de conclure que les constructeurs de
l'extrême Ouest américain n'ont que fort imparfaitement résolu le problème de l'épuisement de l'eau dans les mines. La plupart des installations du district de Virginia City, aujourd'hui presque ruiné comme nous
l'avons dit, ont été fort coûteuses et, chose remarquable, les machines
employées avaient, en général, une consommation de combustible fort
élevée ; or, dans ces régions minières, le charbon coûte de 80 à 100 francs
la tonne ; il semblerait donc rationnel de rechercher à tout prix l'économie de combustible. Si nous avons pris pour texte de notre étude des
mines dont les pompes ne servent plus, c'est qu'elles montrent bien ce
qui se fait presque partout en Amérique, dans l'Ouest tout au moins, et
aussi qu'il est rare de rencontrer dans les mines américaines des infiltrations qui exigent d'importantes installations d'épuisement. En général, il y a, dans le même district minier, une multitude de petites

exploitations et très peu de grandes, de sorte que les moyens d'action et l'outillage sont habituellement très primitifs.

Les petites entreprises recherchent en général le bon marché apparent, c'est-à-dire celui qui consiste à dépenser peu comme première mise, quitte à payer ensuite, par le défaut d'économie dans l'exploitation, dix fois la différence entre une bonne installation et la mauvaise que l'on a faite. Dans l'Ouest de l'Amérique, on ne rencontre guère que des pompes à un seul cylindre de Knowles, de Blake et quelquefois de Worthington; dans les mines un peu plus importantes, on trouve des machines type Cornouailles, ou des machines horizontales ordinaires avec engrenages et levier coudé pour la manœuvre des pompes, et toujours le charbon coûte un prix excessivement élevé, ce qui n'engage nullement les propriétaires des mines à l'économiser; c'est peut-être un indice du peu de confiance qu'ils ont dans leurs entreprises.

Les fig. 1 à 8, pl. 52 représentent une pompe suspendue, fréquemment employée dans le fonçage des puits. La vapeur y est amenée à deux hauteurs différentes. Ces pompes, dans de très mauvaises conditions de marche, font 40 tours à la minute et donnent des résultats satisfaisants. Ce sont des pompes différentielles qui n'ont qu'un tuyau d'aspiration et en ont deux de refoulement. La condensation de la vapeur d'échappement a lieu dans le tuyau d'aspiration. La figure 3 représente une petite pompe qui sert dans les fonçages ; on la suspend dans le puits au moyen de crochets en fer qui s'enfoncent dans de très simples entretoises en bois posées entre les parois.

Nous allons continuer à passer en revue quelques grandes installations de mines, en nous attachant spécialement à l'étude des moyens d'épuisement. La maison Allis est déjà pour nous une ancienne connaissance, et nous avons parlé de ses machines à vapeur et de ses pompes pour service d'eaux. Elle a fourni, aux mines de fer de Chapin, dans les Iron Mountains, une grande machine d'épuisement; cette machine est de date récente : elle n'a été mise en service qu'en 1893. Il est intéressant de voir quel est le dernier mot des perfectionnements apportés en Amérique à la construction des machines de ce genre, et de comparer une installation qui date d'hier avec celles de la Nevada, qui ont toutes été faites entre 1860 et 1870. Dans la machine Allis, qui nous occupe maintenant, les deux cylindres, à haute et basse pression, sont disposés l'un au-dessus de l'autre, sur un pilier vertical, et agissent ensemble sur une des extrémités d'un balancier de fortes dimensions;

l'autre extrémité du balancier actionne la tige de la pompe; enfin, le bras du balancier, prolongé vers le bas, fait mouvoir la manivelle par l'intermédiaire d'une bielle. Les paliers de manivelle sont reliés rigidement au bâti de la machine. Sur l'arbre à manivelle, est calé un grand volant de 12^m,20 de diamètre et 130 tonnes de poids. Le cylindre à haute pression a 1270 millimètres de diamètre; celui à basse pression a 2540 millimètres; la course est de 3050 millimètres; il y a sept pompes foulantes à 60 mètres de distance verticale les unes des autres. La planche 57 représente en détail le balancier.

La hauteur totale de la machine atteint 16^m,40 ; le balancier a 10^m,96, la bielle 9^m,15 de long. La vitesse maximum devrait être de 12 tours à la minute ; les dimensions énormes du volant ne permettent pas de dépasser trois tours et demi. Au moment où l'Exposition de Chicago était ouverte, la machine était en marche, et suivant l'usage américain, on répétait bien haut qu'elle donnait toute satisfaction. Mais, à cette époque, il n'y avait encore que deux pompes foulantes, et la tige maitresse n'avait que 150 mètres, et on ne peut pas préjuger, d'après les premiers résultats obtenus, de ce qui se passera lorsque la tige maitresse sera longue de 450 mètres, que la machine aura sa pleine charge, et qu'on essaiera de lui faire faire 12 tours. Il est à remarquer qu'on n'a pris aucune des précautions habituelles pour assurer une bonne transmission du mouvement sur toute la longueur de la tige, à une vitesse un peu accélérée, à partir de 8 tours par exemple. Ce genre de pompes est assez répandu dans les mines de zinc et de charbon de Pensylvanie, et jouit d'une bonne réputation aux États-Unis.

En ce qui concerne les pompes placées au fond des mines, nous avons déjà noté que la très grande majorité des propriétaires n'emploient guère que des pompes verticales du modèle le moins coûteux qu'ils peuvent trouver. Les pompes Duplex même sont rares. Les suites de cette mode sont toutes naturelles : mauvais fonctionnement des pompes, chaleur intolérable dans la chambre aux machines, consommation excessive de charbon, réparations continuelles, etc. L'incertitude qui règne sur l'avenir des mines dans l'Ouest n'a que rarement permis le développement d'un système de bonnes machines au fond des mines.

La Compagnie des Mines d'or et d'argent de Boston et Montana, à Butte City, nous offre un exemple d'installation moderne souterraine. L'aspiration se fait directement dans le puisard. L'action de l'eau sur le fer est tellement destructrice qu'on a dû faire en cuivre toutes les parties qui touchent l'eau, y compris les tuyaux de refoulement. Il n'y a pas de réservoir à air pour le tuyau d'aspiration, mais les soupapes et les colonnes d'eau sont de fortes dimensions. La machine a une vitesse de 100 tours à la minute. Les pompes sont à simple effet pour l'aspiration, et à double effet pour le refoulement. Les soupapes sont commandées par le plateau de la distribution Corliss de la machine à vapeur. Ces pompes sortent des ateliers Fraser et Chalmers (pl. 58-59).

Il nous reste à parler d'installations qui, depuis quelques années, jouissent d'une certaine vogue dans les usines, pour les petites forces inférieures à 80 chevaux tout au moins. Nous faisons allusion aux pompes mues par des moteurs électriques. En général, le moteur électrique, dans ces installations, ne présente aucune particularité nouvelle : c'est un moteur à grande, quelquefois trop grande vitesse, qui exige une transmission double ou triple. Les pompes correspondantes sont le plus souvent d'une construction défectueuse, et le rendement en est faible. Le constructeur électricien, qui entreprend l'installation à forfait, n'a que trop d'intérêt à ne pas fournir de bonnes pompes. Beaucoup d'usines électriques, à notre connaissance, ont été loin de répondre à ce qu'on était en droit de leur demander : il y en a qui n'ont jamais pu marcher, parce que leurs pompes étaient trop mauvaises. Elles n'auraient d'ailleurs pas mieux marché à la vapeur, et on ne doit point accuser ici l'électricité.

La planche 60 donne un type de pompe mue par l'électricité, construite par la Compagnie Geo.-F. Blake, à Boston ; c'est un des meilleurs spécimens du genre. On peut cependant lui reprocher la complication de sa construction : elle a six pistons avec tiges de guidage, une double transmission par roues dentées, etc. Devant le tuyau de refoulement, se trouvent des soupapes de sûreté chargées qui remplacent la chambre à air.

Les usines de Calumet et Hécla ont aussi fait des essais de pompes mues électriquement. Le moteur transmet la force aux plongeurs de trois pompes à double effet, par l'intermédiaire de deux séries de roues dentées qui actionnent un arbre à manivelle d'où partent trois bielles directrices (pl. 60).

Ces pompes qui se font jusqu'à la force de 80 chevaux ont donné, dans l'exploitation, des résultats peu satisfaisants. En raison de ruptures dans les pompes et le tuyau de refoulement, la vitesse maxima prévue de 80 à 100 tours n'a pu être atteinte, et on a dû se limiter à 30 ou 35 tours.

M. W. R. Eckart a fait sur les installations des mines de Virginia City une série d'expériences fort précises et intéressantes. Nous ne pouvons en donner ici tous les résultats. Il nous suffira d'y faire un choix se rapportant surtout aux installations déjà étudiées (pl. 56).

Nous prendrons comme exemple d'une pompe d'épuisement à tige maîtresse en bois tenu par une machine sans volant, l'installation de la mine de Belcher. On voit figure 16, le diagramme de la marche normale. La limitation de la course par la distribution différentielle s'est montrée insuffisante, et on a dû mettre en dessous du balancier des buttoirs en bois. Les condenseurs indépendants ont donné à l'usage de très mauvais résultats.

La figure 17 représente le diagramme du cylindre de la pompe à air; il est facile d'y reconnaître l'inégalité de la course, de la charge, et la perte de vapeur qui résulte de ce que le cylindre se remplit trop complètement. Aux essais on a trouvé que le condenseur ne donnait aucune économie sur l'échappement libre. Plus tard, on adjoignit aux pompes à air une pompe à eau froide qui devait élever l'eau à 16 mètres dans des réservoirs, le vide en devint meilleur, mais la consommation de vapeur ne diminua point.

Voici quelles étaient pendant les essais les longueurs de tige maîtresse commandées par la machine: de la machine à la partie oblique du puits: 280 mètres en tige de 356 millimètres d'équarrissage, puis 503 mètres en 356 millimètres, 244 mètres en 254 millimètres, enfin 264 mètres en 254 millimètres, en tout 1 291 mètres de tige de pompe. Le poids total de cette tige atteignait 188 600 kilogrammes. Le nombre de coups de piston à la minute étant en moyenne de 5,25, le travail fait tant à la montée qu'à la descente du piston s'élève à 256 chevaux. Le rendement est de 0,748, la perte de course de 3 %.

La mauvaise utilisation de la vapeur dans les machines à distribution Davey, a fait revenir aux machines à volant. La dernière machine d'épuisement du puits de Yellow-Jacket (Mines de Calumet et Hécla) est de ce système. Les deux cylindres à vapeur sont placés l'un à côté de l'autre, et à si petite distance que la vapeur n'a que fort peu de trajet à faire entre les deux. Il y a une bonne distribution par soupapes. Le diagramme montre pour une machine de l'époque où elle a été construite, une fort bonne utilisation de la vapeur. On a constaté une consommation moyenne de 8 k. 400, et un rendement de 85 %. Aux essais, l'eau devait être élevée à 915 mètres ce qui correspond, en raison des résis-

lances, à 932 mètres comme travail effectif. Les pompes avaient une
course de 3ᵐ,05 et des plongeurs de 330 et 356 millimètres. La tige maitresse a 406 millimètres d'équarrissage, 920 mètres de long ; elle a dix
bâches sur son parcours, son poids tout compris est de 280 tonnes. En
service normal, la machine fait 5 tours et demi à la minute, le travail
à la descente est de 197 chevaux, à la montée de 224, soit un total de
421 chevaux.

Nous avons parlé de l'installation des puits Combination, avec pompe
motrice à la surface actionnant les pompes hydrauliques du fond. Une
disposition semblable se retrouve aux mines Eureka en Nevada. La
pompe principale a des cylindres à vapeur de 562 millimètres pour la
haute pression, 1 124 millimètres pour la basse pression; la course est
de 1 830 tours.

Le piston donne 10 coups par minute; il y a quatre pistons plongeurs
de 98 millimètres. Ces derniers doivent fournir l'eau nécessaire à la manœuvre de deux pompes de fond, l'une avec piston moteur de 133 millimètres, piston de pompe de 330, course de 2 440, 8 coups à la minute,
l'autre donnant le même nombre de coups et ayant pour les mêmes organes les dimensions de 130, 140 et 1 830 millimètres, et en outre à une
pompe volante à plongeurs différentiels de 305 et 432 millimètres, avec
course de 1 830 millimètres.

Aux essais les machines ont marché trois jours à l'allure normale.
Celle qui se trouve à la surface donnait en moyenne 9 coups 63 à la minute, avec une pression de 6 k. 800, un vide de 483 millimètres (la pression normale à l'altitude de la mine est de 584 millimètres). La pression
des accumulateurs était de 73 k. 700. Les pompes de fond marchaient
à la vitesse moyenne de 7 coups et demi par minute, et donnaient un
rendement de 0,58.

Des expériences répétées ont permis de se rendre compte de l'influence qu'exerce l'augmentation de vitesse des pompes foulantes. La
figure 18 donne un diagramme de l'augmentation de la pression moyenne
dans la pompe pour des vitesses variant de 1,53 à 6 coups à la minute,
et la comparaison de cette pression qui augmente en même temps que
la vitesse avec la pression hydrostatique. A mesure que la vitesse s'ac-
croît, la pression finale augmente, ainsi que le montre le diagramme
suivant (18). La figure 14 donne le diagramme de la pompe motrice. La
figure 12 celui de la machine qui actionne cette dernière pompe.

La pompe motrice doit en outre fournir l'eau nécessaire au fonctionnement d'une machine d'extraction, bien que l'on ait à sa disposition assez de vapeur pour faire l'extraction. Lorsqu'on met en action cette machine hydraulique d'extraction, la pression des accumulateurs tombe de 77 à 52,5 kilogrammes. En outre il y a une diminution extraordinaire de pression dans les cylindres de pression, lorsque le deuxième cylindre de travail, placé à 90° du premier commence sa course. La figure 13 montre bien la perturbation qui se produit dans le mouvement de l'eau au milieu de la course.

M. Eckart a fait des expériences particulièrement intéressantes sur les mouvements réels des longues tiges maitresses des pompes de mines. Bien d'autres avant lui avaient tenté de mener à bien des expériences du même genre, mais il a réussi mieux que ses devanciers parce qu'il s'est procuré un outillage convenable pour les essais qu'il voulait faire. Il construisit un chronographe composé d'un tambour auquel un mouvement d'horlogerie imprime une rotation uniforme. Le mouvement d'horlogerie est lui-même réglé par une sirène dont la régularité de marche dépend du nombre de vibrations d'une membrane. Lorsque ce nombre varie, la marche du mouvement d'horlogerie est affectée. Devant le tambour, et parallèlement à son axe, est disposée une tige sur laquelle peut se déplacer dans le sens de sa longueur un appareil à pointe traçante que commande la partie de machine soumise à l'expérience.

La pointe traçante décrit sur le cylindre une courbe dont les abscisses sont les temps et les ordonnées les chemins parcourus. Pour que la résistance au mouvement soit moindre, la pointe n'appuie pas sur le papier mais sur une couche de suie dont il est recouvert. Une fois la courbe tracée on fixe la suie à la laque.

Une autre particularité de l'appareil est que la pointe traçante peut être poussée en avant par un électro-aimant, de manière à mordre sur le papier et à marquer ainsi les points de la courbe qu'on désire relever plus spécialement.

Les diagrammes de la figure 19 ont été pris sur la tige de pompe du puits Ophir. La courbe AA a été prise au jour à la vitesse de 5 coups par minute. La courbe BB a été prise à la partie inférieure de la tige, à 700 mètres de profondeur et elle indique la vitesse réelle en ce point. Ces courbes sont celles des mouvements, on en déduit celles des vitesses, en menant des tangentes aux divers éléments des premiers et en

calculant les vitesses par la formule $v = \dfrac{ds}{dt}$. Pour les courbes des accé-
lérations, on a $p = \dfrac{d''s}{d''t}$

L'important de ces expériences est qu'elles ont démontré que les vitesses ne sont nullement concordantes au jour et au fond; que souvent
à un maximum de vitesse au jour correspond un minimum de vitesse
au fond, et qu'enfin les déformations élastiques des tiges sont tellement
importantes qu'elles jouent un rôle prépondérant dans la transmission

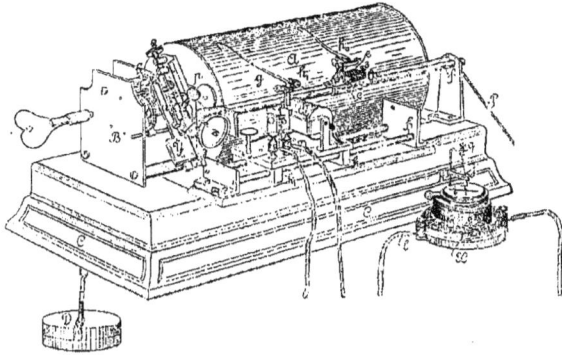

Chronographe Eckart.

du mouvement de haut en bas des tiges les plus rigides. Il nous suffit
de signaler ce fait, sans chercher à en tirer les conclusions; ce serait
trop sortir de notre cadre, d'autant plus qu'il est fort peu probable que
les ingénieurs américains s'en inquiètent beaucoup dans l'établissement
des pompes d'épuisement des nouvelles mines. C'est plutôt en Europe
que ces études théoriques sont en honneur, et l'Europe peut s'en féli-
citer.

CHAPITRE IV

MACHINES HYDRAULIQUES

Tout le monde a entendu parler de l'utilisation si complète des chutes d'eau en Amérique. On pouvait donc s'attendre à trouver à l'Exposition de Chicago un choix intéressant de roues et de turbines. Il n'en était rien, et cinq maisons américaines seulement y étaient représentées pour ce genre d'appareils. Leurs expositions étaient même de faible importance, et si elles donnaient bien la note caractéristique des turbines américaines, elles étaient loin de faire comprendre la méthode qui a été employée, dans une si large mesure aux Etats-Unis et au Canada pour utiliser les forces hydrauliques naturelles. La turbine, d'ailleurs, n'est, le plus souvent, dans ces grandes installations, qu'un outil, indispensable sans doute, mais dont le choix n'est pas la préoccupation de la première heure. Les cours d'eau, avant de se prêter à l'utilisation de leur force vive, demandent de longs et coûteux travaux d'aménagement; et c'est d'eux que dépend la valeur réelle de l'installation et non de la turbine. Celle-ci vient se placer comme la clef d'une voûte; on ne saurait s'en passer, mais elle n'a de raison d'être que dans le travail préalablement exécuté. Nous croyons donc, pour essayer de donner quelque intérêt à notre étude, devoir la commencer par l'examen des méthodes employées en Amérique pour la mise en valeur des chutes d'eau; c'est à la fin seulement que nous donnerons la description des turbines les plus remarquables.

Les premiers pionniers du continent américain se sont aperçus bien vite de l'heureuse disposition des cours d'eau de ce pays qui apportent presque partout la force hydraulique. Fleuves et rivières qui prennent naissance dans le Nord et le Centre de l'Amérique roulent vers la mer d'énormes quantités d'eau et s'y acheminent par une série de terrasses. Les nombreux lacs d'Amérique constituent des réservoirs d'une importance extrême, parce qu'ils régularisent le débit, et assurent également à la hauteur des chutes une uniformité qu'on retrouve rarement autre part. Il est inutile d'insister sur l'intérêt que présente cette constance des chutes pour leur emploi industriel. D'autre part, tous les grands cours d'eau américains ont dans leur partie haute des rives et un lit rocheux, ils coulent en cascades et sont absolument impropres à la navigation; rien n'empêche donc de faire dans les rivières de grands travaux de barrage, de canaliser les eaux et d'en tirer enfin le maximum d'effet utile.

Les rapides progrès de l'industrie, le manque de bras qui exagère le taux des salaires, ont largement encouragé les Américains à entreprendre ces grands travaux, et dès le commencement du XIXe siècle, d'importantes installations se fondèrent qui se sont développées avec le temps. Un des résultats des efforts faits pour utiliser la force naturelle des cours d'eau a été de donner naissance à nombre de grandes villes qui, peu à peu, se sont fondées autour des groupements d'usines qu'appelait chaque chute d'eau de plusieurs milliers de chevaux.

L'homme qui a eu le plus d'influence sur la mise en valeur de l'énergie hydraulique des cours d'eau d'Amérique est J. B. Francis. Cet industriel, doublé d'un savant, avait remarqué dès 1830 combien d'énergie latente reste inutilisée sur la terre. Il s'était donné pour tâche de découvrir et d'appliquer les moyens rationnels d'en tirer parti. Il fit de nombreuses expériences à Lowell, aux chutes du Merrimac, et les résultats obtenus par lui font encore autorité aujourd'hui, et servent de base aux projets les plus récents. Francis, d'ailleurs, a été jusqu'à sa mort en 1891, consulté par tous les ingénieurs américains chargés de grands travaux hydrauliques. Il a imprimé, dès le début, à toutes ses œuvres un caractère remarquable d'unité et de clarté; l'appropriation des moyens employés aux circonstances locales y est toujours judicieuse et la critique moderne se trouve désarmée devant elles. Pour les bien juger d'ailleurs, il ne faut pas perdre de vue que toutes les installations n'ont pas pu être faites d'un seul jet; que beaucoup d'entre elles, fort importantes aujourd'hui, ont débuté plus que modestement; dans bien des cas, il a fallu respecter des droits acquis, ou se limiter aux ressources d'un budget trop restreint; l'outillage enfin s'est tellement perfectionné depuis le commencement du siècle que certains travaux, considérés de nos jours comme fort simples, étaient absolument inexécutables il y a 80 ans. Il faut aussi tenir compte dans l'appréciation de semblables ouvrages des difficultés locales qui souvent obligent à adopter une solution incomplètement satisfaisante pour l'œil.

Nous allons suivre les développements d'une installation importante d'usines mues par l'eau; une grande ville, Minneapolis, est née sur les bords de Mississipi à l'endroit même où les chutes du haut cours de ce fleuve sont utilisées pour faire mouvoir de nombreux moulins. Le premier Européen qui ait vu les chutes de Saint-Antoine est le jésuite Hennepin (1680); c'est lui qui leur donna leur nom; elles étaient alors en plein désert. Ce fut en 1819 seulement que le gouvernement fédéral en prit possession, et en 1823 qu'il y fit les premiers essais d'utilisation de la force de l'eau; une scierie mécanique était mue par une roue en bois sous une faible chute. Cette première installation disparut bientôt, mais elle n'en fut pas moins l'origine première de la ville de Minneapolis. En 1848 l'initiative privée reprit les essais que le gouvernement avait tentés infructueusement. Steele construisit le premier barrage et monta sur la rive orientale quatre scieries, d'abord, puis trois autres; il les revendit à une société de Boston et installa alors sur la rive occidentale avec Rogers (1851) le premier moulin à farine qui n'avait que deux paires de meules, mais qui ne tarda pas à s'agrandir.

L'exemple de Steele ne manqua pas de trouver des imitateurs, et bientôt deux Sociétés obtinrent du gouvernement le privilège de l'exploitation des chutes, l'une la Compagnie de force hydraulique des chutes Saint-Antoine sur la rive Est, et la Compagnie des moulins de Minneapolis sur la rive Ouest. Ces Sociétés disposaient naturellement de ressources plus considérables qu'un simple particulier et entreprirent bientôt la construction d'un important barrage qu'une crue emporta en 1858, peu après son achèvement. En même temps la première grande minoterie de la rive occidentale, le moulin de la cataracte, s'établissait.

En 1862 vinrent d'importantes scieries pour l'installation desquelles Francis fut consulté et dont les fondations (a fig. 2, pl. 61) existent encore. Les turbines des scieries sont aussi encore en place, tandis que tous les bâtiments ont été détruits par l'incendie.

La fin de l'année 1860 vit aux États-Unis comme en Europe se produire l'essor remarquable de l'industrie de la meunerie. Washburn et Pillsbury, entre autres, montèrent de grands moulins sur les deux rives, et la quantité d'eau employée s'accrut de jour en jour. Cependant on était encore loin d'une utilisation avantageuse, car sur une chute de $15^m,25$ on n'utilisait que $4^m,25$. Il y avait donc une perte de 11 mètres de chute. Cependant les Compagnies qui s'étaient formées pour l'utilisation de la force des chutes se trouvaient aux prises avec les plus graves difficultés,

en raison de la nature du sol. Leurs propres ressources n'auraient pu suffire à les vaincre, et l'intervention de la Ville et de l'État fut le seul
moyen de salut pour l'industrie déjà florissante et toujours en progrès
qui s'était installée à Minneapolis.

Pour se rendre compte des dangers qui menaçaient la nouvelle cité
industrielle, il est nécessaire d'étudier rapidement la configuration et la
nature du sol; en dessous d'alluvions composées de terre, de graviers
et de cailloux roulés, et présentant 2^m,50 environ d'épaisseur s'étend
sous la ville et le fleuve un banc de calcaire de quelques kilomètres de
largeur, et régnant sur 17 kilomètres de longueur jusqu'à là ville voisine de Saint-Paul, qui est en amont de Minneapolis. Ce calcaire est
gris-bleu, très dur, atteint par place une profondeur de 7 mètres et
s'amincit sur les bords de la couche comme s'il devait remplir un grand
moule plat. Cette assise de calcaire est sensiblement horizontale. Le bord
supérieur Nord-Ouest de ce calcaire est situé dans la ville même et figuré
par la ligne *kf*. En dessous du calcaire, et affleurant le sol en dehors des
limites de la couche calcaire, se trouve une couche d'argile de 150 millimètres seulement d'épaisseur : elle se mélange de plus en plus de sable à
mesure qu'elle remonte le cours du fleuve, et elle finit par se perdre
complètement dans une couche de grès blanc qui a une puissance de
45 mètres. Ce grès est si friable qu'on le réduit facilement en sable par
l'action de la main. Sur un peu moins de la moitié de sa hauteur, le
grès est fortement perméable et son grain est fort peu serré. Le lit du
fleuve au dessus de la ligne *kf* est formé de ce grès mou; en dessous de
kf l'eau coule au contraire sur le calcaire dur; et il est hors de doute
qu'autrefois le lit calcaire remontait jusqu'à Saint-Paul, à 17 kilomètres
plus haut que maintenant. A l'endroit où le fleuve abandonne le calcaire
dur pour le grès facilement affouillable, celui-ci est bientôt désagrégé.

Le sable qui résulte de sa désagrégation est entraîné, et le fleuve se
creuse un lit profond; c'est ce qui se produisait vers 1860, et c'est certainement le phénomène qui, dans des temps reculés a donné naissance
aux premières chutes dont le calcaire formait l'arête. Mais avec le
temps, l'action de l'eau dans le bief inférieur de la chute a désagrégé
aussi le grès qui se trouvait en dessous du calcaire; celui-ci se trouvant
alors en porte à faux, s'est éboulé par blocs plus ou moins considérables
qui ont contribué à former des îles, et la chute s'est trouvée ainsi reculer
progressivement dans des conditions fort inquiétantes pour la prospé-

rité de Minneapolis, d'autant que plus la chute remonte, plus elle est forte, par suite plus son action destructrice est considérable.

Pour se faire une idée de la marche du phénomène, il suffit de remarquer qu'en 1680 les chutes découvertes par le jésuite Hennepin étaient en avant de l'île du Saint-Esprit et qu'en 1857 elles étaient à 355 mètres en amont. Or le mouvement allait en s'accélérant, et si la ligne *kf* avait jamais été atteinte, c'en était fait à jamais des chutes puisque le banc de calcaire aurait à ce moment complètement disparu. Le régime du fleuve eût été complètement modifié, au grand détriment de la jeune cité.

Ce danger était encore augmenté par une circonstance qui pouvait attaquer gravement la solidité de ce qui restait du banc de calcaire. En 1868 en effet on essaya de rejoindre par un tunnel passant sous le lit de la rivière les îles Hennepin et Nicollet, et dans celle-ci de creuser des fosses verticales où on aurait installé des turbines pour utiliser comme on le fait aujourd'hui au Niagara la hauteur totale de la chute. Mais bien qu'à l'endroit où le tunnel débouchait sous l'île Nicollet il y eût encore du calcaire, des voies d'eau ne tardèrent pas à s'y déclarer, et l'invasion de l'eau fut si persistante qu'on n'eut d'autre ressource que de renoncer au projet et de reboucher le tunnel. C'est à ce moment, le danger de la destruction des chutes apparaissant imminent, que la Ville et l'Etat intervinrent pour en assurer la conservation.

Pour arriver à ce résultat, on construisit sur la ligne *mm*, en dessous de l'assise de calcaire, un mur de 1^m,525 d'épaisseur et 12 mètres environ de hauteur. On partagea ainsi le banc de grès en deux par une cloison étanche. On boucha tant bien que mal les érosions en même temps que l'on construisait un mur. Au-dessus de la crête du mur et sur le calcaire, on posea un couronnement en charpente qu'on prolongea en pente douce jusqu'au bief d'aval. A l'extrémité de ce revêtement en charpente, le lit de la rivière est préservé contre les érosions futures par des amoncellements de pierres et de blocs de béton. Les travaux terminés en 1877 ont coûté ensemble 4 750 000 francs. La Ville en a payé le tiers.

Le grès peu consistant qui a si gravement compromis l'existence des chutes, et qui peut encore devenir pour elles un danger malgré les travaux exécutés, a été au contraire un précieux auxiliaire lorsqu'il s'est agi d'employer rationnellement et complètement la force disponible des chutes. On n'avait, au début, utilisé que 4^m,27 de largeur. Du canal d'amenée creusé de 3^m,66 dans le roc (ce canal a été recouvert et une

route passe aujourd'hui dessus) l'eau entrait presque sans chute dans
une turbine qui la faisait échapper presque horizontalement, de sorte
que la plus grande partie de la force était perdue. En 1873, on reprit
les travaux déjà si malheureusement commencés en 1868. Partant du
bief d'aval, deux tunnels horizontaux furent creusés; ils aboutissaient à
deux puits traversant la couche calcaire, où l'eau venant du bief d'amont
actionnait des turbines. Cet essai, cette fois, fut couronné d'un plein
succès; il servit, en 1879, de point de départ aux travaux exécutés par
M. de la Barre, pour procurer à la Compagnie de nouvelles sources d'é-
nergie.

Des tunnels du même genre sont à présent creusés jusqu'aux moulins les plus éloignés, et la masse d'eau entière travaille. Comme en
même temps on a aménagé et approndi le bief d'aval, on a trouvé également la possibilité d'utiliser la chute complète. Les moulins d'amont
ont à leur disposition 12^m,20 de chute, ceux d'aval en ont 15^m,50. Comme
le Mississipi présente encore une forte chute au-delà de l'île du Saint-
Esprit, qu'il y a sur la rive Est des terrains disponibles, et que, d'autre
part, les clients ne manquent pas pour une nouvelle station centrale,
on a projeté d'en établir une au point C. On laissera aux abonnés le
soin de décider comment ils transmettront chez eux la force disponible
sur l'arbre principal de la grande usine. Il est vraisemblable que la ville
de Minneapolis en profitera pour créer une station unique d'éclairage
électrique, et que les tramways de la ville qui sont presque tous mus
par l'électricité trouveront également là l'occasion de créer une station
centrale.

Le creusement des tunnels à travers le grès en partant du bief d'aval
n'a présenté ni danger ni difficulté; on n'a pas même eu besoin de
pompes pour épuiser l'eau qui filtrait à travers le grès. On calcule la
largeur des tunnels d'après le débit de l'eau, et la largeur habituelle
est de 4 à 5 mètres. Quant à la hauteur, on la prend assez grande pour
que le ciel du tunnel soit formé naturellement par la couche dure et
imperméable de calcaire, il n'y faut donc ni coffrage ni revêtement. Pour
éviter l'affouillement du sol du tunnel, il est recouvert de madriers et
ses parois latérales sont coffrées ou maçonnées jusqu'à mi-hauteur. Les
tunnels sont praticables d'un bout à l'autre et sont l'objet d'une active
surveillance. Le prix de revient d'un tunnel de 4^m,57 de large sur 6^m,10
de haut s'est élevé à 180 francs le mètre avec coffrage, et 300 francs
avec revêtement en maçonnerie.

La figure 1 est un plan des installations de moulins sur la rive Est et du bief d'aval. L'emplacement des turbines à l'extrémité des longues galeries est marqué par des points. Il faut noter que les deux moulins d'amont Occidental et Columbia n'ont pas leur moteurs dans leur enceinte, mais bien dans la scierie voisine d'où part une longue transmission par arbre. Les vannes sont disposées en S perpendiculairement au canal d'amenée de l'eau du bief supérieur. Il y en a 14, soutenant 3^m,66 de hauteur d'eau sur 2^m,44 de largeur chacune. Les portes sont en bois de chêne de 250 millimètres d'épaisseur et garnies de fer. La maçonnerie est entièrement en granit. Les portes se mettent en mouvement au moyen de deux crémaillères commandées soit à la main, soit mécaniquement. Une petite machine avec sa chaudière est disposée à ce dernier effet dans la maison du garde-vannes. On peut à volonté ouvrir toutes les vannes à la fois, au moyen de cette machine, ou bien les ouvrir isolément à la main. En hiver, la vapeur de la chaudière sert à chauffer le logement des vannes pour empêcher, autant que possible, la congélation de l'eau à cet endroit.

De nombreux changements se sont produits dans les deux Sociétés dont nous avons parlé, et en 1889, elles ont fini par se confondre dans une grande Compagnie anglaise au capital de 5 200 000 francs. Celle-ci est devenue propriétaire de toutes les installations hydrauliques dont nous avons parlé, mais elle a conservé une administration distincte aux usines de l'Ouest et de l'Est. Les premiers actionnaires de la nouvelle Compagnie ont été les deux anciennes Sociétés qui n'ont guère disparu que de nom, car la Compagnie anglaise doit, à perpétuité, leur fournir gratuitement une force déterminée. Le capital est bien inférieur à la valeur réelle des usines.

L'unité adoptée à Minneapolis pour la mesure de la force livrée est une quantité de travail; le défaut habituel du génie anglo-saxon dans le choix des unités de mesure s'est ici donné libre cours : le « millpower » est le travail produit en une seconde par une chute d'eau de 30 pieds cubes de débit et de 22 pieds de hauteur. Cela correspond à environ 75 ch. 95. Il ne paraît pas, *a priori*, qu'il y eût urgence à adopter des bases aussi baroques pour l'établissement de l'unité lorsque tous ces efforts n'aboutissent qu'à retrouver un multiple du cheval ordinaire à moins de 1 1/2 % près.

Le prix de vente du millpower est extrêmement inégal. La Compagnie nouvelle a dû tenir compte de tous les anciens contrats, de sorte que

les vieux abonnés des stations de force motrice ne paient que 500 francs
par an pour un millpower par 24 heures, tandis que peu à peu les nouveaux venus ont vu porter successivement le prix du même abonnement à 2500, 3750 et enfin 5000 francs. En moyenne, on paie pour
l'usage du millpower, pendant 24 heures par jour tous les jours, 3100 fr.
ce qui revient à dire que le cheval-an revient à 43 fr. 40. Certains trai-
tés aussi ne donnent droit à la force motrice que pendant 16 heures par
jour.

Lorsque le débit de l'eau est surabondant, la Compagnie autorise les
abonnés, sur leur demande écrite, à utiliser, pendant le temps où ce
débit se maintient, une quantité d'eau supérieure à celle prévue au
contrat. Des prescriptions fort sévères, qui prévoient des pénalités,
règlent l'emploi de cet excédent de force afin d'en éviter le gaspillage.
A côté des moulins qui trouvent dans cet excédent un supplément occa-
sionnel de force motrice, il y en a quelques-uns qui ne reçoivent d'eau
que lorsqu'il y a excédent et marchent le reste du temps à la vapeur.
Un millpower d'excédent coûte uniformément à celui qui l'emploie, quel
que soit le prix de son abonnement principal, 25 fr. par jour de 24 heures.
Lorsque l'excédent est demandé à la fois par plusieurs abonnés et qu'on
ne peut les servir tous intégralement, on le leur répartit proportionnellement à la valeur de leur abonnement principal. Les abonnés doivent
prendre l'engagement de ne pas dépasser la consommation d'eau que
leur contrat fixe, ou qu'on les autorise de temps à autre à prendre
comme excédent. Les dépassements se payent fort cher, 100 francs par
millpower, lorsqu'il s'en produit, et l'ingénieur de la station a même le
droit de couper l'eau à l'abonné qui s'en est rendu coupable jusqu'à ce
que des mesures efficaces aient été prises pour éviter le retour de semblables abus. La Compagnie n'est pas responsable des accidents que
peut produire l'usage de l'eau d'excédent.

Les polices pour la fourniture de la force motrice sont en général
annuelles ; mais il y a aussi des abonnés à perpétuité. La loi américaine admet ce genre de contrats. Dans ce cas l'abonné paie une fois
pour toutes 10 fois le montant de l'abonnement annuel, mais la Compagnie ne livre alors que l'eau à l'entrée de la chambre des turbines.
L'installation de celles-ci, l'entretien du canal d'écoulement et des vannes
regardent alors l'abonné, et la Compagnie ne lui garantit naturellement
pas le rendement de ses turbines.

La Compagnie, en résumé, vend, pour une hauteur de chute déter-

minée, une quantité d'eau invariable, et elle calcule d'après ces deux fac-
teurs le nombre de millpowers livrés à chaque client, mais elle ne s'in-
quiète pas de savoir s'il les emploie ou non.

La force disponible est très variable d'un bout à l'autre de l'année en
raison des fluctuations de débit du fleuve. Lorsque son niveau baisse,
on commence par supprimer les excédents qui avaient pu être accordés,
en commençant par ceux qui ont été demandés en dernier lieu. Puis
les abonnés de 16 heures qui travaillent pendant 24 sont invités à réduire leur consommation d'un tiers. Enfin, si c'est nécessaire, les
abonnés les plus récents sont, par ordre inverse d'ancienneté, privés
de leur eau jusqu'à ce que l'on arrive à établir dans le fleuve un régime
permanent. On voit combien sont favorisés les abonnés de la première
heure : certains d'entre eux ont de l'eau toute l'année et peuvent se
passer de machines à vapeur de secours. Lorsque les eaux remontent,
on rétablit le service en commençant par les usines qui ont été arrêtées
en dernier lieu. Pendant les mois d'hiver, décembre, janvier et février, à moins de crues exceptionnelles, on réduit le débit à 1 512 pieds
cubiques qui ne desservent que certains abonnés en raison de leur
ancienneté.

Les turbines des diverses usines sont à l'exception d'une Hercule et
et d'une Hunt, toutes des Victor ou des Américaines de l'ancien ou du
nouveau type.

La Compagnie a concédé 3400 chevaux environ sur la rive Est, et
15100 sur la rive Ouest, soit en tout 18 500 chevaux.

En hiver, et par les plus basses eaux, le débit est toujours de
42^{m3},500 et la chute de 13^m,70 au moins. De sorte que la force disponible est toujours au-dessus de 7 750 chevaux. Le débit d'eau de
chaque moulin est mesuré soigneusement au moyen des appareils ima-
ginés par J.-B. Francis. La hauteur de chute se lit sur une échelle placée
en amont de la turbine ; lorsqu'on veut faire une lecture on introduit
dans des feuillures formées de cornières maçonnées dans les parois du
canal de fuite, un barrage mobile de 3^m,658 de large.

L'ingénieur de la Compagnie est investi des pouvoirs les plus étendus
pour la surveillance des installations et le contrôle de la consommation.
Il faut, pour occuper cette place, de rares qualités d'indépendance et
de tact.

Le prix du charbon est très élevé à Minneapolis ; aussi les turbines
y sont-elles beaucoup plus économiques que les machines à vapeur. Le

cheval-jour produit par l'eau coûte en moyenne environ 0 fr. 15. Les meilleures machines compound, à partir de 600 chevaux et avec condensation, ne produisent la même force qu'à un prix voisin de 0 f. 70. Il est donc toujours plus avantageux de se servir de la force hydraulique, malgré le taux élevé du tarif de la Compagnie, car même lorsqu'on se sert de l'excédent on ne paie encore que 0 fr. 35 le cheval-jour.

Des sociétés se sont formées, dès 1830, sur divers points de l'Amérique, pour l'exploitation de la force naturelle des chutes d'eau, d'une façon analogue à ce qui se fait à Minneapolis. Certaines d'entre elles ont fait une brillante fortune : les installations, il y a cinquante ans, coûtaient fort bon marché, et lorsque l'emplacement bien choisi de la station en a favorisé le développement, les frais de premier établissement ont été amortis. L'une des plus anciennes installations des Etats-Unis, construite et longtemps dirigée par Francis, est celle de Lowel qui dispose de toute la force hydraulique du Merrimac, et distribue, normalement, 10 574 chevaux de force à une série d'usines dont la plupart sont des filatures de cotons. Les propriétaires de ces filatures sont là, en même temps, propriétaires des barrages et des canaux du Merrimac dans la proportion même où ils se partagent le débit d'après leurs contrats. L'usine centrale de production de force est dirigée et administrée par un certain nombre d'employés, et il faut le consentement des anciens propriétaires pour qu'un nouveau puisse venir établir des métiers auprès de la chute d'eau. Le millpower à Lowel coûte uniformément 1 500 francs. Comme à Minneapolis, et sous l'empire d'un règlement encore plus sévère, l'abonné s'engage à ne pas dépasser sa consommation contractuelle, ni celle qui peut lui être concédée accidentellement comme excédent.

Les abonnés ont à leur charge l'entretien des canaux d'amenée d'eau ; ils ne peuvent faire de leur propre autorité aucun changement dans leurs usines, et sont responsables envers leurs co-abonnés des dommages qu'ils leur peuvent causer. Ce dernier point, en droit français, ne serait pas sujet à discussion, mais en Amérique, il est bon de préciser les droits et devoirs de chacun.

La hauteur totale des chutes est de 9 mètres. Il n'y a que quelques rares usines exceptionnellement bien situées, qui puissent l'utiliser en une fois. Les fabriques placées plus bas ont deux chutes successives de 5 et 4 mètres. L'eau s'écoule de la première chambre d'amont en traversant une rangée de turbines dans une deuxième chambre d'amont placée plus bas, puis actionne une deuxième rangée de turbines et s'écoule dans le lit du fleuve. On voit que la marche des usines qui sont placées sur le deuxième bief d'amont dépend du débit des premières turbines. Il faut donc dans ce deuxième bief un régulateur très sensible. Pour tenir compte de ces circonstances, on a cru devoir faire varier la définition du millpower suivant l'étage d'usines. Pour le premier, le millpower est le travail produit en une seconde par une chute de 30 pieds avec débit de 25 pieds cubes ou de 17 pieds avec débit de 45 1/2 pieds cubes. Pour le deuxième c'est sur une chute de 13 pieds et un débit de 60 1/2 pieds cubes que l'on compte. Cette distinction paraît assez bizarre. Le millpower, ainsi défini, est concédé pour 15 heures par jour (de 7 heures du matin à 10 heures du soir) et on ne peut avoir de force en dehors de ces heures.

Comme à Minneapolis au moment des hautes eaux, on livre à ceux des abonnés qui en font la demande un excédent de force. Pour éviter le gaspillage, on applique à cet excédent un tarif progressif. Le millpower d'excédent coûte 20 francs pour 15 heures, tant que la force supplémentaire ne dépasse pas 40 % de la force contractuelle. De 40 à 50 % d'excédent, le prix monte à 50 francs, de 50 à 60 % à 100 francs ; enfin, lorsqu'on prend une force supplémentaire dépassant 60/100 de la force permanente de l'usine, on paie cet excédent 200 francs le millpower. Le calcul des sommes à payer se complique encore d'une modification de la définition du millpower pour le cas d'excédent. En voici le texte à titre de curiosité : Si on diminue d'un pied la haueur réelle de chute au point où on use de l'excédent, et qu'on multiplie le nombre ainsi obtenu par le débit demandé puis qu'on divise le produit par 725, on obtient le nombre de millpowers qui doivent être facturés comme excédent.

Quatre-vingt-quatre turbines réparties entre dix usines sont actionnées par les chutes du Merrimac.

L'installation, dans son ensemble, ne présente pas le même intérêt que celle de Minneapolis. Il est juste cependant de noter la bonne construction de toutes les maçonneries exposées au contact de l'eau. Remarquons aussi les appareils de vannage qui amènent l'eau aux deux biefs d'amont superposés dont nous avons parlé. Dans l'un, il y a dix vannes de 2^m,43 de largeur chacune et 4^m,57 de hauteur ; on les manœuvre au moyen d'une turbine de 40 chevaux qui actionne pour chaque vanne un treuil au moyen de courroies droites et croisées. Au deuxième bief, il y a 5 vannes de 2^m,74 de large et 3^m,04 de haut. Leur manœuvre d'ouverture est hydraulique; elle ne se fait pas par turbine, mais bien au moyen de l'eau en pression provenant de la canalisation d'eau de la ville qui travaille pour chaque vanne dans un cylindre de 685 millimètres. La fermeture se fait par le seul poids des vannes. Pendant l'hiver, on chauffe à la vapeur toutes ces installations.

En amont comme en aval de Lowell, à Manchester et à Lawrence, le Merrimac présente encore des chutes importantes qui servent à faire mouvoir des filatures et d'autres usines. A Manchester se trouve l'Amoskeag C° qui possède une chute de 14^m,33, qu'on utilise en deux étages. Sur les 17 000 chevaux disponibles, 10 000 environ servent à actionner la fabrique de filature et tissage que la Compagnie même a montée dans des conditions remarquables de perfection. Des abonnés divers se partagent le reste.

A Lawrence la chute est de 9 mètres environ. La puissance disponible est de 10 000 chevaux, qui sont également utilisés surtout dans les filatures. La particularité la plus intéressante de cette installation est le mode de mesure des quantités d'eau dépensées. L'ingénieur en chef de la Compagnie M. Hiram Mills a déterminé par de nombreuses expériences la vitesse du courant en un nombre considérable de points des canaux d'amenée et cela pour diverses hauteurs de chute et diverses ouvertures du vannage des turbines. Ces mesures prises à des distances horizontales et verticales de 508 millimètres ont permis de tracer pour chaque section du canal d'amenée une courbe des vitesses et d'en déduire la vitesse moyenne dans cette section. Il suffit donc maintenant pour connaître le débit d'une turbine de noter le niveau de l'eau, l'ouverture du vannage de la turbine et de chercher dans les tables construites d'après les courbes les vitesses qui correspondent à ces données. On en déduit immédiatement le débit. La détermination de toutes ces vitesses a pu constituer un travail fastidieux, mais elle simplifie beaucoup l'évaluation du débit et elle a donné à M. Mills l'occasion de faire d'intéressantes observations sur les variations de la vitesse de l'eau dans les tuyaux et canaux.

Holyoke possède une installation hydraulique fort intéressante, due à Cl. Herschel, hydraulicien renommé. La chute du Connecticut haute de 14^m,30 à 18^m,30 est utilisée en 3 étages, le premier de 6^m,09, le second de 3^m,65, le dernier variant, suivant le niveau de l'eau d'aval de 4^m,57 à 8^m,53. La Compagnie de force hydraulique d'Holyoke fournit pendant le jour 27 000 chevaux et pendant la nuit 15 000, soit une moyenne de

21 000 chevaux pendant 24 heures de la journée. Les usines dominantes sont les papeteries. Il y a 60 usines avec 158 turbines : dont 68 ne travaillent que dix heures par jour, tandis que les 90 autres font chaque semaine un travail ininterrompu de 144 heures. La Compagnie de Holyoke a pris pour unité un millpower défini par un débit à la seconde de 38 pieds cubes ($1^{mc},076$), et une chute de 20 pieds ($6^m,096$). Cette unité représente donc 87,45 chevaux de 75 kilogrammètres. Le prix annuel en est de 2 250 francs, soit 0 fr. 09 par cheval pendant 16 heures. L'excellent se vend comme aux installations précédemment étudiées, pour les 12 premières heures du jour comptées à partir de 6 heures du matin 15 francs, pour le reste de la journée 20 francs.

On retrouve ici la même préoccupation d'éviter le gaspillage de l'eau ; les dépassements se paient, en effet, à un tarif triple de celui applicable à la consommation normale. Lorsque l'on ne peut pas mesurer le débit, l'ingénieur de la station centrale l'apprécie. Si l'abonné ne se soumet pas à la décision de l'ingénieur, ou s'il est en retard pour le paiement de sa redevance, on lui coupe l'eau jusqu'à ce qu'il ait payé, ou se soit incliné devant l'autorité de la Compagnie. On voit que les règlements sont encore plus draconiens ici, s'il est possible, qu'à Minneapolis, Manchester ou Lawrence.

L'intérêt principal de la station de Holyoke réside dans le système de mesure du débit ; on y emploie les turbines elles-mêmes qui travaillent. Cette méthode est due à Herschel. On doit pour commencer expérimenter sur chaque turbine et reconnaître quelle est sa consommation d'eau sous des chutes variables et sous différents vannages, et aussi quelle puissance effective est développée dans chaque cas particulier observé. Pour obtenir ces données, la Compagnie de Holyoke a construit une station d'expériences, où l'on essaie toutes les turbines à leur sortie des ateliers de construction avant de les placer dans les usines des abonnés. La Compagnie a même, pour pousser ses essais le plus loin possible, acheté des turbines qu'elle a installées dans son laboratoire ; elle en a essayé d'autres en place, et elle a maintenant des données fort exactes sur toutes les turbines de son district. On a dressé des tables donnant, pour chaque turbine, la concordance des débits, des vannages et des hauteurs de chute. Ces deux dernières quantités se mesurent facilement et on en déduit la troisième par simple lecture.

Nous donnons, comme exemple, un tableau qui se rapporte à une turbine Hercule de 533 millimètres de diamètre.

OUVERTURE du vannage	VALEURS OBSERVÉES				VALEURS CALCULÉES			REMARQUES
	HAUTEUR de chute h pieds	DÉBIT Q pieds cubes	NOMBRE de tours à la minute	TRAVAIL au frein en chevaux	RENDEMENT pour cent	RAPPORT du débit Q au débit Q_0 qui, avec le vannage ouvert en plein donnerait le rendement maximum	RAPPORT de la vitesse v_0, à la circonférence à la vitesse $v = \sqrt{2\,g\,h}$	
1,000	17,11	32,82	206,0	47,94	75,37	1,024	0,569	
»	17,08	32,58	215,5	48,19	76,45	1,017	0,596	
»	17,12	32,42	225,2	48,30	76,82	1,011	0,622	
»	17,14	32,22	235,5	48,36	77,30	1,004	0,660	
»	17,16	32,02	245,2	48,11	77,81	0,997	0,676	Q_0 = 31 pieds cubes, 96.
»	17,16	31,72	256,7	46,86	75,99	0,988	0,708	
»	17,17	31,12	277,7	44,35	73,28	0,969	0,766	
0,807	17,46	28,68	214,0	44,92	79,33	0,884	0,585	
»	17,47	28,22	283,2	44,70	80,03	0,871	0,637	
»	17,50	27,98	244,2	44,58	80,36	0,863	0,667	
»	17,52	27,47	265,2	42,36	77,69	0,847	0,724	
0,661	17,39	25,05	207,7	37,44	75,87	0,775	0,569	
»	17,41	24,64	228,0	37,46	77,08	0,762	0,624	
»	17,42	24,04	252,5	35,72	75,30	0,743	0,691	
»	17,52	22,76	288,2	28,93	64,09	0,702	0,787	
0,517	17,64	20,94	192,0	29,38	70,15	0,643	0,522	
»	17,69	20,62	213,2	29,67	71,81	0,632	0,579	
»	17,72	20,19	235,7	29,04	71,66	0,619	0,640	
»	17,71	19,32	264,2	25,32	65,19	0,593	0,717	
0,413	17,87	17,44	202,2	23,07	65,34	0,522	0,546	Durée de chaque essai 4 min.
»	17,91	17,12	222,5	22,34	64,31	0,522	0,601	Longueur du barrage 1m,80.
»	17,81	16,68	239,2	20,74	61,63	0,510	0,648	Poids du dynamomètre y compris son arbre = 590 kilog.
»	17,76	16,10	261,2	17,85	55,20	0,493	0,708	
0,249	18,02	11,31	202,2	10,61	45,96	0,344	0,544	
»	18,02	11,06	223,2	9,17	40,60	0,336	0,601	
»	18,01	10,84	239,7	7,66	34,62	0,330	0,645	
»	18,03	10,64	255,7	5,83	26,85	0,323	0,688	

Pour cinq positions du régulateur du vannage de la turbine, donnant l'ouverture complète, 0,807, 0,661, 0,517 et 0,413 d'ouverture, on a fait une série d'expériences avec des vitesses variables; les résultats en sont groupés dans les diagrammes ci-dessous. Dans le premier

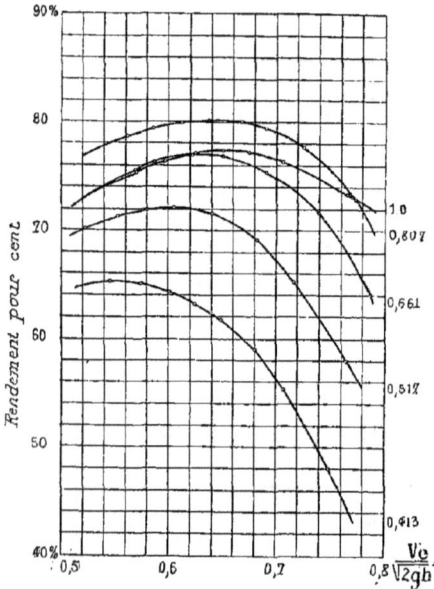

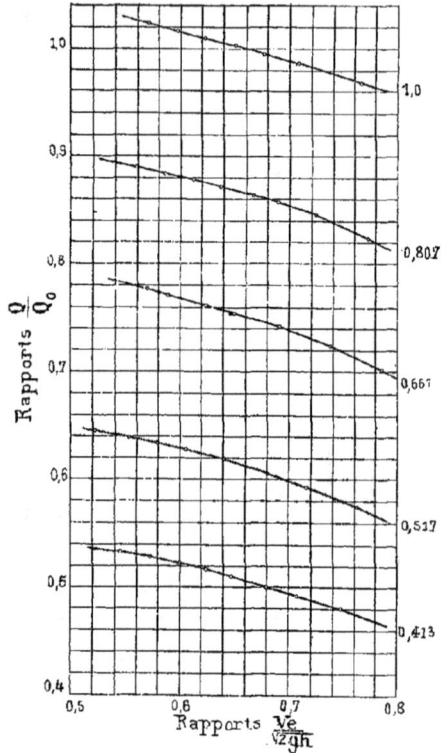

diagramme, on a pris pour abscisses les valeurs du rapport de la vitesse à la circonférence, à la vitesse $v = \sqrt{2\,gh}$, comme ordonnées les rendements pour cent, et on a joint les points de même ouverture de vannage. Les courbes montrent à la seule inspection que le rendement maximun qui dépasse 80 % s'obtient avec le vannage incomplètement ouvert (0,807 d'ouverture) et dans un rapport de vitesse de 0,664.

Dans le deuxième diagramme les abscisses sont toujours les rapports $\dfrac{V\,c}{\sqrt{2\,gh}}$, mais les ordonnées sont les rapports $\dfrac{Q}{Q_o}$ .Ici, $Q_o = 31$ pieds c., $95 = 0^{m3},900$ à la seconde toujours avec le rapport de vitesse égal à

0,664. On obtient pour chaque ouverture du vannage une courbe. Comme la vitesse à la circonférence reste sensiblement constante dans chaque usine lorsque le travail est régulier, il suffit pour déterminer le rapport $\frac{Vc}{\sqrt{2gh}}$, de mesurer la hauteur de chute, ce que l'on fait deux fois par jour. Les courbes du deuxième diagramme donnent pour ce rapport de vitesse déterminée chaque jour et qui dépend de la hauteur de chute, et pour l'ouverture du vannage, qu'on peut également observer, le nombre par lequel il faut multiplier Q_u pour obtenir le débit réel.

Nous donnons des dessins de la station d'essais. Tout l'édifice est fondé sur pilotis, et la maçonnerie en pierres de taille a été particulièrement soignée au point de vue de l'étanchéité à obtenir. L'eau amenée par un tuyau en fer A arrive dans un premier réservoir B où se trouvent placées deux vannes G, puis par ces vannes dans un deuxième réservoir C d'où elle passe dans la chambre D où est montée la turbine à essayer. L'écoulement de l'eau se fait par les trois canaux N qui se déversent dans un autre E prolongé jusqu'au bief d'aval. A l'extrémité de ce canal de décharge on place, pour mesurer le débit, un barrage approprié à chaque expérience. De la chambre B part un tuyau de 915 millimètres indépendant des vannes G et aboutissant dans la chambre C à une turbine H qui actionne une petite usine annexe où l'on prend la force nécessaire à la manœuvre des vannes et des pompes à eau et à huile pour les freins. Cette turbine est, d'une part, enfermée dans une chambre profonde, de l'autre, sa décharge se fait par des tuyaux indépendants J K ; elle n'a donc aucune influence sur les quantités qu'il s'agit de mesurer.

Le réservoir C est en outre muni en L et M de feuillures où on peut engager des poutres qui forment cloisons dans ce réservoir. Le barrage L sert lorsque l'on essaie des turbines sous une faible hauteur de chute, il constitue un réservoir qui règle le niveau d'amont. L'eau qui passe par dessus le barrage L tombe dans le canal de décharge K et n'entre plus en ligne de compte pour la détermination du débit. La cloison M sert à soutenir le tuyau d'amenée de l'eau aux turbines lorsque c'est le mode d'alimentation par tuyaux fermés qui est adopté. Dans ce cas, la chambre D ne reçoit pas d'eau. Dans tous les cas, on est obligé d'installer les turbines au milieu de la chambre D parce que les freins se trouvent directement au-dessus. Le fond de la chambre D est absolument étanche ; on peut d'ailleurs s'en assurer avant chaque expérience.

La vidange des différentes chambres se fait par les tuyaux U V W qui, pendant les essais, sont fermés par les soupapes. L'action de la soupape du tuyau V peut servir à régler le niveau de l'eau dans le réservoir C, parce que V communique avec J. L'eau es mesurée au déversoir O dont la crête est en fer et peut se monter ou se descendre à volonté. La hauteur du niveau de l'eau au-dessus de la crête du déversoir se mesure dans le tuyau P qui est muni d'une glace permettant d'en voir l'intérieur. Il est installé dans la niche latérale Q, à l'abri de toutes les influences perturbatrices.

Au-dessus de la chambre E règne une plate-forme sur laquelle on amène les turbines à essayer. Une grue roulante à voie aérienne élève les turbines, les apporte dans le bâtiment et les dépose en D.

En dessous et sur les parois de la chambre E est installée une deuxième plate-forme R qui amène à l'escalier de fer en escargot S. Dans le noyau creux de cet escalier un tuyau avec regard en glace permet d'observer l'état de l'eau d'amont, ce tuyau étant en communication avec la chambre D.

Afin que les observations se fassent en même temps aux divers postes une sonnerie électrique donne auprès des freins, et auprès des tuyaux des niveaux d'aval et d'amont un coup simultané toutes les minutes ou toutes les trente secondes.

Cette installation permet d'essayer sous des chutes de 0^m,90 à 5^m,50 des turbines jusqu'à 210 chevaux de force.

La Compagnie de Holyoke ne se sert pas de son laboratoire exclusivement pour son usage personnel, et elle le loue aux particuliers qui désirent y faire des expériences, d'un intérêt pratique ou théorique. Elle se charge aussi d'essayer les turbines pour le compte de leurs propriétaires. Les certificats d'essai qu'elle délivre dans ce cas ont, aux Etats-Unis, une réelle valeur. Ces essais sont, d'ailleurs, tres fréquents ; on en a jusqu'ici fait plus de 650 ; leur prix, suivant la grandeur de la turbine, varie de 500 à 850 francs. En général, la Compagnie compte, pour son essai, 10 % du prix de la turbine, avec un minimum de perception de 150 francs. Nous devons ajouter que les industriels qui se déterminent au choix d'un modèle de turbine, d'après les expériences qu'ils ont fait faire à Holyoke, ne font pas toujours preuve d'une logique bien parfaite, et qu'il arrive fort souvent que l'on fasse travailler la turbine avec une chute et un débit tout différents de ceux de l'essai. Celui-ci, par suite, ne signifie plus rien.

La plus importante des installations hydrauliques d'Amérique sera, certainement, lorsqu'elle sera terminée, celle des chutes du Niagara. L'idée seule d'utiliser la force de cette cataracte si universellement renommée a quelque chose de particulièrement flatteur pour l'esprit de l'ingénieur. Il y a là une énorme puissance dont on peut tirer un parti considérable, et, chose qui n'est point à dédaigner, l'industrie ne fera rien perdre au site de sa beauté naturelle et grandiose. Primitivement, Cl. Herschel, dont nous avons déjà cité le nom, avait fait, pour le Niagara, un projet calqué sur les installations existantes de Minneapolis ou d'Holyoke. L'eau dérivée dans un grand bief d'amont devait être distribuée à un grand nombre d'usines dont chacune aurait eu des turbines propres. On avait compté, naturellement, que les industriels se presseraient en foule à Niagara pour y installer leurs fabriques. La Compagnie a disposé sur le terrain fort étendu qu'elle a acheté auprès de la ville des voies ferrées qui en relient tous les points au fleuve et par lui à Buffalo et au lac Erié, elle construira même un port fluvial, mais tous ces avantages ont été impuissants à faire déserter Buffalo, et, jusqu'à présent, il n'y a qu'une seule papeterie de 3 000 chevaux qui soit venue se placer aux abords mêmes de la chûte d'eau. Le consommateur, aujourd'hui, veut qu'on lui livre l'énergie à domicile, et c'est dans ce nouvel ordre d'idées que la Compagnie du Niagara a dû entrer, bien que ses travaux fussent déjà commencés en prévision d'une autre solution. Les chûtes du Niagara actionneront simplement une station centrale, et l'électricité transportera l'énergie à distance. Il faut tenir grand compte de ce changement de programme survenu pendant l'exécution pour apprécier, avec impartialité les travaux du Niagara ; il est bien certain que si l'on commençait aujourd'hui les constructions en vue d'une distribution de force motrice à distance, il y aurait bien des modifications à apporter à ce qui a été fait lorsqu'on croyait avoir à installer simplement un service de distribution locale d'eau pour le service des turbines — mais il a fallu, avant tout, utiliser ce qui était fait. Il n'y a pas lieu, d'ailleurs, de s'étonner de telles variations dans les idées, lorsqu'il s'agit d'un travail de plusieurs années, à une époque comme la nôtre où les découvertes se succèdent rapidement et acquièrent vite une grande influence dans la pratique, en Amérique surtout — et d'une importance assez grande pour que de nombreux intérêts y soient engagés et que le monde technique entier s'en occupe.

Les dessins que nous donnons des installations du Niagara ne sont déjà plus la représentation exacte de ce qui existe ; ils datent de juillet 1893, et c'est de l'état des travaux à ce moment que nous parlerons (pl. 63-64).

Le grand bief d'amont où, dans le projet primitif, toutes les usines devaient puiser l'eau nécessaire au fonctionnement de leurs turbines, est complètement terminé, revêtu en maçonnerie, et séparé du fleuve par une digue. La prise d'eau est orientée vers aval, et on doit encore la protéger par un brise-glace qui reste à construire. Dans les parois du bief sont pratiquées des ouvertures qui serviront à amener l'eau aux turbines de la station centrale, ou à celles des fabriques qui viendraient s'établir dans le voisinage. Toutes ces ouvertures sont munies de feuillures dans lesquelles on peut engager des plateaux de bois pour les fermer. Du côté Nord, en c, se trouve une branche de bief qui dessert la papeterie dont nous avons parlé, et qui constitue, jusqu'à présent, à elle seule, le groupe industriel de Niagara. Du même côté, en K, se trouvent dix prises d'eau pour la station centrale. On en a prévu sur le côté Sud, pour le cas probable où on devrait agrandir cette station, six en b et une en a. Provisoirement, on n'installera en K que 3 turbines de 5000 chevaux chacune. L'eau leur est amenée par des tuyaux que supportent des pièces en fer forgé à section elliptique. Ces supports sont introduits et maçonnés dans les ouvertures dont nous avons parlé. Le vannage se fait au moyen de portes roulantes à galets. Aux supports elliptiques sont accouplés des coudes à section circulaire dans leur partie verticale, qui se prolongent par des tuyaux verticaux de $2^m,290$ de diamètre jusqu'aux turbines, lesquelles sont placées au niveau inférieur. On avait d'abord pensé à creuser pour chaque turbine un puits spécial, mais des calculs plus précis ont montré qu'il y a avantage à placer toutes les turbines dans un long fossé commun. On a donc commencé à creuser une tranchée rectangulaire destinée à recevoir les trois premières turbines. Cette tranchée verticale débouche dans le tunnel de fuite qui, par un parcours de 2150 mètres environ, en passant sous la chute américaine, ramène l'eau auprès du pont suspendu au niveau d'aval.

La figure 2 donne la section de ce tunnel. Il a une pente d'environ 7 %. La section franche est de $31^{m2},19$, et elle suffira à l'évacuation de l'eau même au cas où une crue extraordinaire permettrait de faire 100 000 chevaux.

Le tunnel a été achevé à la fin de 1892. Cet ouvrage d'art présente la remarquable particularité d'avoir coûté moins cher qu'il n'avait été prévu. On avait compté sur une dépense de 20 millions et on n'en a dépensé que 5. Il est vrai que le devis supposait un tunnel de fuite capable de suffire à un débit de 150000 chevaux; peut-être aussi les ingénieurs américains avaient-ils, à dessein, un peu surfait leurs prix, car on a rencontré dans l'exécution du tunnel des difficultés imprévues qui auraient plûtôt dû entraîner des demandes de crédit supplémentaire. On pensait pouvoir le construire sans revêtement, dans une bonne assise de calcaire, mais on découvrit que la pierre était presque partout perméable, et les murs de revêtement occupent la plus grande longueur du tunnel. La conduite des travaux dans le tunnel aussi bien que dans le grand puits des turbines est intéressante au point de vue de la simplicité tout américaine qui y a présidé. Le terrain est assez solide pour qu'on puisse creuser des puits verticaux sans y faire de coffrage, provisoirement tout au moins; on ne s'est pas inquiété d'y épuiser l'eau au moyen de pompes, et on ne s'est occupé que d'atteindre au plus vite le niveau du tunnel pour le creuser, de sorte qu'il donne un écoulement naturel aux eaux d'infiltration de la grande tranchée. Ce principe fort simple n'a pas pu d'ailleurs être appliqué d'un bout à l'autre des travaux sans exception et quoique l'on en eût, il a bien fallu lorsque l'eau devenait trop gênante amener des pompes à vapeur pour l'épuiser.

La hauteur totale de chûte depuis le niveau du bief d'amont jusqu'à celui de la rivière en aval au point ou débouche le tunnel de fuite est en y comprenant la chûte des cataractes de 66^m,29. Sur cette hauteur totale de chûte, on n'emploie que 41^m,20; le tunnel en effet débouche à environ 3 mètres au-dessus de l'eau, de plus, la pente du tunnel et le frottement sur les parois donnent une perte de 18^m,30 à 18^m,90, et enfin les turbines sont placées dans leur tranchée à 2^m,70 au-dessus de l'orifice du tunnel de fuite.

· Après la construction du tunnel le point intéressant était le choix des turbines et leur mise en place dans la tranchée. Les Américains n'emploient guère pour les grandes forces que des turbines à axe horizontal accouplées; la force se transmet très facilement par courroies ou câbles. L'idée première des ingénieurs fut de conserver ce type bien connu de turbines, dont l'emploi est fort commode. Mais ils se heurtèrent à de grosses difficultés; ces turbines horizontales prennent beaucoup de place, et la construction d'un vaste logement souterrain n'allait pas sans dépenses excessives, sans parler de la crainte qu'on pouvait avoir de ne pouvoir en assurer l'étanchéité, et de l'impossibilité presque absolue d'y exercer une surveillance efficace, malgré une installation fort dispendieuse de lumière électrique. Il fallut donc renoncer au type américain. Cette solution s'imposait d'autant plus que les constructeurs américains fabriquent les turbines par séries, où chaque consommateur choisit le numéro qui convient le mieux ou le moins mal aux conditions de son installation ; ils n'ont nullement l'habitude de construire des machines appropriées aux diverses chûtes, et c'était ici absolument nécessaire, les turbines des modèles courants étant toutes faites pour des chutes petites ou moyennes. Pour les grandes chûtes, l'Amérique ne pouvait offrir que la roue Pelton ; mais elle n'a jamais été fabriquée pour une hauteur de chute comparable à celle du Niagara, et le problème de son adaptation au cas présent était aussi difficile à résoudre que pour une turbine.

La méthode des constructeurs européens est toute différente; pour chaque cas particulier on calcule les dimensions de la turbine, et on la construit spécialement. Les turbines du Niagara ne présentaient donc pour un ingénieur européen que la seule particularité de devoir travailler sous une hauteur de chûte exceptionnelle, mais les méthodes générales servant à la détermination des éléments de la turbine restaient applicables. Aussi les Américains se sont-ils sagement résignés à faire appel à l'expérience de la vieille Europe, et deux ingénieurs genévois MM. Faesch et Piccard ont été chargés de dresser les plans des turbines. Leur construction a d'ailleurs été confiée à la maison J. P. Morris de Philadelphie. Le système adopté est celui de Fourneyron avec deux turbines couplées. Les deux couronnes sont montées l'une au-dessus de l'autre, de telle sorte que toute la pression de l'eau qui entre dans la turbine entre les deux soit reportée sur celle du dessus. De cette manière les efforts à supporter par les deux couronnes sont sensiblement équilibrés. Les deux distributeurs ont chacun 36 augets de 1 600 millimètres de diamètre ; ils sont reliés à la cuve par des rebords, et entre eux par un tuyau. Les couronnes mobiles sont en bronze, elles ont 32 augets, de 1 915 millimètres de diamètre et 276 millimètres de hauteur franche. Les couronnes intérieures et extérieures sont divisées en trois parties par des paliers horizontaux, au moyen desquels l'eau est amenée aux turbines sur trois points à la fois. Cette disposition a déjà fait ses preuves en Europe. Sur les deux couronnes mobiles sont montés en saillie des tiroirs circulaires, reliés par des tiges ; ces tiroirs ou vannes règlent l'entrée de l'eau de telle sorte que la pression de l'eau sur la couronne supérieure reste constante. Trois turbines, comme nous l'avons dit, ont été mises en construction dès avant juillet 1893, chacune d'elles correspond à un débit de 12^{m3},17 par seconde sous une chute de 41^m,42, à la vitesse de 250 tours; et le rendement étant de 75 %, chacune donnera 5 040 chevaux.

La transmission du mouvement des turbines aux machines placées à la surface du sol se fait au moyen d'un arbre vertical de 965 millimètres de diamètre. Ce dernier, pour éviter un excès de poids est construit de la manière suivante : une enveloppe de tubes d'acier de 8 millimètres d'épaisseur soudés les uns aux aux autres constitue la partie principale de l'arbre. Elle est consolidée par des entretoises pleines de 280 millimètres logées dans des paliers guides. A la partie supérieure se trouve un boîtard qui au repos supporte le poids de la transmission. Dès que la turbine est en mouvement, l'eau agissant librement sur la face inférieure de la couronne mobile du haut, et non sur la couronne du bas, que protège un diaphragme plein, c'est l'eau elle-même qui supporte la transmission. Primitivement, on devait placer, comme l'indiquent les figures, un volant de 10 tonnes de poids et 4 420 millimètres de diamètre à l'intérieur du premier palier. On a résolu maintenant de placer la masse formant volant dans l'induit des dynamos qui seront disposés tout en haut de l'arbre vertical. Les armatures intérieures à l'induit seront fixes.

Le réglage de la vanne circulaire est prévu comme suit : le régulateur commande au moyen de poulies dont l'une porte une courroie droite et l'autre une courroie croisée, le treuil qui sert à lever ou à abaisser la vanne ; l'une ou l'autre poulie est embrayée automatiquement suivant la position du régulateur. Normalement le nombre de tours ne doit pas varier de plus de 2 %, et même, au cas où il y aurait 25 % de variation dans la puissance développée, la variation correspondante de la vitesse ne serait encore que de 4 %.

La fabrique de papier qui est venue s'installer auprès des chutes, a, naturellement son installation propre; c'est en c que prend naissance le canal qui lui amène l'eau. Dans le voisinage immédiat de l'usine, on a creusé, comme pour la station centrale, un grand puits vertical pour y installer les turbines. L'eau, après avoir traversé les turbines, s'écoule par un tunnel qui rejoint le grand tunnel de fuite de la Compagnie. Cette papeterie est un exemple unique des installations que la Compa-

gnie des chûtes du Niagara espérait voir se fonder ; nous avons dit
que, suivant toutes probabilités, ses imitateurs seront peu nombreux,
et que l'électricité sera employée pour transmettre la force à distance.
Il est intéressant d'étudier d'un peu plus près les détails d'organisation
de ce spécimen d'un type abandonné presqu'avant même d'avoir existé.
La papeterie marche depuis la fin de 1892, ou du moins une partie de
ses outils sont actionnés par des machines à vapeur. Ceux qui prennent
le plus de force, c'est-à-dire ceux du moulin à pâte de bois doivent tous
être mus par la force hydraulique. Les turbines sont d'ailleurs de bien
moindre importance que celles de la station centrale et ont pu être
mises en service avant elles. Il y en a six, placées sur deux rangées
accolées dans la cuve commune. Pour l'instant, une seule des deux rangées de turbines suffit pour le travail de l'usine. Chaque turbine développe 1100 chevaux. Elles actionnent par des roues d'angles un arbre
horizontal qui porte les meules. Le deuxième rang de turbines servira
lorsqu'il sera nécessaire d'augmenter la production de l'usine et d'étendre ses constructions symétriquement à l'emplacement des moteurs.
Alors quatre des turbines disposées en carré et alimentées par un tuyau
débouchant au milieu d'elles, mettront en mouvement les meules, tandis
que les deux autres, qui recevront l'eau par un même tuyau, serviront
à actionner les machines à papier, etc. Les turbines employées sont des
turbines Jonval, avec vannes circulaires. Elles sont de construction
américaine (R. D. Wood à Camden). Bien que les canaux d'amenée et
de fuite soient, de même que les turbines, calculés et construits pour
un débit déterminé qui correspond à une production de 6600 chevaux
sous une chute de $41^m,42$, on a voulu mesurer le débit réel de l'eau
employée. A cet effet, Cl. Herschel a construit un compteur « Venturi »
pour l'installer dans le canal de fuite. Autant qu'on en peut juger par
les premières expériences, ce compteur sera suffisant même pour les
plus forts débits, ne sera pas dérangé par la glace et donnera une ap-
proximation de 2 %. La fabrique de papier doit payer 40 francs par
cheval et par an, la journée de travail étant de 24 heures, pour les
3000 premiers chevaux ; si sa consommation est supérieure à 3000 chevaux, l'excédent est taxé à raison de 50 francs.

   Le point délicat de l'installation est le transport de la force du Niagara
à Buffalo. La seule chose bien arrêtée était que Buffalo serait le centre
de la distribution de force. Les premières tentatives faites par la Compagnie du Niagara pour obtenir des projets et devis de la canalisation

ont été absolument infructueux, en ce qui concerne les grandes usines électriques. Aucune d'elles n'a voulu perdre le temps de ses ingénieurs et compromettre sa réputation en soumettant un avant-projet; elles ont calculé que le travail viendrait forcément à elles, et elles ont laissé le soin des premières études à de petits électriciens isolés. Leur calcul n'a pas été mauvais, car la Compagnie hydraulique a fini par entamer des pourparlers avec les deux grandes Compagnies électriques d'Amérique (General Electric Company et Westinghouse Company). La première représente les courants continus, la deuxième les courants alternatifs. Deux Compagnies européennes ont également été pressenties. Les projets de ces quatre maisons, et peut-être de quelques autres, si on juge à propos d'étendre le cercle des usines appelées à l'adjudication, doivent être soumis au jugement de M. le professeur Forbes, de Londres. Lui-même est l'auteur d'un projet à courants alternatifs. Toutes les usines appelées à fournir un projet sont capables de mener à bien l'installation ; la question pratique est celle des garanties à fournir. La Compagnie hydraulique prétend, bien entendu, rejeter sur les électriciens, toute la responsabilité des rendements; jusqu'où ira cette garantie? et que représente-t-elle pour le fonctionnement de chaque machine en particulier? C'est là que la plus grande clarté sera nécessaire dans l'établissement des contrats. Le programme du projet ne contient comme données que la force des turbines, leur vitesse et la position des dynamos par rapport à l'axe vertical des turbines. Pour tout le reste, le champ est laissé libre au constructeur de la canalisation.

Quel que soit le mode de transport d'énergie adopté, il est essentiel que le moteur électrique puisse lutter à Buffalo avec le moteur à vapeur. Or, celui-ci, travaillant 24 heures par jour, coûte par an 152 francs au moins et en général de 175 à 200 francs. Il s'est déjà formé à Buffalo une Société pour la distribution de la force fournie par la Compagnie du Niagara, qui a fait un traité avec elle. Cette nouvelle Société compte bien absorber tous les services d'électricité de la ville et fournir la force motrice à de nombreuses usines, car le prix contractuel auquel la force lui doit être livrée est si bas qu'elle pourra donner le cheval-jour à 105 francs par an. Peut-être y a-t-il eu de la part de la Compagnie hydraulique quelque imprévoyance à coter aussi bas l'énergie fournie par elle. Les frais de premier établissement vont être considérables et il eût été prudent de ne pas faire sur le prix de la vapeur un aussi grand rabais.

TURBINES.

Pendant longtemps les Américains n'ont construit que des turbines à axe vertical et à transmissions par engrenages. Depuis quelques années cependant, ils ont commencé à construire des turbines à axe horizontal, avec transmissions par courroies ou par câbles ; ils les ont appliquées exclusivement à des forces considérables.

Deux genres de turbines se disputent la prééminence sur le marché américain : la turbine Victor construite par MM. Stilwell et Bierce, et la turbine Hercule de la Compagnie de construction de Holyoke. En dehors de ces deux marques, qui règnent presque exclusivement aux États-Unis, on en peut encore citer trois ou quatre dont nous parlerons plus loin.

Toutes les turbines américaines se ressemblent d'ailleurs, et elles ne se différencient guère que par leur régulateur et par quelques détails de construction qui sont le plus souvent sans grande importance. Dans toutes, l'eau entre dans une direction centripète et sort suivant une direction située dans un plan parallèle à l'axe. C'est une sorte de compromis entre les turbines radiales et axiales ; les aubes affectent souvent des formes compliquées et dont il est assez difficile de se rendre compte par le calcul. En général la hauteur des couronnes est grande, et le nombre des aubes petit ; il faut donc, presque toujours, renoncer à une bonne direction de l'eau, et il est permis de s'étonner que la station de Holyoke obtienne, dans ses essais, des rendements aussi satisfaisants que ceux qu'elle accuse. Les aubes de la couronne mobile sont en général fondues isolément et réunies au moyeu par des vis ou par tout autre procédé. Un anneau en fer les maintient toujours à la partie extérieure. Les aubes directrices sont également en fonte : en règle générale elles sont fondues d'une seule pièce avec la couronne mobile.

Chaque usine possède un grand nombre de modèles de couronnes fixes et mobiles (une vingtaine) mais le tracé des aubes y est invariable et s'emploie indistinctement pour les turbines à axe horizontal ou vertical. Dans chaque cas particulier, on choisit dans le catalogue le modèle qui se rapproche le plus de ce dont on aurait besoin, et on adapte tant bien que mal, à la chute dont on dispose, la turbine que le constructeur livre à bref délai, vu qu'il la fabrique par séries. La plupart des turbines s'installent sensiblement au-dessus du niveau du bief d'aval. La figure 4 (pl. 65-66) montre l'installation d'une turbine Victor de 1 397 millimètres de couronne que développe 1 050 chevaux sous une chute de $15^m,25$, et la figure 5 celle de deux turbines Hercule de 990 millimètres, donnant sous une chute de $15^m,24$, 560 chevaux chacune.

Ces différentes turbines sont montées dans des moulins de Minneapolis. Ces deux exemples donnent une idée fort exacte du montage habituel des turbines à axe vertical en Amérique.

La Compagnie générale d'électricité de Portland possède une grande installation de turbines Victor pour l'utilisation des chutes de la rivière Willamette. Le bâtiment destiné à recevoir les turbines et les dynamos est parallèle au cours de l'eau et est située sur une petite digue entre les biefs d'amont et d'aval. De cette façon un très court tuyau d'amenée suffit pour chaque couple de turbines. Chaque tuyau alimente en effet une grande et une petite turbine; leurs canaux de fuite se réunissent à l'intérieur du bâtiment, et l'eau qui a passé par l'une ou par l'autre s'écoule par la même conduite dans le bief d'aval. La station centrale comporte 10 couples de turbines : la grande turbine a 1 525 millimètres, la petite 1 065 millimètres de diamètre. Il y a en outre un couple de turbines égales de 1 220 millimètres. Les dix petites turbines dont chacune développe 600 chevaux sous une chute de $14^m,60$ et fait 200 tours à la minute servent normalement à la mise en marche des dynamos qui sont montées à l'extrémité de l'arbre vertical de chaque turbine. L'axe de chacune des turbines de 1 220 millimètres porte aussi une dynamo excitatrice. L'une d'elles sert de réserve.

Les grandes turbines n'entrent en jeu que lorsque par les hautes eaux la chute est devenue trop faible pour que les petites puissent continuer à travailler à pleine vitesse. En ce cas on supprime la liaison C entre l'arbre de la petite turbine et celui de la dynamo correspondante, et on fait commander par des courroies avec rouleaux de tension les dynamos par les grandes turbines qui ne font que 100 tours à la minute, et les petites restent au repos. Les poulies de la transmission ont 1 830 et 3 660 millimètres. Quand on ne se sert pas des courroies, on les laisse tomber des poulies sur des supports spéciaux et les tendeurs servent à les maintenir éloignées des poulies qui tournent.

Les paliers des turbines sont de deux espèces. La première (F et G) consiste simplement en mâchoires ajustables qui servent seulement de

guides à l'arbre vertical. Il n'en va point de même des paliers du second genre (D, E) qui ont à supporter le poids des armatures, des poulies et de l'arbre, surtout lorsque les petites turbines ne marchant pas,
leur partie supérieure seule continue à tourner. L'un des paliers E est
un palier de poussée hydraulique, dans lequel l'huile est comprimée à
20 atmosphères. Afin de refroidir convenablement ces paliers il est enfermé dans un cylindre où coule de l'eau froide. Le palier D sert à soulager le palier E lorsque les pompes à huile ne font pas complètement
leur travail. Les turbines de 1 525 millimètres n'ont qu'un seul palier de
poussée.

Le vannage des turbines est commandé depuis la chambre aux dynamos, ainsi que leurs régulateurs.

Une grue électrique de 12 tonnes de puissance sert aux manœuvres.
Les dynamos sont du système Thomson Houston.

Les turbines à axe horizontal se placent aussi en général dénoyées et
pour éviter une charge unilatérale sur les paliers, dans les grandes installations, on les accouple toujours, soit que l'on ait deux turbines simples disposées symétriquement dans deux chambres séparées, soit qu'on
les réunisse dans une même chambre.

La figure 2 (pl. 67-68) montre les deux dispositions : c'est le diagramme
de l'installation faite par la Compagnie Asmokeag à Manchester. Deux
turbines Victor simples de 1 015 millimètres de diamètre, produisant sous
une chute de 14^m,78 chacune 800 chevaux, et une turbine double Victor
de 762 de diamètre donnant 400 chevaux sous 8^m,38 de chute sont montées sur un seul arbre.

La force est transmise par six courroies de 768 millimètres de largeur jusqu'aux ateliers situés à la partie supérieure.

La figure 1 montre comment on peut alimenter, au moyen d'un seul
tuyau d'amenée, diverses turbines à axe horizontal qui sont destinées à
des actions différentes.

Les pivots qui se trouvent sous l'eau sont en bois de chêne ou de
gaïac. Certains constructeurs, comme Stilwell et Bierce, font séjourner
le chêne dans l'huile plusieurs mois avant de s'en servir ; d'autres, la
Compagnie de Holyoke par exemple, se servent de chêne vert trempé
dans l'huile pendant vingt heures seulement. Les pivots supportent
chacun, suivant les circonstances, de 8 1/2 à 21 kilogrammes par millimè-
tre, et ne sont jamais graissés. Certains pivots ont, paraît-il, duré quinze
ans dans ces conditions. Il est vrai de dire que, quelquefois aussi, les

pivots sont mis hors d'usage en quelques heures ; cela dépend du choix
des matières premières, des soins apportés au nettoyage, de la qualité
de l'eau, et enfin de la perfection du montage. Ce sont surtout la première et la dernière de ces causes qui influent sur la conservation des
pivots de turbines. Les collets, qui soutiennent l'arbre à la partie supérieure (fig. 3), sont en bois; quatre segments sont réunis en couronne
et ajustés au moyen de vis. Les pivots supérieurs sont également en
bois (fig. 4). Des pivots circulaires du même genre sont aussi d'un
emploi fréquent dans les turbines simples à axe horizontal pour compenser la pression unilatérale. Les crapaudines sont en fonte.

Les roues dentées sont toujours prises chez les meilleurs constructeurs, et montées avec le plus grand soin. La roue motrice a
habituellement des dents en bois. Toutes les roues sont parfaitement
calibrées; les dents en bois même sont faites au calibre; la bonne qualité des bois américains permet d'obtenir de bons résultats avec ce système. Les roues ont un engrenage sensiblement cycloïdal, avec un pas
qui peut aller jusqu'à 152 millimètres; elles font très peu de bruit, et
les trépidations sont insensibles. Le régulateur agit sur le distributeur;
il est souvent à pendule. Voici un type qui paraît de beaucoup le plus
usité : il appartient à la maison Stilwell et Bierce. D'un arbre quelconque
ou d'un engrenage, part une manivelle k qui imprime un mouvement
alternatif à deux loquets l et l_4; ceux-ci glissent sur la circonférence
d'une roue dentée z, et peuvent au besoin s'engager dans ses dents. Le
régulateur mène un simple segment b qui se meut entre les loquets et
la roue. Lorsque le régulateur est dans sa position normale, les loquets
sont empêchés, par le segment b, d'engrener avec la roue; lorsque les
boules changent de position, b s'éloigne d'un des loquets, qui par suite
devient libre de s'engager dans une dent. La roue z est donc entraînée
dans un sens ou dans l'autre, et son mouvement accélère ou diminue,
suivant le cas la vitesse de la machine. Ce régulateur donne des résultats satisfaisants. Dans les filatures où on doit avoir une régularité de
marche presque absolue, on adjoint en général aux turbines une machine à vapeur, et c'est celle-ci qui régularise le mouvement. C'est à
cette circonstance qu'on doit de pouvoir, à Holyoke, considérer pour le
calcul du débit le nombre de tours des turbines comme constant.

Le constructeur des machines Victor était le seul qui eût exposé à
Chicago des dessins de détail de ses turbines. Cette maison, Stilwell et
Bierce, a d'ailleurs assez d'autorité pour qu'il soit intéressant d'étudier

de plus près ses machines. Elle construit des machines à axe horizontal et à axe vertical, de deux types qui diffèrent surtout par le vannage. Dans le plus ancien modèle, le distributeur se compose de deux couronnes concentriques : l'extérieure est fixe, l'intérieure est mobile, et, par leur déplacement relatif, les orifices offerts à l'arrivée de l'eau peuvent être élargis ou rétrécis. Dans le modèle récent, le vannage rappelle celui des turbines Hercule. Un cercle, formant obturation sur une partie variable de la hauteur des orifices, s'élève ou s'abaisse à volonté entre le distributeur et la couronne mobile. Cet écran est soutenu par deux crémaillères. A sa partie inférieure, il porte des rebords qui s'engagent entre les aubes, et contribuent à donner à l'eau une bonne direction. Sur le premier type, on construit dix-huit modèles différents, dont les diamètres varient de 150 à 1 525 millimètres. Son vannage est intitulé à registre. Celui du deuxième type est dit à cylindre. Dans ce deuxième type, il y a seize modèles de 375 à 1525 millimètres de diamètre. Avec ses trente-quatre modèles, la maison est en état de fournir une turbine convenable pour chaque cas particulier qui lui est soumis. Nous retrouvons ici le système américain de construction qui a déjà arrêté notre attention lors de notre étude des machines à vapeur. Il s'agit beaucoup moins d'approprier la machine à l'effet qu'on se propose d'obtenir, et aux circontances locales, que de produire par séries, et à bon marché, des machines qui s'appliquent à peu près aux divers cas qui se présentent : ce système doit avoir du bon, puisque les Américains y persistent ; il répugne tellement à nos idées, à nos habitudes de précision, à notre goût des solutions rationnelles, qu'il est bien difficile à un Français d'en apprécier la valeur.

La figure 5 (pl. 67-68), représente une turbine simple verticale de 533 millimètres, avec vannage cylindrique. La figure indique, d'une façon suffisante, non seulement le vannage, mais encore les pivots et boitards. Le pivot inférieur, en bois d'une seule pièce, est emboîté dans une pièce de fonte ajustable au moyen de vis sur une semelle. Celle-ci est encastrée de part et d'autre dans les parois de la chambre, et maintenue en place par du zinc fondu. Pour changer le pivot, il suffit de dévisser le couvercle qui se trouve en dessous de la semelle ; on y accède par des trous-d'homme pratiqués dans les côtés de la chambre. La crapaudine, en fonte, présente des fentes latérales qui permettent l'entrée de l'eau pour le refroidissement du pivot. Elle est soigneusemeni ajustée et polie.

Les aubes directrices sont, dans le modèle à vannage à cylindre, planes et disposées de manière que l'eau en sorte tangentiellement; dans le modèle à vannage à registre, elles sont légèrement courbées. Les aubes de la courbure mobile, fondues avec le noyau, sont courbées dans deux directions; elles sont réunies à l'intérieur par un anneau en fer posé à chaud et par des éclisses rivées.

Lorsque l'eau doit être amenée aux turbines par un tuyau fermé, chacune d'elles est, suivant sa taille, placée dans une chambre en fer ou en fonte.

La figure 2 (pl. 65-66), représente une turbine horizontale avec vannage cylindrique de 610 millimètres de diamètre. Le réglage de cette turbine double se fait pour les deux distributeurs à la fois; l'arbre actionné par le régulateur pénètre dans la chambre et communique par les roues dentées le mouvement aux crémaillères des deux turbines. Les turbines à registre occupent sensiblement moins de place que les précédentes, particulièrement en hauteur. La figure 3 représente une de ces turbines doubles de 762 millimètres. Le régulateur agit en même temps sur les deux couronnes mobiles qui se trouvent à l'intérieur des distributeurs. Lorsque l'eau contient des impuretés, ce mode de vannage a des inconvénients qui lui font préférer le système nouveau, malgré la plus grande hauteur qu'il exige.

Les constructeurs américains indiquent volontiers pour leurs turbines des rendements excessivement élevés. Il est fort difficile d'obtenir des renseignements exacts à ce sujet des industriels qui emploient les turbines. Nous nous abstiendrons donc de donner les chiffres qu'on trouve dans les prospectus américains afin de n'avoir pas à les discuter, sans pouvoir apporter de preuves à l'appui de notre opinion qu'ils sont exagérés.

La Compagnie de constructions hydrauliques de Springfield (Leffel) expose une turbine de 560 millimètres, verticale, en bronze, une turbine horizontale de 355 millimètres et un petit modèle fort joliment nickelé. L'aspect extérieur de cette turbine est donné par la figure 8 (pl. 67-68), les aubes directrices sont mobiles autour d'axes parallèles à l'arbre de la turbine et porte à leur extrémité extérieure un pivot qui dépasse le plateau supérieur du distributeur. Chacun de ces pivots est relié à une tige. Les diverses tiges se réunissent sur une plaque circulaire qui embrasse l'arbre de la turbine et est commandée par le régulateur. De cette manière toutes les aubes directrices sont actionnées en même temps. La couronne mobile est divisée horizontalement en deux compartiments. La partie supérieure, en contact direct avec le distributeur constitue avec lui une véritable turbine Francis. La partie inférieure a au contraire des aubes à double courbure comme la plupart des turbines américaines ; elles n'ont cependant point le prolongement habituel en forme de calotte. Les raisons qui ont déterminé ce dispositif ne sautent pas aux yeux. Quoi qu'il en soit, et probablement à cause de la bonne qualité de la construction, ces turbines ont, depuis quelque temps, rencontré un assez grand succès.

M. Sanford à Sheboygan Falls construit aussi des turbines avec couronne mobile divisée en deux parties, mais ici deux roues américaines, sans prolongement à calotte sont emboîtées l'une dans l'autre (fig. 10). Le vannage se fait au moyen d'un tiroir circulaire qui se manœuvre de bas en haut entre les deux couronnes. A cet effet, le tiroir circulaire porte des tiges conductrices qui passent à travers les aubes directrices faites plus épaisses aux endroits où elles doivent donner passage à ces tiges, et de leur servir ainsi de guides. Ces tiges sont, au-dessus de la turbine, réunies par un croisillon qui embrasse l'arbre de la turbine et peut, au moyen d'un levier être élevé ou abaissé le long de cet arbre. Cette turbine présente l'avantage de donner une bonne direction à l'eau lorsque le tiroir circulaire est à la hauteur de la séparation des deux couronnes. La construction de ces turbines est beaucoup trop compliquée. Elles étaient représentées à l'Exposition par 3 spécimens du type vertical ayant l'une 533 et les deux autres 812 millimètres de diamètre de couronne mobile, et diverses hauteurs. Les pivots y sont disposés comme dans les turbines Leffel, avec cette différence que, dans les petits modèles les pivots reposent directement sur la semelle et qu'on ne peut régler leur position au moyen de vis.

La turbine Wilson est assez particulière. Elle se compose de l'assemblage de deux couronnes mobiles du type Victor, ayant leurs parties supérieures en contact et fondues ensemble. La pièce ainsi constituée est mise sans distributeur dans une chambre à eau excentrique (fig. 11). La turbine étant en deux parties, on peut aussi diviser la chambre en deux sections par une cloison perpendiculaire à l'axe et ne se servir ainsi que d'une des deux moitiés de la machine. L'admission dans la chambre se fait par un vannage en fer commandé par des crémaillères. Les pivots et crapaudines sont du modèle ordinaire. Les deux turbines exposées avaient 355 et 682 millimètres de diamètre. Il nous a été im-

possible d'obtenir du constructeur d'autres renseignements sur ses machines.

Les Américains ont assez l'habitude de garder secrets leurs procédés,
c'est à dessein que nous ne disons pas leurs méthodes, de construction
des turbines. En Europe, on calcule les aubes. En Amérique on les trace
à l'œil, et on tâche de les perfectionner d'après les indications de l'expérience; on conçoit qu'on ne veuille point divulguer des résultats obtenus
si laborieusement.

Roues Pelton.

La roue Pelton est une nouvelle venue parmi les machines hydrauliques; elle y a vite conquis une des premières places en raison de ses
dispositions très ingénieuses.

Il y a une dizaine d'années, son inventeur construisait ses premières
roues à Nevada City; plus de 2500 roues Pelton sont actuellement en
service; le plus grand nombre se trouvent en Amérique, mais on en
trouve déjà une certaine quantité hors des Etats-Unis, et il n'est que
juste de prévoir que les constructeurs européens auront à lutter contre
la concurrence de ce nouveau moteur.

Au Japon, il existe déjà 11 roues Pelton développant ensemble plus
de 1 000 chevaux. Six de ces roues sont employées au service de plans
inclinés à traction par câbles placés le long d'un canal. Trois roues de
203 millimètres faisant 108 chevaux chacune, et deux de 152 millimètres
produisant chacune 115 chevaux, actionnent des dynamos dont le courant est transporté à Kioto où il est utilisé tant pour la force motrice
que pour l'éclairage électrique. Ces cinq dernières roues travaillent sous
une chute de 27^m,45, et l'eau leur est amenée par 600 mètres de tuyaux
L'Afrique Australe compte aussi 11 roues Pelton, on en rencontre 15 en
Australie et Nouvelle-Zélande; les autres pays en ont moins, sauf l'Italie
où une grande installation de 9 roues aux célèbres chutes de Tivoli produit la force nécessaire pour l'éclairage de Rome. On voit que l'extension prise par ce moteur est fort importante.

La roue Pelton dérive des anciennes roues dites *hurdy-gurdy* que les
pionniers de l'Ouest construisaient grossièrement à la hache et à la do-
loire pour utiliser les chutes de grande hauteur mais de faible débit fréquentes dans les montagnes rocheuses. C'étaient des roues d'assez

grand diamètre avec de très petites palettes. Pour transformer ces outils fort primitifs en machines sérieuses, deux systèmes se trouvèrent
en présence, ceux de Pelton et de Knight. Ce dernier ne s'écartait guère
de nos turbines, il employait de petites aubes simplement courbées sur
lesquelles il faisait arriver une nappe d'eau par le côté : l'eau ressort du
côté opposé. Les aubes étaient en fer, et maintenues entre deux couronnes de fonte.

Pelton, au contraire, chercha à faire quelque chose de réellement nouveau. Il remplace les aubes par des augets, assez espacés, vissés sur la
circonférence de la roue. La section des augets par un cylindre concen-
trique à la roue présente la forme de la lettre grecque ω. Un jet d'eau
circulaire vient frapper l'arête supérieure du fond de l'auget, se partage
en deux et coule en deux nappes de l'un et de l'autre côté. La roue
Knight qui présente de nombreux inconvénients, surtout au point de
vue de la sortie de l'eau, a disparu, et la roue Pelton s'est rapidement
répandue comme nous l'avons dit plus haut.

Avant d'entrer dans le détail de la description d'une roue Pelton, nous
croyons devoir examiner dans quelle classe de moteurs hydrauliques
elle doit être placée. En général on distingue les roues des turbines
parce que dans les roues l'eau agit par son propre poids, et dans les
turbines par sa force vive. Cette distinction savante n'est pas toujours
respectée dans la pratique, et la roue Poncelet par exemple, n'est jamais
dénommée turbine bien que la force vive de l'eau y soit seule en jeu ;
il en est de même pour la roue Pelton, où l'eau n'agit nullement par son
poids.

A proprement parler, la roue Pelton est donc une turbine. Les aubes
sont simplement ici remplacées par des augets, et, contrairement à ce
qui a lieu dans toutes les autres turbines, ces augets ne sont pas voisins les uns des autres.

Les augets se font en bronze dur bien poli ; dans les petits modèles
de roues on polit même l'intérieur afin d'éviter le frottement. Un petit
nombre de types d'augets suffisent pour la construction de roues de
toutes dimensions. On remarquera que la paroi de l'auget à l'extérieur
de la circonférence est très mince et tranchante : cette disposition est
nécessaire pour que le filet d'eau en passant d'un auget à l'autre ne
subisse pas de trop grands dérangements. Les augets sont fixés par des
vis sur le corps de roue, sur la circonférence de laquelle on marque à
cet effet à la machine à diviser des points équidistants.

Le corps de roue lui-même est soigneusement tourné et alésé, il est essentiel que ces précautions soient bien prises, et que l'arbre soit bien assemblé à la roue, en raison de la grande vitesse que doit prendre la roue. Lorsque la vitesse de la roue atteint la valeur théorique convenable, qu'on estime être la moitié de la vitesse correspondante à la hauteur de chute, déduction faite de la perte de chute due aux frottements, l'eau entre dans la roue et en sort sans choc.

Le rendement de la roue Pelton est très élevé. Les constructeurs (Compagnie de la roue hydraulique Pelton à San-Francisco) garantissent 80 à 85 %, et lorsque les conditions sont favorables, ce rendement peut même être dépassé. On conçoit d'ailleurs facilement que les pertes de force ne peuvent pas être grandes dans la roue Pelton : l'eau en effet y arrive sans remous, les surfaces des aubes (ou augets) sont très lisses, les bords des augets sont minces ; toutes les conditions sont donc réunies pour réduire au minimum les résistances intérieures.

Une des particularités les plus remarquables de la roue Pelton est la propriété qu'elle a de convenir à des chutes variant dans des limites très étendues tant au point de vue du débit que de la hauteur. Le rendement est meilleur lorsque la chute est haute, et les constructeurs conseillent de s'en tenir comme limite inférieure entre 8 et 9^m,50.

Quant à la limite supérieure, on n'a pas encore été plus loin que 512^m,40. On a obtenu un rendement de 88 % ; cette énorme chute se trouve aux mines de Comstock, au puits Chollar. En trois ans on n'a pas eu d'autres réparations à faire que le changement de quelques augets. La Compagnie des roues Pelton est toute disposée à construire des roues pour des chutes encore plus hautes, car, en fait, on a constaté qu'aucune difficulté ne s'est encore présentée pour l'installation de chutes de plus en plus hautes. On s'occupe actuellement de créer une roue qui convienne aux petites chutes de 3 mètres et au-dessous.

La puissance des roues est extrêmement variable : on en fait depuis 1/30 et 1/40 de cheval [pour actionner des machines à coudre ; les plus grandes ont une force de plus de 2 000 chevaux. Le réglage se fait dans tous les cas ordinaires par étranglement de la veine, mais à un endroit assez éloigné de l'entrée de l'eau dans la roue pour qu'il n'en résulte pas de perturbation dans le mouvement du fluide qui, à cet endroit, n'a encore qu'une faible vitesse. On a essayé aussi un autre système de réglage qui consiste à faire varier la position du tuyau d'amenée d'eau en le levant ou l'abaissant, de sorte que l'entrée de l'eau se fait plus ou

moins loin du centre de la roue ; il ne parait pas que cette méthode ait
chance de remplacer la première.

Le nombre des types est extrêmement restreint ; il n'y en a que dix,
six pour les petites roues désignées par les numéros 0 à 5, et quatre
pour les grandes (3, 4, 5 et 6 pieds). Nous ne parlons ici que des roues
destinées à des chutes ordinaires, c'est-à-dire ne dépassant pas $76^m,25$
(250 pieds), pour les petites roues.

Les petites roues ont les dimensions suivantes :

N° 0. . . .	0,102 de diamètre. . . .	0,051 de poulie.
1. . . .	0,152 —	0,076 —
2. . . .	0,305 —	0,102 —
3. . . .	0,457 —	0,114 —
4. . . .	0,457 —	0,127 —
5. . . .	0,609 —	0,216 —

Le tableau ci-après donne les conditions de travail des grandes roues.

HAUTEURS de chute	ROUE DE 3 PIEDS Force en chevaux	ROUE DE 4 PIEDS Force en chevaux	ROUE DE 5 PIEDS Force en chevaux	ROUE DE 6 PIEDS Force en chevaux
0,10	1,50	2,64	4.18	6,00
15,25	5,90	10,60	16,63	23,93
24,40	12,04	21,44	33,53	48,16
30,50	16,84	29,93	46,85	67,36
45,75	31,04	55,08	86,22	124,04
61,00	47,75	84,81	132,85	191,00
76,25	66,74	118,54	185,47	266,96
91,50	87,73	155,83	243,82	350,94
106,75	110,55	196,38	307,25	442,27
122,00	135,08	239,94	375,40	540,35
137,25	161,19	286,31	447,95	644,78
152,50	188,80	335,34	524,66	755,20
167,75	223,76	397,43	621,82	895,04
183,00	248,16	440,77	689,63	992,65
213,50	312,73	555,46	869,06	1250,92
244,00	382,09	678,66	1061,81	1528,36
274,50	455,94	809,82	1267,02	1823,76
305,00	534,01	948,48	1483,97	2136,04
	Poids 390 à 450 kg	Poids 450 à 640 kg	Poids 640 à 950 kg	Poids 950 à 1350 kg

Ce tableau n'indique pas les débits. Ils se déduisent du fait connu que le rendement est de 0,85. On voit combien est étendu le champ des applications avec un nombre extrêmement restreint de types.

La figure représente une roue de 6 pieds. On y voit le tuyau d'amenée mobile dont nous avons parlé, mais on ne s'en sert pas pour le réglage en marche, mais seulement pour le réglage initial. La roue est entourée d'une enveloppe de bois ; pour les petites roues on met habituellement l'enveloppe en fer.

Ces enveloppes sont utiles pour arrêter un nuage de gouttelettes d'eau qui se forme toujours, même lorsque les chocs sont théoriquement nuls.

Nous n'avons parlé jusqu'à présent que des roues à arrivée d'eau unique. Il est fort simple de multiplier le nombre des jets qui viennent frapper la roue. Les ajutages doivent seulement être disposés à des intervalles suffisants pour que l'eau ne vienne jamais frapper un auget avant qu'il soit tout à fait vide. On peut, grâce à ces ajutages multiples, profiter de l'abondance d'eau, ou, au contraire, restreindre la consommation.

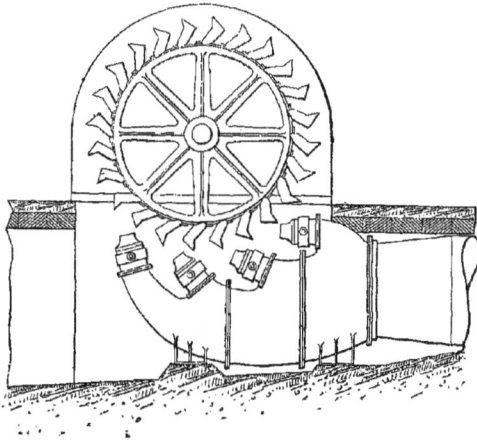

Les roues Pelton ont trouvé un débouché considérable dans les mines des États-Unis où l'eau est fort abondante ; on se sert des infiltrations, d'ailleurs fort gênantes, pour constituer des chutes d'eau qu'on utilise à toutes sortes de travaux. Nous citerons les usines de Idaho et celles de Treadwell dans l'Alaska. Dans ces dernières, on a une roue Pelton de 7 pieds ($0^m,173$), marchant sous une chute de $149^m,50$ avec un débit de 0^{m3},297. Elle fournit une force de 500 chevaux environ, et fait marcher la moitié de l'usine, 240 pilons, 96 broyeurs, 13 bocardeurs. La distance des ajutages est en marche normale de 84 millimètres ; lorsque l'eau est très abondante, on ajoute un ajutage de 102 millimètres et on peut produire jusqu'à 731 chevaux.

La roue ne pèse que 360 kilogrammes ; toutes les transmissions qui en dépendent, arbres, poulies, paliers, etc., 18 000 kilogrammes.

Ces mêmes usines emploient encore une roue Pelton de 8 pieds (0^m,203) de 175 chevaux pour le service d'un compresseur qui mène 15 machines à percer, trois petites roues n° 3 pour l'éclairage de tous les chantiers et deux roues de 127 millimètres (5 pieds) donnant chacune 100 chevaux pour l'extraction, et enfin une roue de 6 pieds (0^m,152) de 75 chevaux pour actionner une pompe. Au total, les roues Pelton de cette mine produisent un millier de chevaux).

Une grande roue Pelton, de 4^m,40 de diamètre, pesant 2 250 kilogr. est installée dans des mines de Costa-Rica. La hauteur de chute est de 119 mètres, le nombre de tours de 95, la force développée de 120 chevaux. La roue, par sa masse, sert de volant aux machines à air comprimé qu'elle met en mouvement.

Les tuyaux d'amenée sont, en général, en tôle de fer, et depuis quelque temps en tôle d'acier. Les conduites rivées n'ont nulle part un développement comparable à celui qu'elles ont dans l'Ouest des Etats-Unis. On estime que les conduites (de 102 à 1 524 millimètres), qui y existent se développent sur 11 250 kilomètre au moins. On enduit habituellement l'intérieur et l'extérieur d'asphalte pour éviter la rouille. Ce procédé, employé depuis 25 ans, a supprimé tout ennui de ce côté.

La roue Pelton offre le très grand avantage de pouvoir être employée sous presque toutes les chutes, et d'être beaucoup moins encombrante que toutes les roues. La figure 1 (pl. 69-70), montre d'une façon frappante l'avantage qu'il y aurait à remplacer par la petite roue Pelton, figurée dans l'angle de droite à l'échelle même du dessin, l'énorme roue en dessous qui utilise dans l'Ile Man une chute de 22^m,50 et donne 150 chevaux de force pour le service des pompes d'une mine. Il est juste de dire que l'installation de la roue Pelton nécessiterait des travaux assez coûteux pour modérer la vitesse du courant, mais si l'on tient compte des travaux de maçonnerie que l'on a dû faire pour la roue en dessous, on voit que l'avantage est encore du côté de la roue Pelton.

En résumé, nous croyons que la roue Pelton est appelée à un grand avenir ; sa très grande simplicité est un gage de succès, et, par une heureuse exception, lorsqu'il s'agit de machines américaines, la théorie se trouve ici satisfaite comme la pratique. Or ce qui est bon en théorie subsiste, et ce qui a paru bon en pratique disparait, parce que le moindre perfectionnement de détail suffit à détrôner une machine lorsqu'elle n'a pour elle que les résultats pratiques.

Turbine de Laval.

Nous ne pouvons terminer notre revue des turbines sans parler de la turbine à vapeur imaginée par le docteur Gustave de Laval, qui était exposée dans la section suédoise de la Foire du Monde.

Dans les machines à vapeur ordinaires, la production du travail mécanique est basée sur le fait qu'on oppose constamment à l'expansion de la vapeur une résistance égale à sa pression, de sorte que la vapeur ne prend jamais une grande vitesse. On utilise donc exclusivement la pression de la vapeur et le rendement maximum théorique (dont on est toujours très éloigné en pratique) est celui du cycle de Carnot $\dfrac{T_1 - T_0}{T_1}$.

Mais on peut utiliser autrement la vapeur, la laisser se détendre complètement, de telle manière qu'elle prenne une vitesse déterminée par la différence de pression des milieux où on opère, chaudière d'un côté et de l'autre le condenseur, ou air libre, ou réservoir à pression intermédiaire. On a alors un fluide animé de vitesse qui est capable de produire un certain travail, comme l'eau dans les turbines. Il s'agit simplement de modifier d'une façon continue la direction de la vitesse relative de la vapeur et de réduire progressivement sa vitesse absolue. Par analogie avec les turbines mues par l'eau qui donnent couramment des rendements supérieurs à 80 %, on peut espérer obtenir aussi avec la vapeur un rendement élevé.

M. de Laval a poussé beaucoup plus loin que ses devanciers dans la construction des turbo-moteurs, l'application du principe dont nous avons parlé. La vapeur s'écoulant à l'air libre par des orifices de petite section, prend une vitesse de 775 mètres à la seconde lorsqu'elle est soumise à une pression de 6 atmosphères. Pour une pression de 12 atmosphères la vitesse atteint 913 mètres. La diminution de pression dans le milieu où s'écoule la vapeur augmente dans une forte proportion la vitesse du fluide. Ainsi lorsque la vapeur passe d'une chaudière à 6 atmosphères à un condenseur où le vide est de 1/10 d'atmosphère, la vitesse monte à 1120 mètres. Dans la turbine de Laval, la vapeur à haute pression arrive entièrement détendue sur les aubes de la roue réceptrice. La détente s'effectue dans le trajet de la valve d'admission à l'orifice du tube distributeur de vapeur. Pendant ce trajet, la vapeur, par l'effet même de sa détente, a acquis une force vive précisément égale au travail qu'elle aurait pu fournir en agissant sur un piston. La masse de la vapeur étant presque négligeable, on voit l'influence de la vitesse sur la valeur de cette force vive. Elle se transmet aux aubes de la roue réceptrice comme la force vive d'une chute d'eau à une turbine ordinaire. Il est bien évident que la turbine à vapeur tournera avec une vitesse énorme, puisque la vapeur lui arrive avec une vitesse considérable.

La turbine de Laval est une turbine axiale, à axe horizontal, à introduction partielle et à libre écoulement. Elle se compose d'une roue à aubes à laquelle la vapeur est amenée par un nombre variable d'ajutages coniques dont l'axe a une faible inclinaison sur celui de la roue. Les jets de vapeur pénètrent dans les conduits récepteurs en glissant le long des aubes en vertu de leur vitesse relative et ils communiquent leur force vive à la roue. La vapeur sort sur la face opposée avec une vitesse absolue que le tracé des aubes tend à réduire le plus possible.

Le corps de turbine est monté sur un axe en acier de faible diamètre (8 millimètres pour 20 chevaux, $4^{mm},5$ pour 40 chevaux, à la partie la plus mince). L'axe repose à ses extrémités sur deux coussinets; l'ensemble tourne dans une chambre où les ouvertures sont pratiquées pour le passage des ajutages coniques. A un des bouts de l'arbre est le régulateur qui agit par un levier sur une soupape équilibrée, placée à l'entrée de la vapeur. La force est transmise par des engrenages héliçoïdaux qui diminuent la vitesse dans la proportion désirable.

Les ajutages ont une section de forme la plus convenable pour épouser la forme du jet. La vapeur s'y détend d'une façon complète. On peut les obturer au moyen de robinets. Chaque ajutage fonctionne indépendamment des autres.

La roue, destinée à marcher à une vitesse très considérable, est construite avec le plus grand soin, les aubes sont taillées à la fraise sur le pourtour de la roue et frettées ensuite au moyen d'un cercle en acier. La frette empêche les remous de vapeur au bout des aubes et supprime le frottement des aubes sur l'atmosphère environnante au repos. Ce frottement pourrait produire une résistance notable étant donné que la turbine a une vitesse circonférencielle qui varie de 175 à 400 mètres par seconde. Malgré toutes les précautions qu'on peut prendre, on ne peut espérer que le centre de la roue se place exactement sur l'axe géométrique de l'arbre, et que le plan de symétrie de la roue soit perpendiculaire à cet axe. Pour éviter les inconvénients qui pourraient résulter de ce défaut de centrage, inconvénients que la grande vitesse (15000 à 30000 tours à la minute) exagèreraient. M. de Laval a eu l'ingénieuse idée de servir des propriétés gyroscopiques des corps. La turbine est montée sur un arbre mince et par suite flexible, et le centre de gravité tend à venir se placer sur l'axe de rotation, l'arbre se déformant en conséquence. Pratiquement, on a réalisé cette conception théorique au moyen d'arbres en acier reposant sur de longs paliers avec coussinets en métal antifriction, graissés d'une façon modérée, mais continue.

Les machines que la turbine doit mettre en mouvement ont forcément une vitesse bien moindre qu'elle. Aussi la turbine est-elle toujours munie d'un arbre auxiliaire reliée à l'arbre principal par un pignon et une roue dentée. Les dents de cet engrenage sont inclinées à 45° et en sens inverse. Il est enfermé dans une caisse spéciale où l'huile circule d'une façon assurée, de sorte que le graissage est certain. Un régulateur à force centrifuge fixé au bout de l'arbre principal, agit sur la valve d'admission et lorsque la force demandée diminue, étrangle la vapeur et diminue sa consommation, D'ailleurs la vapeur, au sortir de la valve, se répartit entre plusieurs conduits, et on peut intercepter le passage dans chacun d'eux d'une façon indépendante, ce qui permet de réduire la consommation.

Voici quelles qualités M. de Laval revendique pour sa turbine :

1° L'étanchéité, nécessaire dans les machines où la vapeur agit par sa pression ne l'est plus ici. On laisse donc normalement un jeu de 2 millimètres entre la roue et son enveloppe, d'où suppression des frottements, de l'usure qui en résulte, et constance de la consommation de vapeur quel que soit le temps depuis lequel la machine est en service.

2° La pression de la vapeur est la même sur les deux faces de la roue. Il n'y a donc aucune raison pour que la vapeur ne suive pas les aubes si elles sont bien tracées, et il n'y a pas de perte produite par le passage direct de la vapeur par le jeu de 2 millimètres dont nous avons parlé.

3° Il n'y a pas de condensations appréciables dans la machine, quelle que soit le pression de la vapeur employée. Elle est en effet, toujours à la même pression au moment où elle vient en contact avec la roue; celle-ci n'a donc pas à subir des changements brusques de température.

4° La vapeur est bien utilisée, et à 50 chevaux, on ne consomme que 9 kilogrammes de vapeur par cheval-heure. Des essais faits à Stockholm ont donné $8^k,95$ de vapeur et 1 210 grammes de charbon par cheval-heure effectif. C'est un très beau résultat pour des machines de médiocre puissance.

5° Les pièces en mouvement sont réduites à une roue et un train d'engrenages. Cela permet une grande simplicité de construction, diminue les résistances passives, et réduit au minimum l'encombrement. On en peut juger par la figure 11 qui représente en grandeur naturelle une turbine de 20 chevaux. La vitesse est très constante, la surveillance facile.

Les turbines de Laval sont, en assez grand nombre, en service en Suède depuis deux ans. Le calcul montre qu'on peut avec elles obtenir un rendement égal à la moitié ou même aux trois quarts de la puissance théorique de la vapeur. Les meilleures machines à mouvement alternatif ne donnent guère que 1/4 ou 1/3 du rendement théorique. Il y a donc lieu de penser que la turbine de Laval, fort remarquée à Chicago, a devant elle un bel avenir. C'est avec un réel plaisir que nous constatons le succès d'un appareil construit entièrement d'après des idées théoriques; nous sommes loin des procédés américains, où l'empirisme règne en maître, et, pour notre part, toute notre sympathie va aux laborieux efforts du savant.

CHAPITRE V

GRANDES INSTALLATIONS MÉCANIQUES DES ÉTATS-UNIS

Installations mécaniques des mines Calumet-Hécla

Nous avons déjà eu l'occasion de prévenir nos lecteurs que, peu soucieux du titre de notre Revue, nous ne nous considérions nullement comme obligés de nous limiter dans nos études aux machines exposées à Chicago. En nous imposant cette limite, nous risquerions de passer sous silence les plus intéressantes des intallations mécaniques des Etats-Unis. L'Exposition, tout en offrant au visiteur un très réel intérêt, ne présentait pour ainsi dire rien de nouveau, d'original. Il faut donc sortir de Chicago pour voir du nouveau.

En Amérique comme partout ailleurs, les usines dont l'outillage se rapproche de la perfection, sont fort rares. Les machines sont d'un emploi universel en Amérique; cela ne veut pas dire que leur construction et surtout leur adaptation aux diverses exigences de l'industrie y soient à l'abri de tout reproche. Le lecteur ne devra donc pas s'étonner de trouver de nombreuses critiques dans ce qui va suivre.

Nous allons nous occuper d'une installation particulièrement complète et bien étudiée et fort peu connue {d'ailleurs, car le Lac Supérieur est bien rarement visité par des Européens, celle des mines de Calumet-Hécla. Les mines de cuivre en question ont été découvertes en 1870 par M. Agassiz, le fils du célèbre naturaliste. Depuis 1876 elles ont été dotées d'une installation mécanique, avec le concours de M. E. D. Leavitt, ingénieur-conseil. Ces machines, par leur importance (elles représentent un total de plus de 30 000 chevaux) et par le soin apporté à leur construction, peuvent se comparer aux plus considérables du monde entier. La perfection apportée dans cette installation est tout à fait en dehors des habitudes des exploitations similaires; il est difficile de juger si les circonstances locales d'exploitation obligeaient à des dépenses aussi élevées.

Les concessions réunies des mines de Calumet et d'Hécla comprennent un puissant filon bien régulier de cuivre. Les premiers travaux ont commencé il y a une vingtaine d'années. Il y a actuellement 17 puits inclinés ou galeries placés sur un seul rang, dont 14 seulement sont en exploitation. En outre, du fond de l'un d'eux, part un puits vertical. Le filon où se trouvent des rognons de cuivre pur dans un conglomérat a de 2^m,40 à 10^m,70 de profondeur, sur une longueur de 2 100 mètres, son orientation est de 38° environ. Il n'y a pas de manques, ou du moins d'irrégularités notables, la seule difficulté qui se présente de loin en loin est la présence d'un très gros bloc de cuivre qu'on ne peut faire sauter et qu'il faut débiter par morceaux.

Les installations mécaniques se trouvent à 200 mètres au-dessus du niveau du Lac Supérieur. Le puits vertical nouvellement creusé à Red-Jacket, atteint le filon à 1 006 mètres; sa profondeur actuelle est de 914 mètres et on le poussera à 1 500 mètres; les déblais qui en sortent sont évacués par des galeries pourvues de machines. Les galeries inclinées ont, jusqu'à présent, une projection sur le sol naturel de 15 à 1 800 mètres. Les galeries sont à 237 mètres les unes des autres.

Tous les puits de la mine Calumet, au nombre de 5, et le puits n° 2 Hécla, qui étaient autrefois desservis par de vieilles machines individuelles, le sont actuellement par une station centrale dite « Superior »

Cette station assure la manœuvre de l'extraction et des machines de secours (compresseurs d'air). Pour ce dernier usage, la station « Frontenac » qui a 4 grands compresseurs avec les machines motrices correspondantes entre aussi quelquefois en jeu. Les puits Hécla n° 3 à 6 dépendent de la station « Gratiot » qui possède 3 grandes machines pour l'extraction. Les puits Hécla situés plus au Sud empruntent leur force motrice partie à d'anciennes machines spéciales à chaque puits, partie à la station nouvelle dite « Hancock ». La grande installation de machines nouvelles d'extraction de Red-Jacket, avec machines de réserve servant au forage des puits est presque terminée, et sera à l'avenir l'usine centrale principale. L'Administration des mines possède encore plusieurs usines hydrauliques près des puits de Calumet et au bord du Lac, puis sur le lac Linden une usine de bocardage et de préparation du minerai avec grande usine hydraulique, et une première fonderie sur ce dernier lac. La Compagnie est enfin propriétaire à Buffalo d'une grande fonderie; il est probable qu'on finira par faire dans celle-ci les deux fusions, car le cuivre extrait est presque pur, et le travail de la fonderie des mines presque nul. Le transport du cuivre à la fonderie se fait sur des bateaux qui, comme fret de retour prennent à Buffalo du charbon.

La première année d'exploitation avait donné 657 tonnes de cuivre. En 1874, on avait atteint 10 000 tonnes. C'est à ce moment qu'on commença à perfectionner l'outillage. En 1892, la production a été de 30 000 tonnes. En moyenne on extrait habituellement tous les mois 100 000 tonnes de minerai qui donnent 3 000 tonnes de cuivre pur. L'exploitation est en pleine prospérité : avec un capital nominal de 4 millions de dollars elle a déjà distribué 40 millions de dollars à ses actionnaires.

Nous ne décrirons pas les mines proprement dites, nous contentant de passer en revue les installations mécaniques qui en facilitent l'exploitation.

Les galeries inclinées, commencées à ciel ouvert, présentaient à plus d'un point de vue une grande simplicité de fouille et d'exploitation générale. On s'est particulièrement attaché à approprier les nouvelles machines aux anciennes installations, ce qui leur donne un caractère spécial que nos lecteurs apprécieront en regardant les planches. Les machines ont un rôle important à jouer dans la compression de l'air, le bocardage, la fouille et la manœuvre des pompes.

La force nécessaire à l'épuisement est néanmoins insignifiante en comparaison de celle employée dans le reste de l'exploitation; bien que la fouille descende fort au-dessous du niveau du lac qui est tout voisin, les infiltrations sont minimes, et il suffit de petites pompes, assez nombreuses il est vrai, pour en venir à bout.

Station centrale « Superior »
A CALUMET (RED-JACKET)
(Planche 70)

Cette station dessert les puits inclinés Calumet 2, 4 et 5, et Hécla 2. Elle actionne aussi les grands compresseurs d'air pour les perforatrices et les autres travaux du fond. Son installation date de 7 ans ; elle a été destinée à remplacer une série de petites usines placées à l'entrée de chacun des puits, que leur complication et leur défaut d'économie avaient fait condamner. Mais tout en désirant remplacer par une seule grosse machine plus économique, les divers petits moteurs des puits, on ne voulait rien changer aux usages établis pour leur exploitation. Voici quelle a été la solution adoptée.

Une grande machine compound verticale, à balancier, avec cylindres à la partie supérieure, et balancier en dessous, actionne les 4 treuils d'extraction et un groupe de compresseurs d'air. Deux machines de réserve ont été prévues pour le cas d'accident. Suivant un usage assez répandu aux Etats-Unis, toutes ces machines ont un nom ; quelque baroque qu'il puisse être quelquefois, il sert à désigner une machine d'une façon parfaitement claire.

La machine principale s'appelle ici « Superior » et les deux autres « Rockland et Baraga ». Ces deux machines auxiliaires sont placées aux deux extrémités d'une ligne droite dont la machine principale occupe sensiblement le centre. Entre « Baraga » machine Corliss et la machine principale se trouvent 4 compresseurs. Entre la grande machine et « Rockland » une Corliss également, sont les treuils. Lorsque la machine principale est arrêtée, on embraye les deux auxiliaires qui font tourner chacune les outils qui se trouvent de son côté.

Les deux moteurs auxiliaires sont des machines Corliss horizontales à condensation. « Baraga » qui a été construite sur les plans de M. Leavitt a 1 016 millimètres de diamètre de cylindre, 1 524 millimètres de course et fait 52 tours à la minute. Les dimensions de « Rockland » sont 762 mm. de diamètre, 1 219 millimètres de course. Toutes les machines des mines Calumet et Hécla ont pour générateurs des chaudières de locomotives, dont la plus grosse pèse 45 tonnes. Six chaudières servent à la station « Superior », deux ont 2^m,134 de diamètre, quatre 2^m,032 de diamètre. Les chaudières fournissent la vapeur nécessaire pour la production de 4 000 chevaux.

La machine « Superior » construite à Philadelphie par la Compagnie Morris sur les plans de M. Leavitt, est probablement la plus grande des machines à vapeur, faisant, d'une manière ininterrompue, un travail du même genre. Sur une plaque de fondation ordinaire, qui porte les paliers de l'arbre à manivelle et du balancier, s'élèvent les piliers verticaux de la machine sur lesquels reposent les cylindres à vapeur. Les tiges de piston sont reliées aux deux extrémités du balancier. Du point le plus élevé du balancier, part la bielle qui commande l'arbre simple à manivelle. Les manivelles ont un contrepoids en fer forgé. En dehors des paliers se trouvent les grands volants de 9ᵐ,80 de diamètre, 0ᵐ,813 de large, et pèsent chacun 45 tonnes. Ce poids extraordinaire des volants résulte de ce que d'un côté de la machine les compresseurs d'air ont un travail sensiblement constant, tandis que celui des treuils est constamment et brusquement variable. Les piliers sont munis de glissières de T et portent à leur partie supérieure une plate-forme qui les étrésillonne et sert en même temps à permettre l'accès des cylindres et de la distribution. Le cylindre à haute pression a 1 016 millimètres de diamètre, celui à basse pression 1 778 millimètres, la course commune est 1 829 millimètres. La machine marche à une vitesse de 52 à 60 tours avec une pression de 9 k. 5.

Deux des treuils disparaîtront pour faire place à une nouvelle station centrale de force pour la compression de l'air.

La vapeur qui s'échappe du cylindre à basse pression se rend dans un condenseur vertical situé à côté de la machine. La pompe à air est à double effet, horizontale, et est commandée par l'arbre du balancier. La distribution est commandée directement par une tige placée entre les deux cylindres et perpendiculairement au plan de leurs axes. Cette tige reçoit son mouvement de l'arbre à manivelle au moyen d'un arbre intermédiaire. La transmission se fait par des roues d'angle ; dans chaque paire de ces roues une est en bois d'hickory. L'accouplement de la commande de distribution avec l'arbre de manivelle peut se débrayer, et au moment de la mise en marche, le mécanicien dirige la distribution au moyen d'un volant à main. C'est un usage très répandu, chez les constructeurs américains, de ne rendre la distribution automatique qu'après la mise en marche de la machine. Il ne paraît pas que l'usage contraire établi en Europe nuise à la perfection des machines construites dans l'ancien monde. La distribution Leavitt a un tiroir à persienne à faible course, commandé par des cames ; la détente se modifie automatiquement par le fait de la rotation des cames. Il y a deux régulateurs automatiques, agissant l'un après l'autre. Le premier règle l'admission de vapeur ; le second, plus fortement chargé, sert d'appareil de sûreté pour empêcher que le nombre maximum de tours que la machine peut faire soit dépassé. Il agit sur la soupape d'admission seulement lorsque la vitesse normale est dépassée de 10 tours.

Comme nous l'avons dit, la machine « Superior » actionne d'un de ses côtés (à l'ouest), quatre treuils d'extraction dont les figures donnent une idée fort exacte. L'arbre qui passe entre les deux tambours est le prolongement de l'arbre de la machine principale. Les tambours sont disposés pour recevoir dans leur gorge 1220 mètres de câble de 32 millimètres. Leurs axes reposent sur de solides fondations avec plaques ; les paliers sont vissés et fixés par des coins sur quatre côtés, ils sont reliés entre eux par des traverses. La plus petite des roues de l'engrenage a des dents de bois. Les tambours sont en fonte, et se composent d'un moyeu avec des bras et deux jantes également en fonte, dont l'une sert pour la manœuvre du treuil et l'autre pour l'application du frein. Au-dessus des paliers, une plate-forme permet au mécanicien de manœuvrer les embrayages et les freins. L'embrayage et le frein se manœuvrent d'ailleurs d'une façon identique, car l'embrayage n'est pas autre chose qu'un frein à bande d'acier, mû comme le frein proprement dit par un cylindre spécial à pression d'eau. Le cylindre du frein se trouve en dehors et en haut de la plate-forme. On applique la force hydraulique en agissant sur le levier que montre la figure. Les cylindres qui servent à l'embrayage sont à l'intérieur des tambours et attachés à l'un des bras. L'eau sous pression arrive par des tuyaux de cuivre à travers l'arbre qui est creux. Elle est fournie par une pompe auxiliaire avec accumulateur. L'appareil hydraulique des freins se compose d'un piston différentiel dont le petit piston est soumis à une pression constante. Ces freins hydrauliques ont donné dans les premiers temps de nombreux mécomptes, les bandelettes d'acier qui les composent cédant fréquemment aux rivures ; on a modifié la construction de ces bandelettes, et maintenant le fonctionnement est sûr.

Les tambours pour l'extraction des déblais des anciennes galeries, sont embrayés, comme nous venons de le dire, au moyen de l'embrayage à friction. Lorsque l'on a, au contraire, quelques matériaux à descendre dans ces galeries, c'est le frein qui entre en jeu pour supporter la charge. Les câbles enroulés sur les tambours communiquent le mouvement à une série de treuils spéciaux à chaque galerie.

L'arbre coudé par son prolongement oriental, et grâce à un simple engrenage dont les roues sont dans le rapport de 13 à 18, actionne un groupe de quatre grands compresseurs d'air, dont deux avec cylindres de 914 et course de 1524, et les deux autres avec cylindres de 813 et course de 1219 millimètres. Le nombre de tours est de 23 ou 24. Ces compresseurs, construits en 1882 par la Compagnie Rand, sont pourvus de chemises pour le refroidissement des couvercles et des pistons, mais on ne refroidit plus le piston. Dans les couvercles sont percées 18 soupapes d'aspiration et 12 de refoulement de 76 millimètres de diamètre ; elles sont ajustées métal sur métal et chargées avec des ressorts. La température de l'air comprimé à 4 k. 4 atteint 140 degrés. C'est beaucoup trop, et il serait nécessaire de le refroidir. Les compresseurs sont du type horizontal.

Station centrale « Hécla »
(Planche 71-72-73)

La consommation de l'air comprimé dans les puits devenant de jour en jour plus considérable, on a construit, il y trois ans et demi, une nouvelle station centrale dénommée « Hécla ». Les trois machines qui la desservent « Frontenac », « La Salle » et « Perrot », ont une puissance totale de 3 700 chevaux. La principale est la première « Frontenac », qui développe 2 200 chevaux ; elle est du même type que la grande machine de la station centrale précédente, mais de moindres dimensions, (cylindres de 905 et 1 219 millimètres, course 1 892 millimètres, pression 9 k. 5). Elle est à condensation et travaille à 60 tours à la minute. L'idée primitive avait été de se servir de cette machine pour actionner les treuils de quatre puits, en même temps que pour comprimer de l'air ; les tambours avaient été construits pour enrouler 900 mètres de câble de 32 millimètres, et avaient $7^m,62$ de diamètre. Au bout d'un an on supprima ces tambours et ont mit en leur lieu et place des compresseurs Leavitt avec colonne d'eau et refroidissement intérieur que l'arbre coudé met en mouvement par l'intermédiaire d'engrenages. La machine mène aussi deux anciens compresseurs Rand ayant 711 millimètres de diamètre, 1 219 millimètres de course, faisant 36 tours à la minute. Leurs couvercles sont percés de 16 soupapes d'aspiration et 6 de refoulement. Le refroidissement y est aussi imparfait que dans ceux de la station « Superior ».

Les deux autres machines sont de réserve; toutes deux sont des Corliss à condensation ; leurs cylindres ont un diamètre égal de 762 millimètres ; la course est de 1829 millimètres dans l'une et 1 219 millimètres dans l'autre. Les générateurs sont des chaudières de locomotives, partie de 2 134 millimètres, partie de 2 286 millimètres. Elles peuvent suffire à 3 000 chevaux.

Les quatre compresseurs Leavitt ont 1 067 millimètres de diamètre,

1 524 de course et font au maximum 30 tours à la minute. La pression de l'air varie de $4^{kg},57$ à $4^{kg},62$. L'arbre du compresseur s'embraye avec la roue que porte l'arbre à manivelle de la machine motrice au moyen d'un frein hydraulique à ruban, du même type que celui dont nous avons parlé au sujet des treuils de la station précédemment décrite. Au moyen de l'engrenage décrit (petite roue avec dents en bois), un arbre à manivelle de faible longueur est mis en mouvement. Il porte une manivelle calée à 90° qui, à son tour, actionne un compresseur à double piston plongeur. Ces pistons à double action sont munis d'un guide intérieur qui glisse dedans sans garniture spéciale. L'extrémité supérieure des cylindres à eau verticaux contient les soupapes d'aspiration et de refoulement.

Il est inutile d'insister sur le mode de fonctionnement de l'appareil qui est bien connu. Les pompes qui envoient les jets d'eau dans le cylindre pour le refroidissement sont mues par des excentriques, et compriment l'eau pendant la période de compression dans le réservoir. Les figures représentent une coupe du cylindre compresseur, une coupe longitudinale et un plan qui montrent la disposition du corps de pompe.

Le bon fonctionnement des compresseurs à colonne d'eau dépend, on le sait, du soin que l'on prend de faire mouvoir le piston très lentement, afin de remplir autant que possible l'espace nuisible; il faut donc que la surface d'appui du piston soit grande.

L'air comprimé est envoyé, en partie, directement à la mine; le reste est emmagasiné dans quatre réservoirs à air de $1^m,37$ de diamètre et $7^m,90$ de long. Cette installation de compresseurs d'air est fort remarquable par son importance dans une exploitation de mines. Elle sert, en même temps, à actionner 150 machines perforatrices et une trentaine de machines pour le service d'eau et la manœuvre des puits. Les résultats sont bons, au point de vue économique, grâce à la solidité de construction des compresseurs et à l'efficacité du refroidissement. On obtient un rendement de 66 % aux pompes d'épuisement, en prenant pour termes de comparaison la puissance indiquée et la quantité d'eau enlevée. Toutes les pertes sont donc comptées, et le rendement peut être considéré comme satisfaisant.

Les pompes d'épuisement étaient peu importantes, mais elles sont très nombreuses et très disséminées. On a appliqué à ce service la force électrique : les générateurs sont à l'air libre, cinq machines d'épuisement de 80 chevaux chacune sont mises en marche par des électro-moteurs au moyen d'un double engrenage. L'arbre coudé des pompes devait faire environ 60 tours à la minute. Cette installation a donné de nombreux mécomptes, tant au point de vue électrique qu'à celui des pompes. Entre le moteur et la pompe il y avait 36 % de perte ; on a dû ne faire faire aux arbres des pompes que 35 tours. Au commencement de l'été 1893, on s'occupait d'une nouvelle installation à air comprimé pour des machines de fond développant 2000 chevaux. Les projets qui tendaient à se servir de l'électricité au lieu de l'air comprimé ont dû être abandonnés, à cause de leur prix et aussi à cause de la difficulté de trouver de bonnes machines de travail marchant à l'électricité. La machine « Superior », qui a une grande partie de sa force disponible, est destinée à faire marcher cette nouvelle installation. Comme nous l'avons dit, sur quatre treuils que cette machine devait actionner, deux ont été débrayés parce que les puits qu'ils desservent sont abandonnés, à leur place on a mis sur l'arbre une grosse molette mesurant 7^m,62 de diamètre, 3^m,83 de large ; elle présente 60 entailles pour câble en chanvre de 44 millimètres. Le tambour entier pèse 60 tonnes. Vingt-quatre câbles transmettent à 40 mètres de distance une force de 1500 chevaux sur une molette de mêmes dimensions qui met en mouvement l'arbre des compresseurs. Cette transmission par câbles était commandée par le manque de place. Les compresseurs font 60 tours. Les huit compresseurs neufs ont 724 millimètres de diamètre, 1524 de course et font de 54 à 60 tours.

Station centrale « Gratiot »

Cette station comporte trois machines verticales à triple expansion, avec cylindres à la partie supérieure et balanciers à la partie inférieure. Elles servent à mettre directement en mouvement de grands tambours coniques d'extraction. Ces trois machines portent les noms de Gratiot, Houghton et Seneca. Les trois cylindres ont respectivement 457, 705 et 1219 millimètres de diamètre, la course commune des pistons est de 2286 millimètres. La pression de vapeur atteint 13 kilogrammes. Chacune des machines doit, à pleine marche, développer 2000 chevaux. Chacune d'elles actionne son cône sur lequel peuvent s'enrouler 1676 mètres de câble de 35 millimètres. Les tambours ont 7^m,85 de diamètre à la partie la plus grosse et 4^m,34 à la plus petite ; l'épaisseur est de 3^m,66. Ces

tambours sont montés fous sur l'arbre et peuvent en être rendus solidaires au moyen d'un frein hydraulique. Le volant a 508 millimètres
aux portées et 571 millimètres entre les tambours.

Les arbres, comme d'ailleurs toutes les pièces d'acier de ces grandes
machines, sont en acier Krupp trempé à l'huile ; le réglage se fait automatiquement pour une longueur donnée et constante de la vitesse du
câble. La vapeur est fournie par trois chaudières de locomotives, à foyer
Belpaire, dont chacune peut alimenter 1000 chevaux. Lorsque l'installation de la station sera complétée, il y aura cinq de ces chaudières. Les
trois machines sont disposées de telle sorte qu'en cas de besoin, chacune d'elles puisse agir conjointement avec sa voisine sur le tambour
correspondant. Ces machines sont assez compliquées dans leurs détails.

En raison de la transmission directe, et de la grande puissance développée, leurs proportions sont énormes, et il y a beaucoup à dire contre
l'emploi de machines aussi gigantesques pour l'usage auquel elles
sont ici destinées. L'explication du choix qui a été fait se trouve dans
la hâte qu'on a dû apporter dans la construction de cette station, et la
nécessité où l'on était d'adopter des types courants de moteurs. Nous
allons trouver à la station suivante de meilleurs principes d'installation.

Station centrale « Hancock »

Elle sert à l'extraction des puits inclinés n°s 7 et 8 Sud-Hécia. Les moteurs sont à triple expansion. Ils agissent sur trois manivelles, et par
l'intermédiaire de trois bielles sur un arbre trois fois coudé placé en
avant d'eux. C'est ce dernier qui par l'engrenage de deux roues dentées
met en mouvement les treuils d'extraction. Grâce à cette transmission
intermédiaire, les dimensions de la machine ont pu être réduites, et son
nombre de tours augmenté. Les moteurs font 92 tours, les roues dentées sont dans le rapport de 8 à 30. Dans les stations, on trouve encore
des condenseurs indépendants avec pompes à air Duplex et deux
pompes pour l'accumulateur qui dessert les freins hydrauliques et
fournit l'eau sous pression nécessaire au régulateur.

Les cylindres à vapeur agissent par de courtes bielles sur des balanciers triangulaires. Ceux-ci par des bielles horizontales transmettent le
mouvement à l'arbre d'avant. L'arbre de la distribution est commandé
par 3 pignons, mais comme la machine doit pouvoir changer de sens

de marche, il y a à côté de cet arbre un deuxième arbre avec 4 roues qui produit ce changement de marche par une substitution convenable. Le graissage des treuils est l'objet d'un soin particulier ; l'huile est amenée par l'intérieur de l'arbre qui est creux. Les treuils doivent suffire à l'enroulement de 2 950 mètres de câble, mais alors il y a chevauchement des brins les uns sur les autres ; les entailles qui servent à loger le câble sont tournées intérieurement et soigneusement ajustées, de sorte que l'usure de la corde est bien moindre quand on peut éviter ce chevauchement.

Le treuil d'extraction se compose d'une couronne en fonte fermée et porte d'un côté le frein et de l'autre l'embrayage, tous deux fondus d'une pièce avec la couronne, et manœuvrées hydrauliquement. Le treuil n'a pas de bras en fonte, mais seulement des tiges en fer forgé contreventées diagonalement. La roue à taquets seule a des bras en fonte. La roue dentée a des dents en bois. L'embrayage par friction et le frein sont garnis de bois. Outre le frein hydraulique, le treuil a encore un frein à main ; il est commandé par une roue à chevilles avec enrayage : lorsqu'on dégage la roue, le segment denté tombe par son propre poids et applique le frein. Le régulateur n'agit que si la vitesse dépasse 92 tours à la minute ; en ce cas, il change la distribution des trois cylindres à la fois. Le tuyau d'amenée de vapeur est muni de deux valves dont l'une se meut à la main, et l'autre par le régulateur (v. pl. 74).

Station centrale des puits 9 et 10 « Hécla-Sud »

Ces deux puits qui étaient autrefois desservis par la station « Superior » ont maintenant deux machines qui leur sont spécialement affectées ; ce sont des Corliss en tandem horizontales dont les cylindres ont 457 et 813 millimètres, avec une course commune de 1 219 millimètres. Elles servent à la manœuvre de deux treuils d'extraction. Les puits disposent en outre de trois des anciennes machines d'extraction qui étaient en usage avant 1876.

Nouvelle station centrale de « Red-Jacket »

Cette nouvelle station de 9 000 chevaux de force est la plus considérable des mines dont nous nous occupons. Elle dessert le puits vertical de « Red-Jacket » ouvert depuis peu à l'exploitation. Le bâtiment occupé par les machines a 67 mètres de long, 21 mètres de large et 10^m,70 de haut. La chambre de chauffe contient neuf chaudières de locomotives avec boîtes à feu Belpaire. La longueur de la chaudière est de 10^m,46, sa largeur de 3^m,17 ; la hauteur de la boîte à feu 2^m,95, sa longueur 3 mètres. Le diamètre intérieur du cylindre mesure 2^m,29. Les tôles de la chaudière sont en acier Martin de 20 millimètres d'épaisseur. Chaque chaudière contient 201 tubes de 76 millimètres de diamètre et 4^m,88 de long. La surface de chauffe totale atteint 270 mètres carrés. Le puits de Red-Jacket lorsqu'il sera à fond, aura 1 524 mètres de profondeur. Deux machines provisoires servent pour le fonçage du puits. Ce sont des machines horizontales Corliss en tandem (cylindres de 406 et 813 millimètres. Course de 1 219 millimètres). Comme celles destinées à l'extraction du minerai, elles ont à actionner des tambours à friction système Whiting. Chaque tambour de 2^m,10 de diamètre sert à mettre en mouvement un câble sans fin de 32 millimètres. Le principe et le fonctionnement de ces tambours sont semblables à ceux des anciens treuils à friction.

Les machines principales d'extraction «Minong» et « Siscowit » (pl. 75-76) sont construites de la manière suivante : le moteur repose sur une puissante plaque de fondation qui supporte le balancier par son milieu, les cylindres sont placés sur de petits piliers verticaux entre lesquels se trouvent les glissières. Les cylindres sont disposés, celui à moyenne pression à un bout du balancier, ceux à haute et basse pression, l'un à côté de l'autre, à l'autre extrémité. La bielle directrice passe entre les tiges de ces deux derniers pistons. La charge utile est de 9 100 kilogrammes. Le diamètre des câbles de 60 millimètres. Les treuils d'extraction sont placés l'un derrière l'autre sur un bâti qui occupe toute leur longueur. Le treuil intérieur est commandé par la bielle directrice qui exerce une action oblique vers l'arrière, et le second treuil par une bielle de connexion. Le treuil extérieur est posé de biais de manière que le câble s'y enroule convenablement.

La commande de la distribution de la machine se fait par un appareil Heuzinger. L'un des mouvements de l'arc lui est transmis par l'arbre du treuil, l'autre par le balancier. Ce deuxième mouvement obtient le même effet qui serait produit en supprimant l'action de la tige du piston. Les deux mouvements se composent sur l'arbre de la distribution ; ce dernier n'est animé que d'un mouvement de va et vient et porte des cames qui actionnent au moment voulu, suivant le degré de détente nécessaire, les mouvements circulaires de la distribution Heuzinger, au commencement et à la fin de chaque course. On obtient ainsi des résultats aussi satisfaisants qu'avec un arbre animé d'un mouvement de rotation.

On peut remarquer que les machines dont nous venons de parler sont bien compliquées ; il aurait certainement suffi d'avoir 4 cylindres au lieu de 6; on a été déterminé à adopter la solution actuelle par le désir d'aller vite, et pour cela d'adopter des modèles existants.

Le changement de marche se fait à l'aide d'un cylindre à pression hydraulique. Le régulateur auxiliaire est également manœuvré au moyen de l'eau en pression fournie par une pompe spéciale. La pompe à air est horizontale, elle est commandée par un levier qui fait corps avec le balancier.

Moulins à pilons du lac Linden
(Planche 78).

Les moulins à pilons qui servent à la préparation des minerais sont à 15 kilomètres environ de la mine sur un des bras du Lac Supérieur, le lac Linden.

Il y a deux moulins comprenant ensemble 22 pilons; chacun a un moteur dont le cylindre à haute pression a 356, celui à basse pression 546 millimètres de diamètre, avec 610 de course. Le nombre de coups à la minute varie de 95 à 98. Ils ont débité en 1889, 260 tonnes par 24 h. La vapeur est fournie par des chaudières semblables à celles des locomotives. Il y en a quatre de 2m,032 et huit de 2m,286 millimètres de diamètre.

Le poids agissant de chaque pilon est de 2 720 kilogrammes, il travaille sous l'action de la vapeur vive, et à détente. L'usure de l'enclume qui est de fonte fondue en coquille, est très remarquable : on est obligé d'en changer tous les cinq jours. Cela correspond à une usure de 130 k. par enclume, de sorte que chaque jour le minerai de cuivre s'incorpore par la pulvérisation 550 kilogrammes de fer. Chacun des moulins comporte une grande installation de cribles (374 par moulin), commandée par une machine centrale au moyen de câbles.

Le service d'eau des deux moulins et des cribles est assuré par trois

vieilles pompes qui portent les noms d'Eric, Ontano et Huron. Elles ont
un débit global de 180 000 mètres cubes environ. Les deux premières
sont des machines verticales compound, avec cylindres à la partie supérieure, et balancier en dessous. « Huron » est une machine horizontale. On a en outre installé en 1891 une nouvelle grande pompe dite
« Michigan » (pl. 77, 79, 80) ; c'est une machine verticale à triple expansion de 450 chevaux faisant 19 tours à la minute ; les cylindres à haute et
moyenne pression actionnent un balancier, celui à basse pression un
autre. Une machine semblable qui portera le nom de « Winnipeg » com-
plètera l'installation, elle ne servira que de réserve. Ces dernières machines donnent chacune 120 000 mètres cubes par jour. Leurs cylindres
ont 457, 705 et 1 219 millimètres de diamètre. La course est de 2 286 millimètres. La vitesse maxima est de 30 tours qui correspond à une vitesse
linéaire de 130 mètres pour le piston.

En dehors des machines et des chaudières dont nous venons de parler, la chambre des machines renferme des roues servant à élever le
sable et l'eau qu'on déverse ensuite dans le lac par des conduites appropriées. Il y a en effet d'énormes quantités de sable produites chaque
jour dans l'usine ; toutes les installations de pompes ont été impuis-
santes à enlever le sable avec l'eau ; les chaines à godets étaient peu
pratiques en raison de l'éloignement du lieu de déversement, et on a
été amené à construire d'immenses roues de 15^m,20 de diamètre qui
enlèvent chaque jour plus de 100 000 mètres cubes d'eau et 10 000 mètres cubes de sable. Ces roues ont pour moteur une machine qui servait autrefois aux puits de l'Hécla à mener un treuil d'extraction et un
compresseur d'air. Elle a des cylindres de 457 et 914 millimètres, avec
course de 124 millimètres. Sa force est de 700 chevaux. Il y a en outre
deux machines de réserve, provenant aussi des puits d'extraction où
on les a remplacées. Leurs cylindres ont 610 millimètres ; la course est
de 1 219 millimètres.

Les pompes qui correspondent aux deux grandes machines Michigan
et Winnipeg sont des pompes différentielles, avec gros piston plongeur
ajusté dans un guide sans garnitures. La hauteur de la pompe est déterminée par l'autre piston avec sa boîte à garnitures. De là résulte que
la machine motrice doit se trouver tout entière sur une sorte de pont
au-dessus de l'espace où s'alimentent les pompes, que c'est seulement
sur les poutrelles de ce pont que peut s'élever la machine du système
Leavitt. Elle a un balancier entre les deux cylindres et des piliers ver-

ticaux pour soutenir les cylindres et les guides. La bielle directrice est rejetée horizontalement sur le côté, et agit sur l'arbre coudé et le volant. Les deux pompes sont placées côte à côte mais ne peuvent cependant s'accoupler.

Pour compléter l'énumération des pompes de la Compagnie Calumet Hécla, il faut encore citer la pompe Worthington qui envoie à 213 mètres de hauteur et 7 200 mètres d'éloignement par des tuyaux de 305 millimètres l'eau du Lac Supérieur à Calumet ; puis pour le service des stations du Nord une usine comportant 2 pompes Worthington débitant ensemble 52 000 mètres cubes, et une pompe mue par une machine à balancier en fournissant environ 18 000. L'eau est prise à l'étang de Calumet et n'est propre qu'aux usages industriels.

CHEMIN DE FER ÉLECTRIQUE INTRAMURAL

L'exposition de Chicago était desservie intérieurement par un chemin de fer électrique dit intramural, construit par la Compagnie électrique. Sa double voie se développait sur 5 k. 600. Il y avait des plaques tournantes aux deux stations extrêmes ; la plus forte rampe était de 1 1/2 %. Le matériel roulant se composait de 10 trains comprenant chacun quatre voitures. La première voiture était la voiture motrice, elle portait quatre moteurs de 133 chevaux chacun.

La station centrale de production de force était, en même temps, une partie importante de l'exposition des machines à vapeur.

Dans la chambre de chauffe, il y avait 10 chaudières tubulaires de 200 chevaux chacune, qu'on pouvait pousser en cas de besoin, au point de produire jusqu'à 5 000 chevaux. Entre la cheminée de 30 mètres de haut et 3 mètres de diamètre et les chaudières se trouvaient deux batteries de réchauffeurs Green. L'eau nécessaire à l'usine venait directement du lac par une conduite de 90 mètres de long et 457 millimètres de diamètre. Les condenseurs renvoyaient l'eau chaude au lac. Toutes les chaudières étaient exclusivement chauffées au pétrole, et l'usine servait en même temps d'exposition pour divers systèmes d'emploi des huiles minérales comme combustibles. La salle des machines, large de 26 mè-

tres et longue de $42^m,70$ contenait une série de machines : une machine
Allis de 2 000 chevaux, compound avec manivelles calées à 90^0, accouplée directement à une dynamo Thomson Houston de 1 500 kilowatts.
Cette dynamo est la plus grande qui ait jusqu'ici été construite en
Amérique. L'armature pèse 65 tonnes et est montée sur un arbre de
610 millimètres de diamètre. A une extrémité de la salle était une machine Allis de 750 chevaux compound avec cylindres en tandem, accouplée directement à une dynamo Thomson Houston de 500 kilowatts.
Entre cette dernière et la grande machine était une machine compound
verticale Hammond Williams de 750 chevaux, accouplée directement à
un générateur de 500 kilowatts. A l'extrémité opposée de la salle était
une machine de 750 chevaux système Green construite par la Providence Steam C^0, commandant par courroie une dynamo de 500 kilowatts.
Enfin entre la machine Green et la grande machine Allis, une machine
compound à cylindres en tandem de M'Intosh et Seymour actionnait
directement une dynamo de 200 kilowatts.

CHEMINS DE FER FUNICULAIRES

Nous avons prévenu nos lecteurs que nous ne bornerions pas nos
études à ce qui se voyait à l'intérieur même de l'Exposition de Chicago, jugeant que l'intérêt réel de la Foire du Monde était d'appeler
l'attention des ingénieurs européens sur toutes les manifestations de la
vie industrielle aux États-Unis. Dans le cas présent, nous avons encore
une excuse plus valable pour nous écarter des strictes limites du programme que semble nous tracer notre titre, c'est que les tramways de
Chicago, s'ils ne faisaient pas partie de l'Exposition, servaient du moins
à s'y transporter.

Chicago est d'ailleurs une des villes américaines où l'étude des moyens
de transport en commun est la plus intéressante. L'Américain, bien plus
que l'Européen, a besoin de moyens de transport rapides et peu coûteux;
dans toutes les villes américaines, la vie des affaires est, plus encore
qu'à Londres dans la cité, concentrée dans un quartier étroit qui occupe
le centre de l'agglomération; chaque matin la population qui habite des
faubourgs d'une étendue inconnue chez nous y afflue en masse puis, tous

les soirs, la déserte pour regagner ses lointaines habitations. Il s'agit donc, matin et soir, pendant un temps relativement court, de transporter un très grand nombre de personnes qui se dirigent toutes dans le même sens et sont toutes pressées d'arriver. Dans la journée d'autre part, il n'y a nullement un mouvement comparable à celui de Paris, ni même de Bruxelles : tous les bureaux se touchent ; ils sont réunis par centaines dans d'immenses maisons où fonctionnent des ascenseurs, personne ne songe, dans la journée, à prendre un omnibus pour faire une course d'affaires.

Parmi les moyens de traction jusqu'ici employés, trois ont une importance prépondérante : la vapeur, les câbles, et l'électricité. Chacun d'eux a ses partisans et ses détracteurs, et c'est justice, car tous ont des avantages et des défauts ; comme, en outre, la politique, en Amérique, se mêle de cette question, il n'est pas étonnant qu'elle n'ait pu encore être parfaitement tirée au clair, et que les trois systèmes existent encore concurremment ; il nous sera permis d'ajouter que c'est peut-être fort heureux, chaque solution s'appliquant particulièrement mieux à des circonstances déterminées.

Lorsque les tramways ne parcourent que de larges voies bien droites, la traction à vapeur sur des voies en viaduc offre de sérieux avantages de facilité et d'économie. Mais ces voies aériennes détruisent toute perspective, et le bruit des locomotives est si gênant que l'installation de tramways à vapeur fait immédiatement baisser le prix des immeubles environnants. Ces circonstances ont empêché qu'ils prissent un grand développement.

Dans les rues étroites, les funiculaires ou les tramways électriques s'imposent. Ces derniers, d'invention et surtout d'application pratique bien plus récente, font aux funiculaires une dangereuse concurrence. Les prix d'établissement et d'exploitation sont fort différents dans l'un et l'autre cas : les funiculaires coûtent habituellement plus cher de premier établissement que les tramways électriques ; lorsqu'ils sont de faible étendue, leur exploitation coûte aussi plus cher. Mais lorsque les distances à parcourir augmentent, et que l'affluence des voyageurs est grande, les conditions changent, et la traction par câbles finit par ne plus coûter que le tiers de ce que coûte celle par l'électricité. Pour un funiculaire bien établi on compte couramment 225 000 à 328 000 francs par kilomètre de voie, soit 175 francs le mètre en voie droite et 525 francs en courbe. Le tramway électrique, avec câbles souterrains coûte entre 1/6 et 1/8 de ces prix, soit 40 000 francs le kilomètre. Voyons maintenant les frais d'exploitation : le transport d'une tonne à un kilomètre, sur le funiculaire coûte de 19 à 21 centimes ; il coûte de 50 à 75 centimes avec la traction électrique, soit au moins le triple : ce sont les frais d'entretien des moteurs qui grèvent surtout la traction par l'électricité. Ces moteurs, à cause du démarrage, sont nécessairement des machines relativement fortes ; en Amérique elles sont en général de 25 chevaux ; en hiver même, comme à Boston, on a deux moteurs de 25 chevaux chacun — en été on prend des voitures spéciales plus légères. On voit combien le poids mort est élevé dans ces exploitations.

Pour les funiculaires, la plus grosse difficulté à vaincre est leur passage dans les courbes ; on y trouve une résistance maxima, elles entraînent de fortes dépenses de premier établissement, et une forte usure des câbles.

Lors donc qu'on ne dispose pas de rues bien droites, les funiculaires ne sont pas dans de meilleures conditions que les tramways à chevaux ou à traction électrique, pour lesquels les courbes présentent aussi de nombreux inconvénients. Mais dans des rues droites, cas fréquent aux États-Unis, et avec un trafic important, la traction par câble paraît encore avoir l'avantage sur ses concurrentes. Nous étudions autre part les tramways électriques ; nous voulons seulement parler ici des tramways à traction par câble de Chicago.

Funiculaire de Chicago

Nous avons dit que les meilleures conditions pour l'exploitation d'un tramway de ce genre sont l'existence de rues bien droites et une grande affluence de voyageurs. Ces deux conditions sont parfaitement réalisées à Chicago, comme d'ailleurs dans toutes les grandes villes de l'Ouest ; aussi les funiculaires y ont-ils pris un développement presque exclusif des autres systèmes de tramways. La première traction par câble fut introduite à Chicago en 1882. Aujourd'hui trois grandes Compagnies exploitent ensemble 612 kilomètres de lignes, et transportent annuellement 233 000 000 de voyageurs, sans arriver encore à satisfaire pleinement les besoins du public.

La Compagnie du Sud a, dans ses diverses usines centrales, douze machines Corliss développant ensemble 8 200 chevaux. Dans les trois stations de la Compagnie du Nord il y a huit machines représentant 4 050 chevaux. La Compagnie de l'Ouest avait, avant l'Exposition, quatre stations, huit machines, 850 chevaux ; pendant l'été 1893 elle a installé, dans deux nouvelles stations, quatre machines représentant 7 200 chevaux, de sorte que cette Compagnie de l'Ouest à elle seule dispose de 16 000 chevaux de force pour la traction par câble.

On sait combien est simple le principe de la traction par câble : une station centrale met en mouvement un câble sans fin qui circule sur des rouleaux dans une rainure pratiquée à égale distance des rails de chacune des deux voies. Les voitures sont pourvues d'un grip, dont le bras s'engage dans la partie haute de la rainure et les mâchoires serrées à volonté ou desserrées par le conducteur permettent de faire participer la voiture au mouvement du câble ou de l'en rendre indépendante. Si le principe est simple, l'application en est souvent fort mal commode:

Les voies sont toujours doubles ; sur un côté le câble s'éloigne de la station centrale; sur l'autre côté il y retourne. Les longueurs des câbles sont très variables ; à Chicago le maximum est de 8 230 mètres, ce qui correspond à une ligne de 4 115 mètres. Pour ne pas exagérer la longueur des câbles, lorsqu'une ligne est très longue, on place la station productrice de force au milieu, et elle actionne un câble entre elle et chacune des extrémités de la ligne entière. Les voitures doivent, dans ce cas, en passant devant l'usine, lâcher un des câbles et se solidariser avec l'autre.

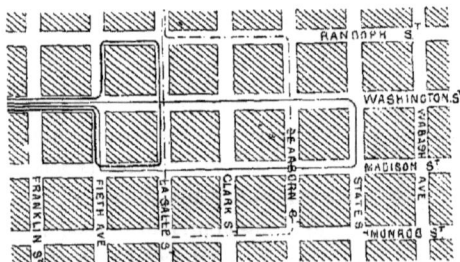

Aux extrémités de la ligne, les voitures parcourent des courbes de fort rayon, que les Anglais appellent *Loops*, puis reprennent en ligne droite le chemin de retour. L'établissement de ces courbes présente de grandes difficultés pratiques. Les câbles s'y usent d'une façon excessive, et lorsque c'est possible, on les fait desservir par de petits câbles spéciaux.

Stations centrales

L'installation et la mise en mouvement des câbles dans les stations centrales rappellent beaucoup ce qui se faisait autrefois pour les treuils à friction, employés dans les plans inclinés. Ces treuils avaient depuis longtemps disparu de l'usage, mais ils ont trouvé une nouvelle vie dans les tramways funiculaires. Le mouvement est transmis au câble par des tambours à frictions, sur lesquels le câble s'enroule plusieurs fois et qui sont actionnés par une machine à vapeur. Le meilleur système de transmission serait celui qui emploie des cordes en chanvre; faute de place on se contente de roues dentées en acier.

Les machines sont presque toujours des Corliss à un cylindre, marchant à détente libre. Les machines compound à condensation y sont d'un emploi fort malaisé, car elles ne présentent pas la facilité de régularisation qu'impose le service de la traction par câble.

La consommation de force est extraordinairement variable, en raison de l'irrégularité et de la soudaineté avec lesquelles les voitures sont mises en relation avec le câble. En une minute cette consommation, dans un tramway funiculaire existant, a pu varier de 300 à 850 chevaux.

La station centrale du funiculaire de Chicago, dans l'avenue de Milwaukee, peut servir de type des installations du même genre. Elle comprend deux machines Corliss horizontales de Fraser et Chalmers, qui font 55 tours à la minute, et ont pour puissance nominale 1 000 chevaux. Le diamètre du cylindre est de 914, la course du piston de 1 829 millimètres. De ces deux machines accolées, une seulement est en service, et l'autre sert de réserve. Il arrive assez souvent que la machine qui marche doive, par moments, développer jusqu'à 1 500 chevaux. En marche normale, les machines alternent de mois en mois pour le service et chaque machine a son arbre à manivelle de 568 millimètres de diamètre, qui porte un volant de $6^m,10$, pesant 40 tonnes, et une roue dentée de $2^m,134$. Celle-ci engrène avec une autre de $4^m,877$. Les deux grandes roues dentées sont calées sur un axe commun de 356 millimètres, dont les extrémités portent chacune un treuil. L'arbre principal est divisé en quatre parties au moyen de trois assemblages à griffes, ce qui facilite les réparations en cas d'accident. Les petites roues dentées calées sur l'arbre à manivelle sont à débrayage. La figure représente un ancien treuil monté seul sur l'arbre. Pour obtenir

le frottement suffisant, il faut que la corde fasse cinq à six fois le tour
du tambour. Récemment on a imaginé de faire mouvoir deux tambours
accouplés, et il n'est plus nécessaire d'enrouler la corde que deux ou
trois fois. Primitivement, les couronnes des tambours étaient d'une
seule pièce, ce qui présentait divers inconvénients dans l'exploitation.
Le câble, en raison des changements de la puissance requise, est
soumis sur le tambour à des allongements qui peuvent même être per-
manents ; il en résulte que le câble glisse sur le tambour à l'intérieur
des tours. Aussi le câble et les tambours s'usent-ils rapidement, et on
en est venu à construire les tambours différentiels actuellement partout
en usage. Les premiers ont été faits par la Compagnie de construction
Walker de Cleveland. Les molettes sont composées de plusieurs anneaux de fer forgé indépendants, pouvant se déplacer les uns par
rapport aux autres, et possédant chacun une gorge où passe le câble.
Un anneau extérieur vissé sur ces diverses pièces les réunit; ils sont
abondamment graissés au moyen d'une série de boîtes à graisse disposées dans la jante, ce qui permet un déplacemment latéral. Ce dispositif
a beaucoup diminué l'usure des câbles et surtout des roues dentées.

Pour compenser les allongements du câble dans sa partie extérieure,
il y a un chariot tendeur qui maintient sensiblement constante la tension et est capable de suivre avec élasticité les grands changements de
longueur. On trouve un chariot tendeur sur le parcours de chaque
câble. Ils circulent sur des rails de 24 à 30 mètres de long. Chaque
chariot porte une poulie tendeuse de $3^m,70$ de diamètre, et maintient
la tension du câble au moyen d'un poids qui est relié au châssis du
chariot par des ressorts en spirale. Ce poids varie suivant l'importance
de la ligne de 1 800 à 3 200 kilogrammes ; la moitié de ce poids travaille
à l'extension sur la partie du câble qui se trouve dans les rues. Quand
on place un nouveau câble, on amène le wagon tendeur au contact du
tambour différentiel ; aussitôt que le câble est mis en mouvement, il
s'allonge, et le chariot recule en conséquence. Pendant la première
semaine de la mise en service, un câble s'allonge d'environ 1/400. Le
chariot, en marche normale, a des mouvements d'une amplitude de
$1^m,20$ à $1^m,50$.

Auprès de la chambre aux machines se trouve la chaufferie qui comprend, en deux groupes, huit chaudières horizontales de 100 chevaux
de force, produisant de la vapeur à 7 kilogrammes. Chaque groupe

peut travailler indépendamment de l'autre. Dans presque toutes les stations centrales de Chicago, les chaudières sont chauffées au pétrole, moins par raison d'économie que de commodité et de propreté. L'huile est amenée par deux conduites à la boîte à feu, où des jets de vapeur l'entraînent en la pulvérisant. Elle arrive aux brûleurs sous une pression de 2m,10 d'huile, après avoir été réchauffée par son passage dans des tuyaux chauffés à la vapeur.

La station de l'avenue de Milwaukee emploie journellement près de 8 000 litres de pétrole. L'eau d'alimentation est chauffée par la vapeur d'échappement.

A la station centrale de Blue-Island, la force est fournie par deux machines Allis à haute pression de 1800 chevaux. chacune. Les volants ont 7m,50 de diamètre et pèsent chacun 50 tonnes. Les deux machines agissent sur les extrémités d'un arbre commun de 457 millimètres de diamètre. Cet arbre met en mouvement quatre tambours, dont trois sont en service permanent et le quatrième en réserve. La mise en marche de chaque brin de câble se fait au moyen de roues dentées et d'un embrayage à friction. Une moitié de l'embrayage est calée sur l'arbre, l'autre moitié qui fait corps avec la roue est folle sur cet arbre. Lorsqu'au moyen de la pression hydraulique on serre l'une contre l'autre les deux moitiés de l'embrayage, la roue dentée est entraînée. On voit donc qu'on peut embrayer à volonté un des câbles sans toucher aux autres. L'arbre principal lui-même est coupé dans chacun des intervalles qui séparent deux câbles successifs ; la continuité en est rétablie par un embrayage à disque facile à débrayer.

Chaque roue de service a 1m,83 de diamètre et 356 millimètres de largeur de dents. Elle actionne de grandes roues de 4m,27 de diamètre placées de part et d'autre de l'arbre principal. Ces grandes roues sont supportées par deux paliers fixes, tandis que sur le prolongement de leur axe sont montés les tambours différentiels sur lesquels le câble s'enroule cinq fois. Comme chaque câble fait ainsi cinq fois également le tour de l'arbre principal, il faut que celui-ci puisse laisser libre passage à un câble nouveau lorsqu'on en installe un. C'est à quoi servent les accouplements dont nous avons parlé, qui réunissent les diverses portions de l'arbre. Pour que la tension totale des câbles n'affecte pas trop les tambours différentiels qui sont montés en porte à faux, de fortes barres d'appui, en fonte, qui embrassent l'arbre, offrent par leurs extrémités un nouvel appui aux tourillons des tambours.

A la station centrale Van Buren, il n'y a qu'un câble en service courant, l'autre étant de réserve. Ici la transmission se fait par des cordes en chanvre ; il y a deux machines Allis à un cylindre de 1000 chevaux chacune ayant 965 millimètres de diamètre de cylindre, 1524 de course et faisant 155 tours à la minute. Elles travaillent à 7 atmosphères sans condensation. Chacune des machines, dont une sert de réserve, attaque par sa manivelle l'extrémité d'un arbre droit qui porte en son milieu la poulie principale de 2^m,44 ; les tambours portent des poulies de 4^m,10, disposées de telle sorte que la poulie de droite d'un tambour et celle de gauche du tambour voisin ont même axe de rotation. Sur ces derniers arbres sont calés les plateaux où s'enroule le câble de service ; ils ont 9^m,75 de diamètre et pèsent 60 tonnes. Ils sont mis en mouvement depuis l'arbre des volants de la machine à vapeur au moyen de douze câbles en coton de 76 millimètres. Les tambours de friction peuvent se débrayer individuellement, ce qui permet de retirer du service le câble de réserve.

L'avantage des transmissions par corde de chanvre est considérable et saute aux yeux, car les machines ne sont plus affectées par les variations brusques de la puissance et par les ruptures de câbles. Mais dans les villes, il est rare qu'on dispose de la place nécessaire pour installer ce genre de transmission.

Détail intéressant : la station de Van Buren a été construite sur de vieilles fondations qui dès le montage ont été reconnues trop faibles pour porter de lourdes machines qu'on y a installées. On a imaginé de placer sous les murs 500 verrins et de compenser par leur montée l'affaissement des fondations, de sorte que la maçonnerie supérieure reste toujours au même niveau et ne se lézarde point.

Disposition du câble en dehors des stations centrales et superstructure

Comme nous l'avons déjà dit, la règle presque générale est que deux câbles au moins aboutissent à chaque station. Leur introduction dans l'édifice se fait par de grands rouleaux de 3 à 3^m,60 de diamètre, avec suspension compensée des coussinets inférieurs et coussinets supérieurs ajustables, de sorte qu'on peut donner aux rouleaux l'inclinaison qu'on veut. Les figures représentent l'entrée des câbles dans la station de l'avenue de Milwaukee. On y voit aussi le système par lequel les deux câbles sont rapprochés l'un de l'autre de manière que le grip puisse en saisir un dès qu'il a lâché l'autre. Devant la station et sous la rue se trouve un sous-sol étendu pour la facilité du service. La câble *a* qui vient d'une des deux sections de ligne est détourné de la direction horizontale par le rouleau *b* et amené à angle droit, en passant sur la grande poulie *c* à l'intérieur de la station; il passe alors sur les tambours, sur la poulie du chariot tendeur et revient à la ligne par la poulie *d* et le rouleau *e* disposés symétriquement à *c* et *b*. Le câble de la section opposée de la ligne suit le même chemin, mais, en sens inverse de sorte que les brins des deux câbles qui marchent dans le même sens se trouvent rapprochés. Les rails ont, à cet endroit, une petite déviation pour permettre le transport du grip de l'un à l'autre câble.

L'entrée des câbles dans la nouvelle station de l'avenue de Blue-Island se fait d'une façon un peu différente. La station actionne trois câbles dont deux pour l'avenue et un qui mène par la 12ᵉ rue jusqu'à la rue de Halsted à 800 mètres de distance. Il y a, nous le savons, quatre tambours complets, dont un reste habituellement inoccupé et sert de réserve; il peut être employé, en cas de besoin, pour un quelconque des trois câbles. Le brin qui dessert la partie Nord-Est de l'avenue de Blue-Island passe par les poulies AB 4 et 2 pour arriver aux tambours. Le brin Sud-Ouest passe sur 1. 3 C et D. Le câble de la rue de Halsted longe toute la 12ᵉ rue dans un canal souterrain et aboutit au quatrième tambour par les rouleaux G et H et les poulies E, F. Sauf celles qui sont en-dessous de l'avenue, les poulies directrices ont des diamètres différents et sont placées sur un même axe, ce qui diminue l'espace nécessaire pour l'installation.

Le troisième tambour est celui de réserve; les câbles y arrivent par JK ou par LM suivant que c'est le câble de la rue de Halsted ou un des câbles de l'avenue de Blue-Island qu'un accident oblige à faire passer sur ce tambour.

Pour changer de câble, le conducteur doit dégager le grip au moment convenable et laisser la voiture faire un trajet de quelques mètres en vertu de la vitesse acquise avant de le serrer à nouveau. Cette manœuvre, bien que les points où elle doit se faire soient bien repérés, bien que les mécaniciens aient une grande habileté, présente une assez grande difficulté et lorsqu'elle est manquée, le grip tend à arracher le câble, ce qui occasion souvent des ruptures. Aussi a-t-on depuis peu imaginé des appareils de sécurité qui, dans le cas de non-observation des prescriptions, desserrent automatiquement les mâchoires du grip, ou bien en dégagent autrement le câble.

Le grip consiste essentiellement en une plaque de tôle de 10 millimètres d'épaisseur, qui porte à sa partie inférieure deux mâchoires ; celles-ci sont commandées par le mécanicien au moyen d'un levier articulé et pressées avec la force voulue contre le câble. Les mâchoires ont des sabots mobiles, le plus souvent en fonte, ou mieux en métal blanc. L'usure de ces sabots est considérable, car le câble y glisse fréquemment, lorsque le mécanicien ralentit sa marche en les desserrant partiellement. La construction des grips est assez compliquée : les plus récents sont munis de petits rouleaux, de telle sorte que lorsque les mâchoires sont ouvertes le câble ne frotte pas sur les sabots. Ceux-ci durent 20 jours lorsqu'ils sont en métal blanc : ils exercent une bien moindre pression sur le câble que les sabots en fonte dont la durée de service atteint 60 à 90 jours. Le grip a, en outre, des cames pour dégager complètement le câble. Les réparations du grip sont très fréquentes et par suite fort coûteuses.

La superstructure et la disposition du câble, en alignement droit, sont relativement simples. Les rails sont supportés par des traverses en fer espacées de $1^m,59$ et reposant sur une couche de béton de $0^m,30$ de hauteur. Ces traverses ont $0^m,74$ de haut, $0^m,825$ de large à la base et sont percées, suivant leur axe, d'un trou ovoïde ayant $0^m,43$ de largeur et 0^m76 de hauteur. Ils donnent l'alignement pour la maçonnerie de ciment de première qualité qui relie les diverses traverses, et ils constituent de distance en distance des jalons pour la construction d'une conduite des dimensions indiquées plus haut, qui sert au passage du câble.

En dehors des deux rails *aa* qui sont fixés par des éclisses, il y a au milieu de la voie deux autres rails *bb* qui servent de guide au grip : ils sont vissés aux traverses et consolidés par des contrefiches en fer plat *cc*. Les joints des rails se trouvent également sur les traverses. Les rails-guides du grip sont posés 25 millimètres plus haut que les rails de la voie ferrée proprement dite. Ils forment ainsi la ligne de partage des eaux sur la voie. Entre les rails est un pavage en granit ayant un assez grand jeu. Il faut, en effet, prévoir les inconvénients qui pourraient résulter en hiver de ce que la gelée rapprocherait les rails-guides au point que le grip n'y puisse plus passer. Cet inconvénient est bien moins à craindre, si le pavage a des joints larges. Des surveillants sont chargés de s'assurer que les rails-guides conservent leur écartement; si on les voit se rapprocher, on les écarte au moyen de coins.

Une question importante dans l'exploitation d'un chemin de fer à traction par câble est l'évacuation de l'eau qui peut pénétrer dans la conduite où se meut le câble. A Chicago, il y a un canal d'écoulement accessible depuis la rue; ce canal est placé entre les deux voies et s'écoule directement dans les égouts de la ville. Une des figures de la planche 83, représente ce canal d'écoulement en même temps que la traverse spéciale qui sert de support au rouleau-guide du câble. Ces rouleaux se placent de 10 en 10 mètres. On peut y accéder par des regards verticaux. Ils ont habituellement $0^m,40$ de diamètre et sont simplement soutenus par des paliers qui portent des consoles; ces dernières sont supportées par les traverses, mais non vissées sur elles. Les paliers sont graissés au moyen de boîtes qu'on ne recharge que tous les 2 ou 3 mois. Quant aux rouleaux, ils ne durent jamais plus d'un an et il est souvent nécessaire de les remplacer après un moins long service. Nous remarquérons encore que les rouleaux ne sont pas dans l'axe des traverses, mais déviés de la demi-épaisseur du grip, de façon à se trouver par rapport à lui placés dans l'axe du câble.

Les courbes sont aussi gênantes dans l'exploitation que dans la construction : il faut, en effet, y renforcer la voie, y multiplier les rouleaux-guides, et l'usure du câble y est toujours excessive. On constitue ordinairement les courbes au moyen de trois arcs de cercle, dont les deux extrêmes ont un rayon de 30 mètres et l'intermédiaire 15 mètres et moins. Plus le rayon de la courbe est faible plus on doit rapprocher les rouleaux-guides; jusqu'à 15 mètres de rayon on les place à 1 mètre de distance, de 15 à 23 mètres à $2^m,44$ et ainsi de suite, jusqu'à ce qu'en alignement droit on arrive à l'écartement de 10 mètres. Les rouleaux-guides des courbes ont leurs axes verticaux; ils ont, en général, 813 millimètres de diamètre, et sont munis d'un large bord pour supporter le câble à leur partie inférieure. Lorsqu'il n'y a pas de voiture au point considéré, le câble occupe la position a. Dès que le grip passe il lève le câble et l'amène en b, le grip prend appui contre une cornière c sur laquelle se reporte la force qui agit suivant le rayon de la courbe; le grip serait, en effet, bien trop faible pour résister à une semblable action. Cette cornière règne sur toute la longueur de la courbe, et est coupée seulement aux endroits où elle doit laisser passer le bord de la poulie.

La construction du palier permet un changement facile des rouleaux.

L'arbre vertical repose par sa partie inférieure dans une crapaudine munie de deux tourillons et est simplement suspendu dans le palier inférieur. Le palier supérieur se compose de deux parties mobiles sur tourillons et réunis par un boulon. Pour changer la poulie, il suffit d'enlever ce boulon et d'éloigner l'une de l'autre les deux parties du palier.

Les installations dont nous venons de parler ne sont pas suffisantes pour permettre une exploitation régulière. La ville de Chicago est partagée en deux par la rivière; des ponts tournants réunissent les deux rives. On a fait des travaux pour utiliser ces ponts tournants pour le service des tramways funiculaires aussi bien que pour le trafic ordinaire. Le câble principal passe en tunnel sous la rivière. Le service sur le pont se fait au moyen d'un câble auxiliaire mú par un arbre vertical placé dans l'intérieur du pivot du pont.

Par cette disposition, les mouvements du pont ne sont en rien gênés. Des appareils de sécurité ont été prévus pour empêcher le train de passer pendant l'ouverture du pont. Mais ce système ne présente pas les qualités de rapidité de service que le public de Chicago recherche avant tout; il valait évidemment mieux, en raison du caractère américain, chercher la solution dans la création de tunnels, sous le fleuve. Actuellement, il en existe trois. Le dernier a été mis en service dans le premier semestre de 1893. Il a coûté 7 500 000 francs ; sa longueur totale est de 461 mètres. On est en effet obligé de faire passer le tunnel non-seulement sous le cours d'eau, mais encore sous les quartiers les plus voisins, afin d'éviter des pentes inadmissibles. La pente maxima est de 1 : 9,3. Les deux tunnels plus anciens ont une plus grande longueur et une moindre pente. En général le poids du câble est suffisant pour le maintenir en place, ici il n'en est pas de même, et il a fallu trouver un moyen de maintenir le câble sur les guides dans le nouveau tunnel : deux petits rouleaux dd sont attachés à l'extrémité d'un levier e. Lorsqu'on tourne le levier, ces rouleaux appuient sur le côté, c'est-à-dire se rapprochent d'un·des rails pour laisser le passage libre au grip. Au levier e est relié le levier coudé a qui porte un contre-poids, de sorte qu'aussitôt le grip passé, les rouleaux sont ramenés à la position de repos. Comme le câble monte et descend constamment dans le tunnel, on a été forcé entre les rouleaux guides d d'installer d'autres guides b en dessous. Ceux-ci sont portés par des leviers à contre-poids. Il y a sur la longueur du tunnel cinq installations du genre de celles dont nous venons de parler.

Il nous reste à dire quelques mots du câble lui-même. Son dia-

mètre varie de 33 à 38 millimètres ; il se compose de six torons consistant eux-mêmes en 16 brins chacun. Le plus long câble (8 428 mètres) marche à la vitesse de 4^m,90 par seconde. Le câble qui marche
le plus vite fait 6^m,60. Les câbles à marche lente servent au trafic très
chargé de l'intérieur de la ville. La durée des câbles dépend de l'inten-
sité du trafic et surtout du nombre des courbes. C'est dans les tunnels
et aux changements de voie que le câble s'use le plus. Aussi fait-on le
plus courts possible les bouts de câbles qui servent dans ces conditions
défavorables. Le câble du tunnel de la rue Van Buren doit se remplacer
tous les mois, tandis que les câbles qui sont placés dans des endroits
ordinaires, durent 8 à 9 fois autant. Il est encore rare qu'un câble dure
un an. Pour éviter l'usure, on graisse les câbles à l'huile de goudron et
à l'huile de lin. Un mètre de câble pèse 3 kg.,372 et coûte environ 5 francs.
Les vieux câbles se composent de morceaux de 3 mètres et se vendent
de 30 à 45 francs la tonne. Toutes les nuits, de 2 à 6 heures, moment où
le service est interrompu, on fait marcher les câbles à une allure très
modérée pour les examiner et y effectuer les réparations nécessaires.

Pour qu'on puisse reconnaître aussi pendant le service normal les
accidents qui pourraient se produire, le câble passe dans une boucle
mobile ; si un défaut se présente, des fils pointent au dehors de la surface régulière du câble, établissent avec cette boucle un circuit fermé
dans lequel une sonnerie électrique est intercalée. Quand un câble est
usé, on le remplace : pour cela on attache le nouveau câble à l'ancien ;
le vieux câble s'enroule sur un tambour spécial. Il ne faut que 2 à
3 heures pour faire un changement de câble ; les épissures de bouts de
câble prennent 1 h. 1/2 à des gens exercés.

Les voitures munies de grips traînent toujours derrière elles une ou
deux voitures sans grip. Un train composé d'une voiture motrice et
d'une voiture remorquée demande sur la ligne de l'Ouest une force de
4 chevaux en moyenne, sur la ligne du Sud 5 chevaux. En hiver cette
force augmente de 30 à 50%. Les voitures sont munies de freins puissants.
Lorsque plusieurs voitures forment un train leurs freins sont accouplés
de manière à agir tous ensemble. Sur les voitures à grip il y a en général deux freins pour parer à toute éventualité.

La Compagnie de l'Ouest a environ 1 000 voitures ; elle a en 1892,
transporté 92 millions de voyageurs.

Tramway funiculaire de Cleveland

La ville de Cleveland possède son tramway funiculaire depuis 1890. On a mis à profit pour sa construction tous les enseignements qu'on pouvait tirer des installations analogues déjà existantes. Il y a cinq lignes desservies par la station centrale qui se trouve dans la rue Supérieure, près de l'avenue Madison. De cette station part une première voie qui remonte la rue Supérieure vers l'Est; la deuxième descend cette même rue vers l'Ouest jusqu'au milieu de la ville (Jardin public): la troisième est une voie auxiliaire du Jardin public à la rue de l'Eau; les quatrième et cinquième desservent l'avenue Payne dans les deux sens. Tous les services sont concentrés dans un même édifice.

Les machines de service sont deux moteurs W. Wright de 1250 chevaux. Ils n'ont qu'un cylindre de 965 millimètres de diamètre, la course de piston est de 1524, le nombre de tours à la minute de 61. Une des machines est en réserve pendant que l'autre travaille. Les volants de $7^m,50$ de diamètre pèsent 65 tonnes. Les machines Wright sont construites dans le genre des Corliss, mais avec cette particularité qu'elles peuvent se prêter à une longue admission. Ce point est important pour un chemin de fer funiculaire où les variations de puissance demandée sont considérables. Les machines travaillent à 5 1/2 à 6 atmosphères, sans condensation, l'eau revenant à un prix trop élevé.

Les manivelles des machines à vapeur commandent les extrémités d'un axe principal de transmission de 27 mètres de longueur et 406 millimètres de diamètre. Des roues dentées actionnent jusqu'à présent quatre câbles; on a prévu la possibilité d'en installer deux autres. La disposition générale est la même qu'à Chicago, Blue-Island, sauf que l'arbre de commande est plus long et peut admettre six câbles. La construction de la voie et les dispositifs adoptés pour le passage du câble dans la chambre des machines sont également du même genre qu'à Chicago.

La vitesse du câble sur la ligne supérieure de l'Est qui est peu fréquentée est de $6^m,50$ à la seconde; sur des autres lignes, elle n'est que de $5^m,60$; enfin sur la petite ligne qui va au Jardin Public à la rue de l'Eau, la municipalité n'a pas permis une vitesse supérieure à $2^m,70$ en raison de la grande animation de ce quartier de la ville. Il a donc fallu obtenir un changement de vitesse. Le procédé employé à cet effet est intéressant et est représenté par la figure 9 de la planche 85.

Tramway funiculaire de San Francisco

L'origine du développement de San Francisco date de 1850. De nombreux immigrants, attirés par le mirage de l'or étaient venus en Californie; la plupart durent renoncer au métier de chercheur d'or et se contenter des autres branches de l'activité humaine. La population de San Francisco augmenta donc dans de larges proportions, mais la quantité l'emportait fort sur la qualité, et il fallut toute l'énergie des citoyens honnêtes pour faire de cette ville ce qu'elle est aujourd'hui : c'est peut-être, avec Washinsgton, la plus policée, la mieux tenue, et, ce qui n'est point pour déplaire aux Européens, la moins américaine des grandes cités des États-Unis. Tout n'y est pas sacrifié aux affaires, et les tramways notamment y sont bien supérieurs à ceux des villes plus anciennes.

A Chicago c'est un véritable supplice que de parcourir les rues en tramways. A San Francisco, c'est un plaisir : voie et matériel y sont dignes d'être proposés partout comme modèles ; et le relief très accentué du site où est construit la ville ajoute à l'agrément du voyage par le magnifique panorama qui se déroule sous les yeux du voyageur.

Chicago et New-York ont certes des machines motrices plus puissantes et d'un modèle plus récent que San Francisco pour mettre en marche leurs tramways ; mais, dans les détails, c'est la ville de l'Ouest qui l'emporte.

Le premier tramway funiculaire a été établi à San Francisco, en 1873. Il n'y a donc qu'un peu plus de 20 ans que ce mode de transport est entré dans le domaine de la pratique. La configuration du terrain y est d'ailleurs exceptionnellement favorable aux funiculaires; les rampes sont si nombreuses et si fortes que ni les chevaux ni même l'électricité ne conviennent pour effectuer la traction des véhicules. Le développement des tramways a été considérable à San Francisco, bien que le trafic ne soit dense que dans la seule rue du Marché. Toutes les autres lignes ont un faible trafic sur de longues distances. Il y a actuellement 70 kilomètres de voie en service. 30 % de la population y circulent journellement.

La première ligne rencontra de sérieuses difficultés dans son installation : la concession n'était donnée qu'avec de nombreuses restrictions, et était bien peu favorable à l'entrepreneur. La ligne à établir était celle de Clay-Street, dont le profil est fort accidenté. La longueur de la ligne atteint 1585 mètres. On devait la construire en deux mois sans gêner le trafic des voitures et des piétons, et en se conformant à de minutieuses prescriptions. La ville exigeait en outre que le capital entier de la Société fût souscrit. Toutes les difficultés furent surmontées et le 1er août 1873, on pouvait faire un voyage d'essais. Cette première ligne n'eut pas d'autre résultat que de démontrer la possibilité de construire des funiculaires. La superstructure de cette ligne primitive différait beaucoup de ce qui se fait à présent : le bois y avait été prodigué. Des rails du profil normal reposaient sur des longuerines en bois ; le grip circulait entre deux fers à ⊏. Le logement du câble était revêtu de planches.

La fig. 2, pl. 86 est une autre disposition ancienne de la superstructure ; le guide du grip est constitué par deux rails placés avec le champignon en bas. Le logement du câble était toujours coffré en bois. On avait pris les précautions nécessaires pour que le bois pût être à volonté remplacé par du béton, ce qui a été fait plus tard. Il ne faut pas s'attendre à trouver dans ce funiculaire primitif, les perfectionnements que le temps a apportés dans la construction de ce genre de chemins de fer. La machine commandait par un double engrenage les poulies sur lesquelles passent les câbles. C'était une machine jumelle à condensation. Il n'y avait pas de tendeur automatique. Afin que le frottement des câbles sur les poulies fût suffisant, les poulies étaient munies de crampons en bois, à serrage automatique.

En raison des fortes rampes qu'on avait à monter, on ne pouvait construire de longues voitures. Celle qui porte le grip est indépendante de celles qui transportent les voyageurs, de façon que lorsqu'on gravit une côte, le câble soit le moins possible dévié de sa position normale. Le grip est commandé par une manivelle et une vis. Ce système dont l'avantage principal est de tenir peu de place a été de nouveau employé pour les funiculaires de New-York.

Le succès du tramway de Clay-Street s'étant vite dessiné, d'autres furent construits dans l'espace de peu d'années, dans les rues Sutter (1877) de Californie (1878) Geary (1880) Presidio (1881) et, cette même année, la ligne de la Compagnie des omnibus et celle qui est aujourd'hui la plus importante, la ligne de la rue du Marché. Toutes sont donc antérieures aux plus anciens funiculaires de l'Est et du Centre de l'Union, car le premier funiculaire de Chicago (City Railroad) ne date que de 1882.

Les funiculaires de San Francisco présentent une originalité toute particulière lorsqu'on les compare à ceux construits par les villes situées

sur le versant de l'Atlantique. San Francisco a été longtemps sans relations faciles avec l'Est et l'art mécanique s'y est développé indépendamment des progrès qui se faisaient autre part. Ils n'ont donc pas profité
des expériences faites par d'autres villes, et néanmoins, bien que le
charbon coûte à San Francisco 40 francs la tonne, les funiculaires de
cette ville peuvent encore être comptés parmi les meilleurs au point de
vue commercial. Il est certain que le climat y est pour quelque chose :
sa constance est favorable à la longue durée des câbles. L'influence des
funiculaires sur le développement de la ville a été considérable. Les col-
lines qui sont voisines de la mer sont très escarpées et étaient autrefois
peu recherchées : la valeur du terrain y a triplé et même, par endroits,
quintuplé, et un des plus riches quartiers s'y est fondé.

Tandis que dans l'Est les funiculaires ont toujours été construits par
les entrepreneurs sur des types invariables, à San Francisco, les diverses
Compagnies ont travaillé indépendamment les unes des autres, et ont
créé autant de types différents. Comme exemple de cette variété nous
donnons (pl. 86, fig. 5) un tableau des divers rouleaux-appuis des câbles
qu'on rencontre dans les différentes rues de San Francisco.

Les poulies à crampons de bois n'ont pas tardé à être abandonnées,
parce que leur entretien était fort coûteux. Actuellement on se sert de
poulies garnies de bois ; pour obtenir le frottement nécessaire, on fait
passer le câble sur deux poulies, en l'enroulant quatre ou cinq fois autour de la poulie, ou bien on le fait passer autour des rouleaux en lui
donnant la forme d'un S, comme au funiculaire de la rue Sutter. C'est
le premier de ces deux systèmes qui a prévalu dans les installations
récentes du versant de l'Atlantique. Dans l'Est, les deux poulies sont
habituellement commandées par des engrenages. A San Francisco, il n'y
a, d'ordinaire, qu'une poulie motrice. On ne peut citer que le tramway
récemment installé par l'ingénieur Eckart à Los Angeles (Californie du
Sud) où deux câbles très forts mettent en mouvement la deuxième
poulie, qui agit ainsi sur le câble de la voie.

Voici en quelques mots la disposition de l'usine de Los Angeles. Deux
machines à vapeur, dont une en réserve, actionnent un seul arbre d'où
un câble en coton transmet le mouvement aux poulies de commande du
câble de la voie. Aux quatre câbles correspondent quatre poulies semblables. Elles portent chacune quatre gorges pour recevoir les câbles
de la voie, et deux pour les câbles de commande des tambours qui
sont placés au-dessus. Les rails pour le chariot tendeur sont dans l'axe

de la machine. On emploie indistinctement le charbon et le pétrole pour
le chauffage des chaudières.

Dans l'installation primitive de Clay Street, on ne réglait la tension
que lorsque le câble était au repos. On reconnut bientôt que c'était
insuffisant ; les procédés employés alors dérivent directement de ceux
en usage à Clay Street. On rendit les poulies mobiles sur des rails qu'on
munit de rouleaux afin de faciliter les mouvements. Le chariot tendeur
proprement dit porte une poulie horizontale ; il repose sur un deuxième
chariot de longueur suffisante pour les allongements qui se produisent
pendant la marche. Les déformations permanentes qui se produisent à
la longue sont compensées par le mouvement de ce deuxième chariot.
Lorsque la poulie du premier chariot est verticale, suivant les types
plus récents, le chariot inférieur, au lieu d'être maintenu en place par
un crochet, l'est par des coins entrant dans des entailles distantes de
30 centimètres. Cette disposition à double chariot évite la construction
du puits destiné à recevoir le poids tendeur dans sa descente.

Les grips sont, bien entendu, de types encore bien plus variés en
Californie que dans l'Est. Non seulement chaque Compagnie a le sien,
mais souvent encore ils diffèrent d'une ligne à l'autre de la même Compagnie. Actuellement on emploie surtout des sabots en acier fondu
qu'on rapproche l'un de l'autre au moyen d'un levier avec mouvement
à genou. Sur la ligne de Clay Street, on avait au début employé une vis
avec manivelle, mais le levier est maintenant préféré, parce que son
action est plus rapide, et la Compagnie du tramway de Broadway a été,
ce semble, mal inspirée en revenant à la manivelle.

Les funiculaires californiens se distinguent encore par une question
de principe des plus intéressantes : on y emploie habituellement, dans
les stations centrales, non seulement des machines compound avec condensation, mais même des machines à expansion multiple à condensation, tandis que dans l'Est on estime que la régularité du trafic exige
l'emploi de machines à un cylindre à échappement libre. A San Francisco le prix du charbon (40 francs la tonne) ou du pétrole, que l'on ne
trouve pas non plus sur place, a trop d'influence sur le prix de revient
de l'exploitation pour qu'on puisse se résoudre à se servir de machines
peu économiques. La main d'œuvre aussi y est d'un prix élevé, et la
traversée entière de la ville ne coûte cependant que 25 centimes. Néanmoins, bien que les voyageurs ne soient pas très nombreux, les résultats
financiers de l'exploitation sont bons, et les Californiens n'abandonne-

ront pas de sitôt leurs machines à expansion multiple. Ils construisent d'ailleurs leurs machines, roues, transmissions, etc., eux-mêmes.

Une nouvelle station de la Compagnie des Omnibus funiculaires possède deux machines compound à distribution par soupapes. Leur disposition est telle que les deux machines agissent sur le même arbre; mais, pour le trafic normal, une des machines est toujours débrayée et reste en réserve. En cas d'accident il faut deux heures et demie pour supprimer l'accouplement des bielles d'une des machines et accoupler les bielles de l'autre avec la manivelle de l'arbre. Les cylindres ont 737 et 1 118 millimètres de diamètre, la course est de 1 524, le nombre de tours de 61 et la pression de vapeur de 4 kilog. 5. Les deux cylindres ont un régulateur commun, mais on ne le fait pas agir sur le cylindre à basse pression; le réglage est cependant très satisfaisant. Un puits artésien fournit l'eau de condensation.

La station la plus récente à San Francisco est celle de la Compagnie du funiculaire de la rue de Californie. Il y a une machine à triple expansion et à condensation; les trois cylindres actionnent un seul et même arbre, qui est coudé au milieu pour recevoir la bielle du cylindre intermédiaire. Il n'y a pas de machine de réserve. Au besoin on peut faire travailler la machine avec deux quelconques de ses trois cylindres comme le ferait une machine compound. Les trois cylindres ont un régulateur; les mouvements de ceux des cylindres à moyenne et à basse pression sont limités. La machine manque un peu de régularité. Les cylindres ont 356, 508 et 762 millimètres. La course est de 610 millimètres. L'arbre à manivelles commande par un câble un arbre de transmission qui porte les poulies auxquelles les câbles des voies empruntent le mouvement. L'eau de condensation est refroidie au moyen d'une installation faite sur le toit de l'usine. Ce système a beaucoup d'inconvénients, notamment celui de perdre journellement 38 mètres cubes d'eau qu'on doit remplacer en les puisant à la canalisation de la ville.

La pression de la vapeur dans les chaudières se règle d'elle-même. Un ventilateur sert à aérer les chambres des machines et des chaudières, et souffle sur les feux. Un manomètre ouvre ou ferme cet afflux d'air par une transmission hydraulique. De la sorte le chauffeur n'a à s'occuper que de mettre du charbon dans le foyer.

Les autres stations offrent peu de particularités intéressantes. A l'exception de celle de Clay Street, elles ont pour moteurs des machines compound à condensation. La régularité de leur marche est parfaite-

ment suffisante. Il est à remarquer que, sauf à Clay Street et à la vieille
station de la rue du Marché, où l'on manquait de place, on a partout, à
San Francisco, renoncé aux roues dentées pour adopter la transmission
par câbles. Il est fort possible que cette mesure contribue à la régularité de marche que nous constatons, en raison de la faculté qu'ont les
câbles de s'étendre.

La transmission par engrenages de Clay Street est fort originale.
Pour gagner de la place, on a mis les axes des machines et les chariots
tendeurs dans la direction de la diagonale du bâtiment, et dans les angles
restés libres se sont placés les générateurs et l'atelier de réparations.

Le moteur de Clay Street est une machine compound horizontale des
forges de San Francisco dites Golden Gate Miners Iron Works. Son
arbre à manivelle agit directement sur la roue dentée qui fait corps
avec la poulie du câble principal. Il y a une machine de réserve.

La superstructure est très différente à San Francisco de ce qu'elle est
à Chicago. Dans cette dernière ville, les traverses sont toujours en fonte,
et très lourdes ; à San Francisco, au contraire, on vise à l'économie. Les
traverses sont en fer et généralement construites au moyen de vieux rails
qu'on courbe et qu'on renforce par des cornières et des fers méplats ;
on les pose sur béton. Les figures 2 et 3, pl. 87, montrent cette disposition et une autre due a Eckart et appliquée à Los Angeles.

Les rouleaux sur lesquels passe le câble de traction n'ont qu'un seul
palier, afin de diminuer les frais de graissage, d'entretien et de renouvellement.

Les tuyaux spéciaux pour l'écoulement de l'eau, nécessaires dans
l'Est, ne le sont point à San Francisco, où le climat est égal et sec, et
le fond du caniveau où circule le câble suffit à l'écoulement des eaux.

Les nombreuses rampes de San Francisco ont nécessité un dispositif
spécial pour empêcher, aux changements d'inclinaison, le câble d'être
soulevé ; il consiste en un long levier mobile autour d'un axe vertical
qui porte deux galets directeurs. Lorsque le grip arrive à la hauteur de
ce levier, il le rejette de côté, et quand le grip est passé, un contrepoids ramène les galets à leur place sur le câble.

Une autre particularité des tramways de San Francisco est que les
voitures n'y décrivent pas un circuit fermé. Lorsqu'une voiture arrive
à l'extrémité de sa course, son grip lâche le câble ; son inertie la fait
passer sur la deuxième voie, et le grip reprend alors le brin du câble
qui marche en sens inverse du premier. Il faut donc que les voitures

aient à l'avant comme à l'arrière un grip et un levier de manœuvre. La Compagnie des omnibus fait exception à ce point de vue, et ses voitures, qui n'ont de grip qu'à un bout, doivent être manœuvrées sur des plaques tournantes. Celles-ci sont mises en mouvement au moyen du frottement du câble moteur.

Pour permettre les croisements, la disposition est toujours, en principe, analogue à celle de la fig. 6. Des galets de pression o, o_1, o_2 obligent le câble d_3 à rester constamment en dessous des brins d_1 d_2 de la ligne qui croise la première. De leur côté, les câbles supérieurs d_1 d_2 qui pourraient par leurs mouvements vibratoires, se rapprocher du grip de l'autre voie et subir de ce fait des avaries, sont maintenus en place au moyen de leviers.

La figure 1, pl. 87 montre une bifurcation (station de la rue du Marché). La station comporte deux machines compound, dont une seule est en service et l'autre en réserve. L'arbre à manivelle actionne par l'intermédiaire d'engrenages quatre câbles principaux et un auxiliaire, deux pour le haut et le bas de la rue du Marché, un pour la rue de Valencia, et un pour Haight Street, qui est éloignée de 118 mètres. La courbe de la rue de Valencia est en pente assez sensible, de sorte que le grip peut lâcher le câble en e et circuler en vertu de la vitesse acquise jusqu'en f où le grip reprend l'autre brin du câble. Au retour, naturellement, les circonstances changent et on doit se servir d'un câble auxiliaire. Le grip lâche en a le câble de la rue de Valencia, prend en b le câble auxiliaire à marche lente, qui l'amène par une courbe jusqu'en c où le grip redevient libre ; il attaque le câble de la voie principale en d.

Installation mécanique des grands édifices de Chicago

Pour se faire une idée exacte de ce que sont et de ce que font les machines en Amérique, il est nécessaire, nous l'avons dit déjà, de ne se point borner à la considération de celles qui figuraient à l'Exposition. Chicago est une des villes américaines où l'on peut le mieux étudier les installations mécaniques qui distribuent la force et la lumière (nous ne parlons pas de la chaleur, qui est fréquemment distribuée par les mêmes usines centrales dont nous parlerons plus loin), dans des maisons de dimensions colossales, qui ont jusqu'à dix-huit étages. La ville de Chicago est excessivement étendue, mais de même qu'à Londres toutes les affaires y sont concentrées dans un espace relativement restreint, compris entre le lac, la rivière et les lignes de chemins de fer vers le Sud. Cette circonstance a conduit à donner aux bâtiments la hauteur insolite que nous mentionnons. D'autre part, le sol est fort mauvais, et les fondations y doivent être très larges, et l'espace libre dans les caves entre le sol des rues et le terrain solide constitué par une couche d'argile est très petit. La règle est donc qu'on ne dispose que d'un espace extrêmement réduit pour y loger les installations mécaniques dont on ne peut guère se dispenser, en Amérique moins qu'ailleurs.

La figure 1 (pl. 88) représente la disposition schématique d'une installation mécanique pour grande maison occupée par des administrations, bureaux, etc. Un moteur commun produit la force nécessaire pour la manœuvre des ascenseurs et l'éclairage. Dans l'exemple que nous donnons, la transmission se fait par courroies. Il est actuellement plus usuel d'accoupler directement la dynamo au moteur ; c'est la disposition qu'on trouve dans les installations les plus récentes.

L'ensemble des machines comprend les chaudières, les tuyaux d'amenée de vapeur, les moteurs, qui mettent en mouvement les dynamos pour la lumière électrique, les ventilateurs et diverses pompes pour le service des ascenseurs et le service d'eau de la maison. La figure 1 montre la disposition des machines, de la transmission et des dynamos, ainsi que de la machine de réserve et de celle de secours qui sert à l'éclairage lorsque la charge est faible. On remarquera combien la faible hauteur du sous-sol limite celle des machines.

Les pompes employées pour le service des ascenseurs sont, presque sans exception, des pompes Duplex qui refoulent l'eau dans un réservoir situé sous le toit, où on la prend pour tous les usages hydrauliques. En général ces pompes servent à élever l'eau de la canalisation de la ville, dont la pression (1 kil. 8) est insuffisante pour monter au dernier étage. Il est assez rare que les machines marchent à condensation, l'eau étant rare.

Nous allons passer en revue quelques installations spécialement intéressantes par leur importance ou par les particularités qui les distinguent.

Bâtiment de l'Auditorium

Cet énorme bloc de maçonnerie fut construit de 1887 à 1890 par les architectes Adler et Sullivan pour l'association de l'Auditorium de Chicago. Il comprend de grandes salles de théâtre et de réunion, les bureaux de l'Auditorium, l'hôtel qui en dépend et le beffroi de dix-neuf étages. L'espace qu'il occupe est de 6575 mètres carrés. La longueur de la façade est de 216 mètres. Le bâtiment principal a dix étages, soit 44 mètres de haut; il est dominé par une grosse tour quadrangulaire qui s'élève à 29 mètres plus haut. En haut de cette tour il y a encore une construction en fer de 9 mètres de haut. La hauteur totale atteint donc 82 mètres. Le poids total du monument est de 110 000 tonnes. Les conduites d'eau et de gaz y ont un développement de 40 kilomètres ; on n'y trouve pas moins de 370 kilomètres de fils électriques. L'éclairage électrique comporte 12 000 lampes à incandescence, alimentées par 11 dynamos. Treize moteurs électriques assurent la ventilation. Il y a 4 moteurs hydrauliques, 11 chaudières, 21 pompes, 13 ascenseurs et 26 monte-charges pour le théâtre. Le volume des locaux à chauffer, éclairer et desservir par ascenseurs est de 300 000 mètres cubes en nombre rond. Le service est assuré par deux installations mécaniques indépendantes l'une de l'autre et situées dans le sous-sol. La dépense qu'elles occasionnent monte à 350 000 francs environ annuellement.

L'une de ces deux usines dessert uniquement l'hôtel, l'autre l'Auditorium proprement dit, c'est-à-dire un théâtre où peuvent prendre place six à sept mille personnes, la salle de réunion et les bureaux. On trouve des deux côtés les mêmes moteurs et les mêmes dynamos. Du côté de l'avenue Wabash se trouvent trois machines horizontales en tandem Williams de 125 chevaux chacune, deux machines Straight Line de 50 chevaux et une machine Ide de 10 chevaux. Toutes sont à grande vitesse et servent à actionner des dynamos Edison.

La consommmation de vapeur est extrêmement variable et varie dans la proportion de 3 à 20. Le service de cinq ascenseurs, dont trois pour les bureaux et deux pour le beffroi, qui dépendent de cette usine, emploie deux grandes pompes en tandem Worthington de 150 chevaux environ. La distribution d'eau chaude et froide dans l'édifice se fait par 5 petites pompes du même constructeur. Mentionnons encore le chauffage et le rafraichissement de la grande salle d'assemblée. Le chaud et le froid y sont amenés par l'air. Le sous-sol contient un ventilateur de la force de 50 chevaux qui envoie de l'air dans une chambre où il est chauffé à la vapeur pendant l'hiver, et, pendant l'été, refroidi par des jets d'eau. Toute cette installation est sous la direction d'un ingénieur qui a sous ses ordres deux mécaniciens, deux aides mécaniciens, deux électriciens et six chauffeurs qui forment deux équipes. Le travail, doit, en effet, être ininterrompu jour et nuit.

La deuxième usine ne dessert, comme nous l'avons dit, que l'hôtel. La machinerie comprend trois machines Williams, une machine Ide, une machine Straight-Line pour actionner les dynamos, une grande pompe Worthington en tandem avec cylindres de 737 et 406 millimètres et 457 millimètres de course de piston, une pompe plus petite (Duplex) pour l'usage des huit ascenseurs de l'hôtel et six petites pompes Worthington pour l'alimentation des chaudières et le service d'eau. Il y a cinq chaudières dans l'usine.

Deux petits compresseurs Westinghouse servent à la manœuvre des appareils automatiques de vidange des eaux écoulées des toits.

L'hôtel comporte 580 chambres, mais le nombre en est insuffisant ; aussi la Société de l'Auditorium fait-elle construire un nouvel hôtel, dit du Congrès, en face de l'ancien. Dans ce dernier, on allume en moyenne d'un bout à l'autre de l'année 6500 lampes à incandescence qui exigent 300 chevaux de force. Les ascenseurs demandent près de 50 chevaux 1/2, les pompes plus de 2 1/2. Il va sans dire que le travail est très variable. Pour ne parler que de la lumière, on constate qu'elle absorbe, en hiver, 800 chevaux la nuit, 200 le jour, tandis qu'en été on tombe à 30 chevaux pour la production de la lumière pendant le jour. L'exploitation de cette intéressante usine est fort peu économique. Les chaudières ne donnent guère que 6 kilogrammes de vapeur par kilogramme de houille brûlée, et les moteurs pour la lumière consomment 16 kilogr. 3, et les pompes 81 kilogr. 5 de vapeur par cheval-heure. En hiver on se sert de la vapeur d'échappement comme moyen de chauffage, mais en été, on voit combien la dépense doit être élevée.

L'ingénieur chargé de la direction de l'usine de l'hôtel a sous ses ordres, pendant le jour 22 et pendant la nuit 17 mécaniciens ou manœuvres. En outre, sept employés sont préposés à la manœuvre des ascenseurs. Les pompes des ascenseurs ont refoulé en 1892, dans les réservoirs du beffroi environ 600 000 mètres cubes d'eau. Six ascenseurs marchaient journellement pendant 10 heures, deux pendant 4 heures et un pendant 3 heures 1/2. Le service domestique et l'alimentation des chaudières nécessitent une dépense annuelle de 125 000 mètres cubes d'eau qui coûtent plus de 10 500 francs. Le gaz et l'eau, ensemble, coûtent dans l'hôtel 3 600 francs environ.

Il est intéressant de constater combien peu d'accidents se produisent dans des installations aussi compliquées en apparence. En 1891, il n'y a eu que trois interruptions de service : le 3 mai de 1 à 5 heures du matin, on arrêta les ascenseurs pour la visite et la réparation des réservoirs. Le 31 octobre, la lumière fut supprimée pendant 3 minutes par suite d'un défaut de la canalisation ; le 10 novembre un des ascenseurs eut une pièce brisée, sans que le service fût cependant suspendu. A côté de ces brillants résultats, il y a une ombre au tableau ; la température dans l'usine est absolument intolérable, ce qui ce conçoit lorsqu'on considère l'espace excessivement restreint où s'entassent chaudières et machines. Pendant les mois d'été, le thermomètre marque dans la chambre aux machines 42 degrés à midi, et 51 degrés le soir, quand les dynamos sont en marche.

Lorsqu'on a résolu la construction du nouvel hôtel du Congrès, on a décidé d'y placer une station centrale qui le desserve en même temps que l'ancien bâtiment qui reste toujours le centre de la Société de l'Auditorium. Dans l'installation de cette nouvelle machinerie on a surtout cherché les machines à manœuvre automatique, afin de diminuer les frais de personnel. On espère arriver à n'employer que 40 hommes pour l'ensemble de l'usine.

L'hôtel du Congrès a un volume approximatif de 140 000 mètres cubes et est éclairé par 6 000 lampes à incandescence. En ajoutant les 6 500 lampes de l'ancien hôtel, et les 4 000 des bureaux, on arrive au total de 16 500 lampes à alimenter. Il faut en outre chauffer les locaux d'une capacité total de 425 000 000 mètres cubes et fournir la force nécessaire à 19 ascenseurs.

Les machines ne sont plus, cette fois, reléguées dans le sous-sol. Un local spécial, qui couvre une des ailes de l'hôtel, sert à les loger. L'installation est faite en vue de l'alimentation de 20000 lampes à incandescence. Les machines sont toutes à grande vitesse, construites par les ateliers mécaniques du Lac Erié, à Buffalo. Il y en a deux de 450, deux de 875 et deux de 150 chevaux, soit au total 1550 chevaux. Elles actionnent directement des dynamos Siemens et Halske. Les pompes sortent des ateliers de la Compagnie Allis, à Milwaukee ; deux sont verticales et ont chacune la force de 300 chevaux, une troisième, plus petite, de 120 chevaux, est horizontale. C'est une pompe différentielle.

Les pompes Allis ont deux corps de pompe et deux cylindres à vapeur dont un à haute et un à basse pression. La petite petite pompe ne doit servir que la nuit, au moment où le service des ascenseurs est presque nul.

Les chaudières sont construites par les ateliers Campbell et Zell, de Baltimore. L'idée primitive avait été de prendre des machines à condensation, l'eau nécessaire devant être fournie par le lac Michigan, mais on s'est vite aperçu que l'économie apparente qui résulterait de la condensation serait absorbée et au-delà par le surcroît de dépense occasionné par l'établissement du tunnel qui amènerait l'eau du lac. En outre, il y a trop d'incertitude sur ce que la ville de Chicago fera du terrain en bordure du lac qui se trouve entre cette nappe d'eau et l'hôtel. Si elle donne suite au projet de transformer en chemin de fer souterrain, celui qui y passe, toute possibilité d'adduction d'eau est supprimée. On a préféré, dans ces conditions, renoncer aux machines à condensation. On compte que la nouvelle installation procurera une économie de 30 à 35 % sur les dépenses des usines centrales séparées actuellement existantes.

Rookery-House

On désigne sous ce nom un grand immeuble à usage de bureaux situé au centre de la ville. Il a 59^m,50 de long et autant de large, et 47^m,50 de haut. Son volume est de 150000 mètres cubes. La circulation intérieure s'y fait au moyen de douze ascenseurs hydrauliques ; la moitié d'entre eux desservent tous les étages jusqu'au septième ; les autres vont directement à ce septième étage, puis montent jusqu'au sommet en s'arrêtant à chaque étage. Ce sont les étages supérieurs qui ont le plus de visiteurs. La machine est en sous-sol. Pour la lumière, on dispose de deux machines Corliss avec cylindres de 508 millimètres, et course de piston de 1067 millimètres ; l'une et l'autre ont été construits dans l'Ohio, elles font l'une 80 et l'autre 94 tours à la minute. Toutes deux mettent en mouvement, au moyen de poulies, un arbre de transmission.

Elles sont pourvues d'un débrayage à friction. L'arbre de transmission fait 156 tours, et communique le mouvement à 4 dynamos Edison faisant elles-mêmes 628 tours. Comme de onze heures du soir à six heures du matin, on n'a besoin que d'un faible éclairage, une machine Straight Line accouplée par poulies sans arbre intermédiaire avec une cinquième dynamo Edison assure le service pendant la nuit.

L'eau en pression pour les ascenseurs est fournie par trois pompes Worthington en tandem, dont deux seulement sont régulièrement en marche. L'eau est refoulée dans un réservoir situé sous les combles à 55 mètres environ de hauteur, de sorte que la pression hydrostatique dépasse 5 kilogrammes. Les 12 ascenseurs marchent en même temps de sept heures du matin à cinq heures du soir ; de six à sept, on n'en conserve que 2, et 1 seulement pendant la nuit. Deux pompes servent à distribuer l'eau froide, et deux l'eau chaude. Une seulement de ces dernières est en usage constant.

Les générateurs sont au nombre de 8 dont 6 seulement servent d'une manière régulière en hiver et 4 en été. Leur force est de 90 chevaux, mais, pour faire l'économie de chauffeurs, on les pousse volontiers à 150 chevaux. Le chauffage, en hiver, est assuré par la vapeur d'échappement des machines. Par les grands froids, il dure nuit et jour.

L'édifice contient 4 000 lampes à incandescence ; le service électrique s'y fait pendant vingt-quatre heures sans interruption. Le nombre de lampes allumées varie considérablement suivant l'heure.

De six heures du matin à cinq heures du soir, on constate à l'ampèremètre, une moyenne de 700 ampères ; elle monte à 950 entre cinq et six heures pour redescendre à 600 entre six et neuf heures du soir. 380 entre neuf et onze, 150 de onze heures du soir à six heures du matin. La tension est uniformément de 110 volts. Le rendement des machines est assez médiocre, et on emploie une moyenne de 125 chevaux par heure pour l'éclairage. Cette moyenne est calculée sur vingt-quatre heures. La force nécessaire varie de 37 à 235 chevaux.

Pour la manœuvre des ascenseurs, on peut compter, pendant onze heures, 175 chevaux de force. La consommation du charbon est de 275 tonnes par mois en été ; en hiver, elle monte à 5 ou 600 tonnes. Le personnel mis sous les ordres de l'ingénieur, comprend quatre mécaniciens et trois chauffeurs le jour, deux mécaniciens et deux chauffeurs la nuit, en tout onze personnes. Sept ouvriers sont, en outre, attachés au service des ascenseurs et des réparations des canalisations et des ascenseurs.

Maison n° 167 rue Dearborn

Cet édifice, de 31^m,70 $\times$ 36^m,60 est vieux pour Chicago ; il a dix ans de date, et ses installations sont fort en retard sur les desiderata actuels. Il est, d'ailleurs, relativement peu élevé ; il n'a que sept étages occupés par des bureaux, le rez-de-chaussée étant utilisé comme restaurant. Il est intéressant, ne serait-ce qu'au point de vue archéologique, de se rendre compte de ce qu'étaient il y a dix ans, les moyens mécaniques employés dans les établissements de ce genre.

Le volume à chauffer est de 42 000 mètres cubes. Il y a trois ascenseurs ; l'eau leur est fournie par une grande pompe Worthington ; une plus petite sert de réservoir. L'eau chaude et froide est distribuée dans la maison par deux petites pompes du même modèle. Les chaudières sont multitubulaires ; il y en a trois. La pression de la vapeur atteint 4 k, 9 à 5 k, 6 par centimètre carré. La vapeur d'échappement est utilisée pour le chauffage, mais elle est loin de suffire en hiver, et on est obligé d'employer au moins moitié de vapeur vive. Le restaurant surtout demande beaucoup de vapeur à la pression de 2 k, 5 environ, pour la cuisson des aliments. Le personnel ne comprend qu'un mécanicien et deux chauffeurs, dont un travaille le jour et l'autre la nuit. On remarquera que l'éclairage ici n'est pas électrique, ce qui simplifie considérablement l'installation des machines. On voit combien de progrès ont été faits en dix ans, en comparant la machinerie des maisons neuves et des anciennes.

Temple maçonnique

Ce temple n'est pas neuf, mais il vient d'être complètement transformé au point de vue mécanique. C'est, jusqu'à présent, le monument le plus élevé de Chicago ; ses nouvelles machines ne sont en marche que depuis un an. La plus grosse difficulté a été le manque de place. Il a fallu mettre la chambre des machines sous la rue, et pour cela faire tenir 1 000 chevaux dans un espace de 2^m,70 de haut, 34^m,10 de long, et 6^m,7 de large.

La force motrice est fournie par deux machines Corliss de Fraser et Chalmers. Ces machines font 40 tours à la minute. Par une poulie de 1^m,10, elles actionnent un arbre intermédiaire qui transmet le mouvement à six dynamos Thomson-Houston. Cet arbre fait 267 tours. Les volants des machines, en raison du peu d'espace dont on disposait, ne pouvaient avoir qu'un faible diamètre ; ils sont cependant fort lourds. Une seule des machines est suffisante pour le service ; l'autre n'est là que comme réserve. Entre la transmission et les machines sont les dynamos de 650 ampères chacune ; elles font 700 tours à la minute. Le tableau de distribution est auprès des dynamos et présente le caractère ornemental usité en Amérique. On dispose de si peu de place que les machines n'ont pu être amenées dans leur chambre que par la rue ; on a fouillé la chaussée, descendu les machines, puis construit le plafond de la chambre sur lequel on a établi la voie pour la circulation des piétons et des voitures. Il est rare de rencontrer de semblables difficultés d'installation, même dans des mines. L'édifice contient quatorze ascenseurs, dont le service d'eau est fait par trois pompes Worthington en tandem. Une seule suffirait ; on a donc pris toutes les précautions possibles pour éviter toute interruption de service. La pression de l'eau atteint 9 k, 1 par centimètre carré. Les pompes d'alimentation des chaudières sont verticales du type Worthington. On produit de la vapeur à 7 kilogrammes dans 8 chaudières à bouilleurs avec foyer à l'avant. Les bouilleurs ont 1 219 millimètres de diamètre et 4^m,10 de long.

L'eau chaude et froide est distribuée par deux pompes Worthington.

La vapeur d'échappement sert comme d'habitude au chauffage. Il y a, dans l'édifice, plus de 1 300 batteries auxquelles la vapeur est amenée par 67 conduites montantes. Ces conduites ont 376 joints à dilatation. L'eau de condensation des batteries de chauffage retourne à l'usine centrale, y est réchauffée par de la vapeur d'échappement, et est employée à l'alimentation des chaudières.

L'éclairage consomme 80 à 90 chevaux par heure en moyenne pendant les vingt-quatre heures de la journée ; 8 000 lampes à incandescence sont reliées à la canalisation. En même temps, la station centrale fournit 120 chevaux à un édifice voisin. On emploie 12 tonnes de charbon par jour en été, 18 en hiver ; mais tout l'édifice n'est pas occupé, et, s'il l'était, il faudrait augmenter cette consommation. Le personnel outre l'ingénieur, comprend pour le jour 1 mécanicien, 1 graisseur 1 manœuvre, 3 chauffeurs ; pour la nuit, 1 mécanicien et 2 chauffeurs.

Installations mécaniques de Salt Lake City.

Chicago est une véritable capitale et il n'est pas surprenant d'y trouver des installations mécaniques importantes comme celles dont nous venons de parler. Il est plus curieux de trouver dans le Far-West, au bord du Grand Lac Salé, au pays naguère presque inaccessible des Mormons, une ville présentant tous les caractères de la civilisation intensive. Salt Lake City n'est plus baignée par le lac, elle en est éloignée de 15 kilomètres ; la polygamie n'y est plus permise, mais elle est toujours habitée par les descendants des Mormons qui y ont déployé toutes les ressources de leur génie pratique et inventif. Le seul monument qui reste des temps passés est le Temple avec son dôme monumental. Mais le Temple nouveau est d'une architecture encore plus riche. Les profanes n'y peuvent point pénétrer, mais on arrive à visiter sous la conduite du « frère » mécanicien, la station centrale de force. Elle sert à l'éclairage, à la ventilation et au service d'eau du nouvel édifice. On y trouve quatre machines Armington et Sims de 75 chevaux chacune, et deux machines de secours de 25 chevaux. La pression de la vapeur est de 5 kilogr. 6. La lumière est produite au moyen de dynamos Edison. Il y a en tout 2 600 lampes à incandescence de 16 bougies. Deux pompes à vapeur Blake servent à la manœuvre de deux ascenseurs hydrauliques Otis ; le réservoir d'eau est à 37 mètres de hauteur dans le clocher du Temple. La vapeur d'échappement sert à réchauffer l'eau dont on se sert dans les diverses dépendances du temple, et l'eau d'alimentation de la chaudière. La chambre des machines est au sous-sol, la chambre de chauffe à 150 mètres de distance du Temple. Quatre chaudières tubulaires y sont installées, deux pour le chauffage et deux pour la production de vapeur nécessaire aux machines.

L'eau chaude sort de la chambre de chauffe à 75 degrés, est amenée dans un réservoir sous le clocher, parcourt les tuyaux et batteries et revient à la chambre de chauffe à la température de 60 degrés. Le chargement du combustible se fait automatiquement.

Les rues de Salt Lake City sont bordées d'immenses maisons du style américain où l'on trouve les mêmes installations d'ascenseurs, de chauffage et de lumière que dans les vieilles villes de l'Est.

La ville est desservie par un tramway électrique avec station centrale ;

deux machines horizontales Fraser et Chalmers y développent 250 chevaux chacune. Les machines travaillent sur un arbre commun au moyen
de transmission par câbles ; chacune des machines peut se débrayer
indépendamment. Quatre courroies servent à transmettre la force aux
dynamos Edison. On est quelquefois obligé de forcer les machines jusqu'à 700 chevaux, et il n'y en a pas de réserve.

Signalons en passant que toutes les rues de Salt Lake City sont fort
larges ; des deux côtés se trouvent des allées le long desquelles règnent des poteaux qui servent de supports aux fils du télégraphe, du
téléphone et du tramway électrique.

Distribution de force et de chaleur.

Il est assez curieux de constater que tous les ingénieurs qui ont visité
l'Exposition de Chicago ont surtout rapporté d'intéressants souvenirs de
ce qui n'y figurait point. Les distributions de force motrice et de chaleur sont une des particularités des Etats-Unis qui méritent qu'on s'y
arrête. Lorsqu'on eut la première idée de ces installations, on avait
surtout en vue la distribution de la force motrice, mais il a fallu bien
vite se décider à donner la chaleur en même temps que la force. C'est,
en effet, un usage universel, en Amérique, de demander à sa chaudière
l'alimentation du calorifère en même temps que celle du moteur. Une
distribution de force qui ne donnerait pas le moyen de se chauffer n'aurait aucune chance de supplanter les installations privées même les
moins perfectionnées.

Nous étudierons successivement les stations centrales de force motrice et de chaleur, peu connues jusqu'ici et qui n'ont point d'analogues
en Europe — puis les installations de chauffage à la vapeur dans les
usines qui se peuvent immédiatement comparer à celles de notre vieux
monde.

Station centrale de la Maison Pabst à Milwaukee

Cette station centrale, placée en dessous de l'hôtel Pabst a pour
objet de fournir la lumière, la force et la chaleur à divers immeubles

appartenant au même propriétaire : l'hôtel, la maison de rapport amé-
nagée pour des bureaux, le salon Green, l'Opéra et plus tard deux autres
maisons encore. La force motrice est surtout employée pour la manœuvre des ascenseurs. La construction de la station centrale n'était
pas encore achevée en juillet 1893, et à cette époque il n'y avait que
600 chevaux en service ; elle peut servir de type pour les nouvelles
stations ; nous entrerons donc dans quelques détails sur cette installation.

La station centrale contient toutes les machines pour la production
de la lumière et de la force motrice. Les conduites partant de la station
traversent perpendiculairement la rue et vont desservir d'abord l'hôtel
Pabst. Devant cet hôtel, la conduite se sépare en deux : l'une des
branches, à droite, va au salon Green, à l'Opéra, et ira plus tard à un
autre immeuble qui bordera la rivière ; l'autre, à gauche, dessert la
maison Kirby et la maison Pabst. Dans tous ces édifices, les ascenseurs
sont mûs par l'eau sous pression, et le chauffage se fait au moyen de la
vapeur d'échappement. En outre, l'une des conduites amène à tous les
immeubles de la vapeur vive qui concourt au chauffage. Une conduite
de retour ramène aux générateurs l'eau qui se condense dans toute la
canalisation du chauffage et celle qui a servi à la manœuvre de l'ascenseur. La figure 2 montre la bifurcation de la conduite principale, depuis
l'hôtel jusqu'à la rue, et la séparation des tuyaux en deux embranchements ; sur la figure 10 on voit la disposition des tuyaux au point même
de bifurcation ; la figure représente les renforts qui maintiennent les
tuyaux aux croisements et aux coudes.

La figure 2 est une coupe de l'édifice où se trouve la station productrice de force. Dans le sous-sol se trouvent les machines ; au rez-de-
chaussée les chaudières. La figure 4 est le plan de l'installation des
chaudières avec la tuyauterie. La figure 6 représente les tuyaux d'échappement de la fumée qui, même dans une construction neuve comme
celle-ci, n'occupent qu'une place excessivement restreinte. Les figures
3, 7 et 8 enfin, montrent en détail les machines motrices et leur tuyauterie.

La production de la lumière est assurée par trois machines, deux
grandes et une petite ; il y a une place réservée pour l'extension future
de la station. Le service des ascenseurs est fait par de grandes pompes
à triple expansion, système Worthington ; il y a, pour le même service,
deux petites pompes qui sont employées lorsque la dépense de force

est moindre. Les pompes d'alimentation sont appliquées contre le mur; des réservoirs servant à contenir l'eau sous pression destinée aux ascenseurs ; la vapeur d'échappement réchauffe l'eau d'alimentation. Les pompes qui refoulent l'eau l'envoient dans un accumulateur qui sert de régulateur. Ce régulateur ou accumulateur est constitué de la manière suivante : à la partie inférieure est un cylindre à pression hydraulique avec plongeur ; celui-ci est relié à sa partie supérieure à un piston qui se meut dans un cylindre à vapeur, dont la face supérieure est soumise à une pression constante.

Il y a 800 chevaux de force pour le chauffage et 600 pour la force ; on a prévu la possibilité de doubler la production actuelle de chaleur et de force, en vue de desservir des maisons étrangères dans le voisinage. Pour le moment, la distribution de force et de chaleur se fait dans la maison Pabst (2 800 mètres cubes — 8 étages) l'hôtel Pabst (20 000 mètres cubes — 5 étages), la maison Kirby (14 000 mètres cubes), l'Opéra (14 000 mètres cubes — 3 étages). Deux nouvelles maisons de 8 étages, non encore construites, seront plus tard desservies par la station centrale.

En général, la vapeur d'échappement des machines suffit au chauffage, et ce n'est que par les froids très rigoureux qu'on est obligé de forcer la production de la vapeur, et d'employer de la vapeur vive pour le chauffage.

Voici la nomenclature des machines de la station centrale : trois machines, comme nous l'avons dit, produisent la lumière ; deux sont de 250 chevaux et une de 75. Ce sont des machines verticales compound des ateliers mécaniques du Lac Érié ; elles actionnent directement des dynamos Siemens et Halske. On a réservé la place nécessaire pour trois machines de 250 chevaux et pour deux grandes machines de 350 chevaux. La grande pompe des ascenseurs sert à refouler l'eau sous pression nécessaire à la marche de ces appareils. C'est une pompe Worthington à triple expansion, avec cylindre de 305, 470 et 737 millimètres de diamètre et course de 457 millimètres. La longueur totale de la pompe est de 6 mètres, sa largeur de 2^m,10. Les plongeurs ont 159 millimètres de diamètre et 457 millimètres de course. La pression de l'eau monte à 53 kilogrammes par centimètre carré. Deux petites pompes compound Worthington constituent la réserve du service d'eau. Leurs cylindres ont 356 et 508 millimètres de diamètre, les plongeurs 140 millimètres, la course est de 381 millimètres. En dehors de ces pompes principales, il y en a encore plusieurs autres de moindre importance : deux pompes Duplex verticales ayant un cylindre à vapeur de 850 millimètres, un corps de pompe de 178 millimètres et une course de 854 millimètres alimentent les chaudières. Deux pompes ayant un cylindre à vapeur de 152 millimètres, un corps de pompe de 102 et une course de 152 millimètres servent de pompes de secours. Enfin, pour le service d'eau, il y a deux pompes Duplex avec cylindre de 191, corps de pompe de 127 et course de 305 millimètres.

Toutes les machines dont nous venons de parler sont dans le sous-sol. Les chaudières se trouvent au rez-de-chaussée. Elles sortent de la maison Campbell et Zell de Baltimore, ont des fumivores Murphy et un mouvement automatique de la grille. La chambre aux chaudières en peut contenir huit. La canalisation est fort compliquée ; il faut, en effet, conduire la vapeur des chaudières aux machines, puis prendre au sortir des diverses machines la vapeur d'échappement pour la mener dans un réservoir commun ou la laisser s'échapper à l'air libre. L'eau sous pression nécessite aussi une série de tuyaux en relation avec les ascenseurs ; enfin, il y a la tuyauterie d'alimentation des chaudières et les diverses conduites d'eau. La vapeur d'échappement de toutes les machines est dirigée dans un grand réservoir auquel sont reliées toutes les conduites d'eau chaude du chauffage. En hiver, la vapeur qui sort des diverses machines vient se condenser dans ce réservoir et chauffer l'eau néces-saire à tous les services. En été, les machines marchent à condensation, avec un condenseur à surface Wheeler. L'eau froide est prise à la rivière ; les pompes à air et à eau sont installées en dessous du condenseur. Lorsque la température est moyenne, on ne fait marcher à condensation qu'une partie des machines, les autres envoyant leur vapeur d'échap-pement au réchauffeur. Toutes les machines peuvent donc marcher à volonté avec ou sans condensation. Les pompes refoulent l'eau à une pression qui correspond à 70 mètres de hauteur d'eau. Les diverses coupes de la figure 3, montrent CC et DD les tuyaux d'amenée et d'é-chappement de la vapeur des trois pompes d'ascenseurs, AA et BB la tuyauterie des moteurs producteurs de lumière. On y voit également le commutateur de la condensation (a), la liaison avec le réchauffeur (b), la liaison de la tuyauterie avec les réservoirs (c).

La figure 5 représente le dispositif qui permet la dilatation de la tuyauterie de l'eau sous pression.

Nous allons maintenant dire quelques mots d'usines ordinaires de force motrice qui distribuent en même temps la force et la chaleur à

une série de petits industriels. On sait combien nombreuses sont dans
certains quartiers de Paris les usines centrales de force motrice alimentant chacune une multitude de petits ateliers ; ces installations se re-
trouvent dans la plupart des grandes villes industrielles d'Europe ; il n'y
a guère que dix ans que Chicago a éprouvé le besoin de créer de semblables entreprises. Elles ont pour objet la distribution de la force, de la
chaleur et de l'eau. D'une façon générale on a commencé par construire
un grand local où peuvent trouver place de nombreux ateliers, et dans
le sous-sol de ce local on a monté des chaudières et des machines qui
font mouvoir l'arbre principal auquel se relient toutes les petites machines des abonnés. La vapeur d'échappement sert au chauffage. Au
besoin on y adjoint un peu de vapeur vive.

Usine de force motrice Ridler.

Parmi celles de ces usines qui ont réussi à grouper une clientèle importante, nous citerons celle de Ridler ; le succès de sa première usine
a déterminé cet entrepreneur à en créer neuf autres dans la ville de
Chicago. Deux de ces usines ont des machines de 80 chevaux chacune ;
deux autres des machines de 100 chevaux ; une possède une machine
de 130 chevaux. Toutes ensemble représentent un total de 600 chevaux
environ. Les usines sont toutes construites sur le même modèle, et,
comme il est d'usage en Amérique, pourvues de tous les aménagements
qui peuvent faciliter l'exploitation, tels qu'ascenseurs et monte charges.
Ces derniers appareils sont spécialement développés, et on peut monter
des voitures entières aux derniers étages.

En raison de la similitude des diverses usines, il suffit d'en décrire
une. Le bâtiment de l'usine a 57 mètres de long et 27^m,40 de large.
La machine motrice est une Corliss. La vapeur d'échappement se
rend dans un grand récipient où des colonnes montantes viennent la
prendre pour la distribuer dans tout le bâtiment. Des batteries du chauffage une tuyauterie spéciale amène l'eau de condensation non dans
un réservoir ordinaire, mais dans des puits de condensation. Autant
que possible chaque tuyau est relié à un puits spécial ; en général on
est forcé de réunir deux ou trois tuyaux dans un seul puits. Cette disposition a dû être adoptée parce que, par les temps froids, le chauffage
se fait presque entièrement au moyen de vapeur vive à la pression de

1 kil. 800. Les puits de condensation se déchargent dans un grand réservoir à eau chaude où s'alimentent les machines.

Dans l'installation décrite il y a cinq chaudières multitubulaires de Lamp et C° de Chicago. Deux pompes Worthington servent, l'une de pompe d'alimentation, l'autre pour la distribution de l'eau froide dans le bâtiment. Chaque étage est divisé en deux compartiments de 26 mètres de long sur 13^m,70 de large (murs compris) ; ce compartiment est l'unité de location. Le locataire de l'un d'eux a droit à 4 chevaux nominaux. Il paie par mois 750 francs pour l'usage du local, de la force motrice indiquée et pour le chauffage et la fourniture de l'eau froide. Le bâtiment contient 14 ateliers, qui produisent donc ensemble 10 500 francs par mois. Beaucoup de locataires occupent deux et même trois ateliers. Au rez-de-chaussée est une tonnellerie qui consomme le plus de force de toute l'usine, 25 chevaux environ. Plus haut on rencontre un atelier de tissage, un de carrosserie de luxe, une ferblanterie et un atelier de broderie ; tout à fait en haut se trouve un atelier de couture où 200 machines à coudre sont mues par la transmission. Les monte-charges sont actionnés par la machine générale. Il y a une petite machine à vapeur spéciale pour les ascenseurs. La consommation de charbon pendant les mois de juillet et d'août, où l'on ne chauffe pas du tout, est en moyenne de 55 tonnes ; en juin elle est de 63 ; mais en janvier, mois où le chauffage atteint son maximum, la consommation monte à 136 tonnes ; elle est encore de 131 tonnes en février et de 121 en mars. Le prix du charbon s'élève à 14 fr. 25 la tonne. La machine fournit à peu près 80 chevaux, qui reviennent en été, en chiffres ronds, à 1 800 francs par mois. Cette somme se décompose en : charbon, 785 francs ; personnel, 750 ; eau et divers, 300. En hiver la dépense est de 2 850 francs environ, soit : charbon, 1 875 francs ; personnel, 750 ; eau et divers, 225. On voit, d'après ces chiffres, que le chauffage coûte 2 850 — 1 800, soit 1 050 francs par mois. Le personnel se compose d'un mécanicien et d'un chauffeur ; un contre-maître dirige l'ensemble de l'usine au point de vue de la distribution de la force et de la chaleur.

On ne mesure pas la quantité effective d'énergie mécanique ou calorifique distribuée; on se contente de l'évaluation du contre-maître. Les locataires reçoivent en moyenne une force supérieure à celle pour laquelle ils paient ; lorsque le dépassement est trop fort, on fait payer à l'abonné un supplément de 25 francs par cheval et par mois pour ce qu'il prend au-delà de son abonnement. Ce prix ne paraît pas

devoir être supérieur au prix même de revient, car, en comptant pour
les mois d'été 80 chevaux et 1 800 francs de frais mensuels d'exploitation, on voit que le cheval-mois pour un travail journalier de dix heures,
revient à 24 fr. 50. La petite différence de 0 fr. 50 suffit à peine à couvrir
les frais généraux d'administration et l'intérêt du capital.

Magasins de Fanvell & C° à Chicago.

De grands négociants, MM. Fanvell et C° ont établi, au bord du canal,
dans la rue Monroe, un grand bâtiment à six étages de 120 mètres de
long, 60 de large et 30 de haut. Il sert de dépôt de marchandises. Une
station centrale de force y est utilisée pour le chauffage, la manœuvre
des ascenseurs à vapeur, et l'éclairage. Elle est, en outre, employée à
la manœuvre des ascenseurs et au chauffage de trois maisons de moindre importance de l'autre côté de la rue.

Cette station comporte une machine Corliss de 250 chevaux (610 millimètres de diamètre de cylindre, 1 067 de course, 60 tours à la minute)
construite par la Compagnie Allis. Elle commande au moyen de courroies 4 dynamos. L'éclairage consomme en moyenne de 120 à 150 chevaux. Il n'y a pas de machine de réserve. Les ascenseurs construits
par Eaton et Prince sont mis en marche par la machine au moyen d'une
transmission par courroies ; il y a 20 ascenseurs, dont 5 pour les personnes et les autres pour les marchandises. La vitesse des monte-
charges est extraordinairement élevée ; ils font 180 mètres à la minute.
Les ascenseurs pour les personnes étaient primitivement actionnés par
l'eau, mais on a trouvé plus économique de les mettre également à la
vapeur.

La vapeur d'échappement sert au chauffage, avec appoint, en hiver,
d'une certaine quantité de vapeur vive. Les chaudières Fraser et Chalmers sont au nombre de 8 de 75 chevaux chacune ; elles sont munies du
fumivore Holly. Le personnel employé à la station centrale comprend
un ingénieur, 2 mécaniciens, 1 homme de peine, 2 chauffeurs de jour
et 2 chauffeurs de nuit. L'eau est amenée aux chaudières par une pompe
d'alimentation Worthington ; une petite pompe envoie aux divers étages
la petite quantité d'eau froide qui y est nécessaire. Il n'y a pas de distribution d'eau chaude.

La dépense de charbon pour l'année est d'environ 110 000 francs.

La tonne de combustible coûte 17 fr. 50. En été, on emploie 12 tonnes par jour ; en hiver jusqu'à 30 tonnes. On admet que les chaudières vaporisent 9 kilogrammes d'eau par kilogramme de charbon brûlé. Les dépenses totales de la station montent chaque année à 126 000 francs.

Les maisons voisines desservies par la station du magasin Fauvell et Cⁱᵉ sont : une maison à sept étages de 20 m.×30 en plan, qui contient un ascenseur et deux monte-charges, une maison à six étages de 15 m. × 30 m. avec un monte-charges et une maison à cinq étages de 15 m. × 30 m., ayant également un monte-charges. Ces trois maisons servent de magasins. Il n'existe pas, dans ces bâtiments, d'autres appareils mécaniques que les ascenseurs et monte-charges, de sorte que la vapeur n'y est employée que pour les manœuvres de montée et de descente des marchandises et des personnes, et le chauffage. Le propriétaire de la première paie 10 000 francs par an, celui de la deuxième 9 000 francs, celui de la dernière 5 000 francs, soit au total 24 000 francs. On évalue à 60 chevaux l'énergie distribuée aux trois maisons, ce qui met, par conséquent, le prix du cheval à 4 000 francs environ.

La consommation de vapeur est nécessairement bien variable. On s'éloigne peu de la vérité en admettant que, en été, deux des cinq ascenseurs sont continuellement en mouvement, et qu'on emploie 20 chevaux d'un bout à l'autre de la journée. Pendant les mois d'hiver, la moyenne de consommation pendant le jour atteint 75 chevaux à cause du chauffage.

Les stations centrales pour la distribution de l'énergie sous toutes ses formes sont nombreuses aux Etats-Unis. L'une des premières et des plus considérables a été installée à New-York d'après le système Holly. Nous étudierons celle de Syracuse, où l'expérience de New-York a été d'un grand secours. Nous dirons aussi quelques mots de l'essai malheureux qui a été fait à Boston pour la distribution de l'eau chaude.

Station centrale de Syracuse

Les circonstances locales à Syracuse sont favorables à l'établissement et à l'exploitation d'une usine centrale pour la distribution de la vapeur. Cette usine, prévue pour 2 500 chevaux (un cheval correspondant à la vaporisation de 13 k, 56 d'eau), est située à proximité des affaires entre une voie ferrée et une petite rivière, de sorte que le charbon y arrive à

bon marché, qu'on a l'eau à sa disposition, et que les conduites de distribution ne sont pas trop longues. On ne s'est pas inquiété du retour
de l'eau de condensation, bien que la mauvaise qualité de l'eau d'alimentation eût pu rendre précieux l'emploi de celle provenant des
tuyaux de conduites. L'eau d'alimentation est prise à la rivière. Or, de
nombreuses fabriques y déversent leurs eaux en amont, et la pureté
non seulement mécanique mais chimique de l'eau de la rivière s'en
ressent. Une fabrique de produits chimiques y envoie notamment, à
certains moments, des chlorures de sodium et de calcium en quantités
fort appréciables. Aussi filtre-t-on l'eau d'alimentation et la purifie-t-on.

L'installation comporte 12 chaudières et sert à la production de la
force et de la chaleur. La pression n'est pas constamment la même. De
sept heures du matin à sept heures du soir, on travaille de 4 k,6 à 4 k,9.
De sept heures à onze heures du soir, on n'a plus, comme machines en
action, que les ascenseurs des hôtels et les dynamos de l'éclairage, et
la pression de la vapeur tombe à 3 k; 5. Enfin, de onze heures du soir
à sept heures du matin, on n'a plus à s'occuper que du chauffage, et il
suffit d'une pression de 2 k, 8. Les conduites de vapeur ont un développement total de 4 000 mètres environ. Le point le plus éloigné des conduites est à 1 600 mètres environ de la station centrale. Les tuyaux sont
en fer forgé soudé par un procédé breveté. Au-dessus des chaudières se trouve un réservoir de vapeur de 406 millimètres. De ce réservoir part un tuyau principal de 305 millimètres qui passe par dessus
la rivière, puis circule dans un égout à 2m,50 de profondeur. Cet égout
est maçonné, il est de forme trapézoïdale, et a au fond 1m,80 de largeur.
La liaison des divers tuyaux se fait par l'accouplement à vis de leurs
rebords.

Tous les 15 mètres, on rencontre des joints permettant la dilatation.
Au droit des maisons où doit se distribuer la vapeur, celle-ci peut pénétrer dans la canalisation intérieure par un registre à deux étages. C'est
l'étage inférieur plus chargé d'eau de condensation qui sert pour les besoins du chauffage tandis que le supérieur est employé pour la production de la force. L'eau de condensation de la conduite principale est
abandonnée aux abonnés. A chaque coin de rue il y a une soupape d'arrêt; de sorte qu'en cas de rupture d'une conduite, le tuyau principal se
trouve fermé des deux côtés. C'est là une très heureuse disposition, car
les ruptures de tuyaux sont très fréquemment occasionnées dans les
conduites de vapeur par la rupture des conduites d'eau qui refroidis-

sent brusquement un des côtés du tuyau de vapeur. Les soupapes d'arrêt, de même que les joints sont accessibles par des regards. Le reste des conduites est enveloppé d'une chemise constituée de la manière suivante : un cordon d'amiante de 25 millimètres est enroulé autour du tuyau, et le tout est introduit dans une enveloppe de bois de chêne avec un certain jeu, de sorte que la couche d'air interposée contribue à l'isolement du tuyau de vapeur. Dans des installations plus récentes, on garnit intérieurement le tuyau de bois, de zinc, et on le recouvre d'asphalte à l'extérieur pour éviter l'action de l'humidité sur le bois. On en est arrivé ainsi, après des essais faits à New-York et Syracuse à enterrer les conduites de vapeur comme celles d'eau ; on ne laisse accessibles que les joints et les soupapes d'arrêt. Lorsque la conduite principale traverse le mur d'une maison, la vapeur rencontre d'abord une valve d'arrêt, puis si elle est destinée au chauffage, un détendeur qui la ramène à la pression de 0 kil., 35. En général, le chauffage se paie à raison de 28 fr. 75 par mètre carré de surface de chauffe, mais le client a le droit de demander un compteur et de payer d'après la quantité de vapeur consommée. Même dans le premier cas, l'abonné a à sa disposition un levier qui lui permet d'agir sur le détendeur pour y augmenter ou diminuer la pression. Lorsqu'il s'agit de force motrice, on ne détend naturellement pas la vapeur ; il y a un compteur de vapeur et un appareil spécial pour la dessécher. La vapeur d'échappement sert en général encore au chauffage. En hiver on emploie sensiblement autant de vapeur pour le chauffage que pour la production de force motrice. En été il n'y a plus que ce dernier usage de la vapeur qui fasse l'objet de demandes.

Des édifices publics, églises, écoles, etc., ont recours à la station centrale, même lorsqu'elles possèdent leur propre installation mécanique, mais qu'elles ont intérêt à ne pas produire elles-mêmes leur vapeur. Tel est le cas de l'hôtel-de-ville qui a une installation mécanique complète et prend cependant pour une quarantaine de mille francs de vapeur à la station centrale chaque année. Dans beaucoup de maisons on se sert de vapeur pour la cuisine, ce qui supprime tous les feux. Les Compagnies d'assurances baissent leurs primes de 3 % dans les maisons qui ont cette installation.

La consommation de charbon à l'usine centrale monte en hiver de 80 à 100 tonnes et en été de 30 à 40 tonnes par jour. La consommation d'eau est de 457 à 570 mètres cubes en hiver, 256 à 305 mè-

tres cubes en été. L'installation complète a coûté 1 200 000 francs. Avec
l'expérience que l'on a acquise dans ce genre de travaux, on pourrait
maintenant en établir une semblable pour 1 million. Elle a été construite en 1890 par l'American District C° de Lockport qui en a entrepris
l'exploitation.

Distribution de vapeur de la C¹ᵉ de force et d'éclairage électrique de Springfield.

En 1879 les ateliers Ide avaient créé une installation centrale d'éclairage, bientôt transportée dans une église abandonnée. Celle-ci ne tarda
pas à devenir insuffisante, et on construisit une usine centrale qui distribue par l'intermédiaire du courant électrique la force motrice et la
lumière. La vapeur d'échappement des machines est utilisée pour distribuer ainsi la chaleur.

Les machines, qui sont bien entendu du type Ide sont au nombre de
sept, dont 5 de 125 chevaux et 2 de 150 chevaux et à grande vitesse. Elles
commandent directement 12 dynamos par des courroies qui embrassent
les doubles volants des machines. Les moteurs sont disposés sur deux
rangs, les extrémités des cylindres opposés les unes aux autres dans
les deux rangées, de manière que l'échappement se fait dans deux conduites de 150 millimètres parallèles entre elles et disposées sous le plancher de la chambre aux machines.

Les lampes à arc reçoivent le courant de dynamos Thomson Houston
dont 5 sont de la force de 50 lampes et 1 de la force de 35 lampes. Deux
machines donnent le courant nécessaire à 1 300 lampes à incandescence.
Trois dynamos produisent l'énergie électrique nécessaire à l'exploitation des tramways de la ville (80 chevaux chacune) une de 75 chevaux
permet la distribution de la force motrice aux petits ateliers. La vapeur
est fournie par 9 chaudières tubulaires d'une surface totale de chauffe
de 700 mètres environ. Chaudières et machines proviennent de la Compagnie Ide. On emploie pour le chauffage des chaudières du charbon du
pays qui revient au prix extraordinairement bas de 1 fr., 40 la tonne.
On a commencé en 1890 à distribuer la vapeur d'échappement pour
chauffage. Les résultats obtenus depuis près de 4 ans sont satisfaisants.
On avait débuté par une canalisation de 400 mètres de long; actuelle-

ment il y en a 3 000 mètres, 8 pâtés de maisons sont desservis, et on y trouve 60 abonnés. Les pièces chauffées représentent ensemble un volume de 85 000 mètres cubes. Les batteries ont un développement de 3 700 mètres cubes. La Compagnie doit maintenir dans les tuyaux une pression minima de 0 kil., 14. Habituellement la pression de la vapeur d'échappement est bien supérieure, 0,35 à 0,42. La perte de charge à 1 200 mètres est, d'après des expériences faites à Springfield de 0 kil., 20. Cette installation de distribution de vapeur a été faite par la Compagnie de Lockport qui applique le système Holly. Elle a cependant dû s'en départir un peu ici, car le système primitif de Holly suppose l'emploi de vapeur à haute pression.

La conduite de distribution a 200 millimètres de diamètre, elle est en fer forgé et entourée de laine de scories et de bois. De 15 en 15 mètres, il y a des appareils de dilatation Emery. L'eau s'écoule des tuyaux de l'intérieur des maisons, dans le même pot qui sert à recevoir l'eau de condensation de la conduite principale à son raccordement avec la canalisation particulière à chaque maison.

Dans le cas où l'abonné possède une chaudière, on y fait passer l'eau de condensation qui s'écoule ensuite vers le canal commun. Cette disposition a pour but de rendre plus rapide la mise en pression de la chaudière de l'abonné, au cas où la station centrale viendrait à faire défaut. L'eau de condensation n'est pas ramenée à l'usine centrale, mais comme elle possède encore un degré assez élevé de chaleur, on la fait circuler dans des tuyaux qui chauffent les vestibules des maisons.

Les contrats sont faits habituellement pour cinq ans, le raccordement des canalisations générale et particulière étant au compte de la Compagnie. C'est au contraire l'abonné qui le paie si son contrat est d'une moindre durée.

Au début on calculait le prix du chauffage d'après la contenance des pièces à chauffer; maintenant c'est la surface de chauffe des batteries qui sert de base; le prix est de 14 fr. 35 par mètre carré de batterie. On ne mesure pas la quantité de vapeur employée. Les contrats affectent une forme très vague. La Compagnie s'engage à fournir la quantité de vapeur nécessaire au chauffage des pièces désignées et l'abonné de son côté doit n'employer que la quantité de vapeur nécessaire et s'engage à fermer les registres dans les pièces qui restent inoccupées, et partout où l'usage de la vapeur devient inutile. On envoie toute l'année la vapeur dans les conduites et elle est toujours à la disposition de l'abonné.

D'une façon générale la surface de chauffe est de 1 mètre carré pour 24 mètres cubes; dans les pièces d'angle on compte 1 mètre carré de surface de chauffe pour un volume de 21 mètres cubes à chauffer.

Installation de la Cie de chauffage de Boston (système Prall)

Cette installation date de 1888 ; elle avait pour objet la distribution à domicile de la chaleur et de la force motrice par l'eau chauffée à 175 ou 200 degrés. Son existence a été éphémère, et on commence à ne plus pouvoir se procurer que difficilement des données sur son fonctionnement. Son intérêt n'est pas purement rétrospectif, et il n'est pas inutile de connaître les essais infructueux faits dans cet ordre d'idées pour éviter de s'y engager témérairement.

Voici quel était le principe de Prall : on surchauffe dans une salle de chaudières de l'eau qu'une pompe foulante envoie dans toute la ville par une canalisation appropriée ; on a des prises sur tous les points de la canalisation où besoin est. L'eau qui n'a pas servi et qui s'est refroidie dans son parcours de la canalisation est reprise par une pompe et ramenée à la chaudière. Parallèlement à la canalisation d'eau chaude court une canalisation pour le retour de l'eau employée, qui est également reprise par une pompe et utilisée pour l'alimentation de la chaudière. Le but des deux pompes est simplement d'assurer une circulation régulière de l'eau dans les tuyaux.

On est d'ailleurs certain que les deux systèmes de tuyaux une fois pleins ne se videront pas, car ils possèdent l'un et l'autre une légère pente vers la station centrale; Le tuyau principal d'eau chaude (108 millimètres) est placé en dessus, celui de l'eau froide (203 millimètres) en dessous. Ces dimensions ont été choisies de telle sorte que l'eau chaude qui sert de véhicule à la chaleur puisse prendre une vitesse considérable variant de 1^m,50 à 3 mètres à la seconde, parce que les résistances à cette vitesse sont de moindre importance que les pertes de chaleur qui se produiraient à une vitesse plus réduite.

Dans les conduites où circule l'eau froide qui retourne à la chaudière, la vitesse n'offre aucun avantage, et on a au contraire intérêt à réduire les résistances dues au frottement. Les plus grandes précautions avaient été prises pour permettre la libre dilatation des tuyaux. Ils étaient établis entre State Street, Broad Street, Atlantic Avenue et Washington

Street. Dans les deux canalisations les joints de dilatation se trouvaient dans des boîtes à garniture d'amiante. La partie fixe de ces boîtes était boulonnée à la maçonnerie ; la partie mobile du joint était en bronze phosphoreux. Ces joints espacés de 45 mètres, permettaient un mouvement de 305 millimètres pour les tuyaux d'eau chaude, et de 203 millimètres pour ceux de retour. Ces joints étaient simplement essayés à l'usine avant leur pose à une pression de 32 kilogrammes par centimètre carré. Au-dessus de chacun se trouvait un regard avec couvercle. Pour éviter les accidents en cas de rupture des tuyaux, on avait des valves de retenue constituées par des boules dont le poids est suffisant pour les maintenir au fond du renflement, qui leur sert de logement jusqu'à ce que la vitesse de l'eau atteigne 6 mètres par seconde. A ce moment la boule est entraînée et vient boucher l'ouverture conique qui fait communiquer le renflement avec le tuyau courant, la circulation de l'eau est alors interrompue. Il n'y avait pas de soupapes de sûreté. Quant à celles de retenue dont nous venons de parler et qu'on rencontrait tous les 30 mètres, on n'a fait sur elles que des expériences très rudimentaires, et il serait malaisé de dire comment elles se comporteraient dans la pratique.

On avait projeté d'appliquer aux installations de chauffage tous les perfectionnements possibles. Les nouveaux abonnés devaient être pourvus de batteries à l'épreuve des hautes pressions, ce qui permettrait d'utiliser directement l'eau surchauffée de la canalisation générale. Pour les anciennes installations, construites en vue de la basse pression, l'eau passait par des convertisseurs composés d'un grand réservoir et de soupapes de détente ; l'eau arrive dans le bas du réservoir, s'y transforme en vapeur, et celle-ci trouve à la partie supérieure du réservoir accès dans la canalisation de la maison. L'eau non vaporisée et celle qui se condense dans les tuyaux est ramenée automatiquement à la conduite de retour.

Lorsque l'eau chaude n'avait pas d'autre objet que de fournir la vapeur nécessaire à des machines, on augmentait les dimensions du convertisseur dans les proportions convenables pour que la vapeur produite fût en quantité suffisante. Le convertisseur avait, dans ce cas, environ dix fois le volume du cylindre à vapeur. Lorsque, au contraire, l'eau chaude devait servir à la fois pour le service d'une machine et celui du chauffage, on se servait d'un double convertisseur avec deux détendeurs l'un au-dessus de l'autre. Le premier donnait à la vapeur la

pression convenable pour la machine, et l'eau non vaporisée dans le
premier convertisseur passait dans le deuxième pour y donner la
vapeur à faible pression nécessaire pour le chauffage.

Un point essentiel, lorsque l'on veut transporter l'eau chaude à distance, est de bien protéger les conduites contre le refroidissement.
Celles-ci étaient enveloppées d'un ruban d'amiante et posées de manière à être à l'abri des courants d'air. Le système de conduites était em-
muré dans une galerie qui laissait autour des tuyaux un espace libre
de 100 millimètres environ. Au-dessus de cette première galerie et à
50 millimètres de distance était maçonnée une deuxième galerie. Ces
dispositions étaient bien conçues.

On avait fondé de grandes espérances sur cette distribution d'eau
chaude ; ses initiateurs avaient beaucoup discouru sur la supériorité
que présente l'eau surchauffée sur la vapeur pour la distribution à distance : l'eau occupe un moindre volume, elle peut prendre dans les
conduites une bien plus grande vitesse, sa pression peut être bien supérieure à celle de la vapeur ; on fit remarquer l'influence bienfaisante du
Gulf-stream, et l'on compara l'usine centrale aux Tropiques d'où part
le fleuve d'eau chaude pour aller fertiliser les pays du Nord ; de même
l'eau chaude irait porter la chaleur et la force aux extrémités de la
ville. L'évènement donna tort à ce lyrisme, et moins d'un an après son
inauguration, la nouvelle usine fermait ses portes, faute d'abonnés, la
distribution d'eau chaude ayant fort mal répondu à ce qu'on en
attendait.

Station centrale de la Cⁱᵉ de l'Arc électrique de Chicago

Cette station date de plusieur années déjà, et l'usine est d'une disposition peu commode. Elle appartient maintenant à la Compagnie Edison.
Les machines horizontales compound, en tandem, transmettent leur
mouvement par des câbles à un arbre intermédiaire placé au-dessus
d'elles et muni d'embrayages à friction. De cet arbre partent des courroies qui actionnent les dynamos Thomston Houston situées à un niveau
inférieur. L'usine est au coin de la rue Washington, tout au bord de la
rivière, et alimente actuellement 8500 arcs, 1800 lampes à incandescence et des moteurs d'une puissance totale de 500 chevaux. Pour effectuer ce travail on dispose d'une machine de 600 chevaux (140 tours à la

minute), de trois de 500 chevaux chacune (135 tours) et d'une petite
machine de 25 chevaux qui sert pour le service de nuit, de minuit à
6 heures 1/2 du matin. Toutes ces machines sont au rez-de-chaussée ;
elles sont d'une construction lourde, et sortent des ateliers Williams à
Beloit. Les paliers sont refroidis avec de l'eau, pour épargner l'huile.
L'eau de la rivière sert à l'alimentation des condenseurs à surface.
Deux des machines de 500 chevaux ont un condenseur commun, les
autres machines ont chacune leur condenseur particulier. La chambre
aux machines contient encore deux pompes à circulation, et deux pompes
Worthington d'alimentation, dans le sous-sol il y a en plus les pompes
à air et quelques pompes de secours. Il est question d'augmenter la
puissance de cette usine, une des nouvelles machines de 500 chevaux
commanderait une dynamo de 250 exclusivement réservée à la distribution de force motrice. A côté des machines se trouve une petite chambre
de chauffage avec 10 chaudières Manning et une Climax. Ce sont toutes
des chaudières multitubulaires verticales. L'arbre de transmission fait
278 tours à la minute. Chaque poulie de l'arbre intermédiaire mène deux
dynamos ; ces poulies sont montées folles sur l'arbre et sont à volonté
rendues solidaires de son mouvement au moyen d'embrayage à friction système Hill. Pour donner au câble qui réunit l'arbre des machines
à l'arbre intermédiaire la tension nécessaire, on le fait passer sur une
poulie horizontale dont l'arbre vertical est fixé au toit et est maintenu
en place au moyen d'un poids de 12 kilogrammes.

Pour l'éclairage à arc on emploie des dynamos Thomson Houston à
grande vitesse ; 12 dynamos de 35 lampes et 40 de 50 lampes chacune.
Les lampes sont montées en série ; chacune d'elles étant de 50 volts, le
voltage des machines atteint donc 1750 à 2500 volts. Le service des
lampes à incandescence se fait, depuis deux ans seulement, par deux
dynamos. Pour la distribution de force motrice, il y a une dynamo de
100 chevaux et quatre de 80 chevaux. Comme nous l'avons dit, on va
bientôt ajouter une nouvelle dynamo de 250 chevaux. Il y a en tout,
dans la salle des machines, 65 dynamos. La force électro-motrice est de
500 volts pour la force motrice, de 225 volts pour l'éclairage par incandescence.

Le prix de la lampe à arc, allumée depuis la tombée de la nuit jusqu'à
minuit, est de 2 fr. 50. Pour les lampes qui brûlent aussi le jour le prix
est de 3 fr. 50. Ces prix comprennent le renouvellement des charbons
dont s'occupe la Compagnie et s'entendent pour des lampes de 2000

bougies environ, traversées par un courant de 50 amperes. L'usage est
de compter la consommation des lampes à arc à la lampe-jour. Cependant les abonnés peuvent également payer l'usage d'une lampe à arc
sur le pied de 0 fr. 35 l'heure.

Pour les lampes à incandescence on compte environ 0 fr. 05 l'heure.
On se sert de compteurs et le kilowatt coûte 0 fr. 50. Les abonnés de
la force motrice doivent fournir leurs moteurs ; habituellement ils
s'adressent pour leurs achats à la Compagnie qui, dans ce cas, livre
des moteurs Thomson Houston. En principe, la Compagnie ne fait que
fournir le courant au compteur, au prix de 0 fr. 50 le kilowatt, ce qui
fait ressortir le cheval-heure à une moyenne de 0 fr. 45.

Station centrale d'électricité de la Cie Westinghouse à New-York.

Cette station installée dans la rue Vandam, c'est-à-dire dans un quartier éloigné du centre, satisfait aux nécessités de son service malgré
une installation passablement défectueuse. Machines et dynamos sont
placées sans plan préconçu, et donnent plutôt l'impression d'une installation provisoire que d'une usine ayant plus de quatre ans d'existence.
Une forêt de courroies rend fort dangereuse la circulation dans la salle
des dynamos où règne une température intolérable ; malgré ses dimensions trop étroites on s'en sert encore comme d'un dépôt pour les
vieilles dynamos, caisses, etc. Les machines sont dans le sous-sol.
Deux d'entre elles, de 500 chevaux chacune, à un cylindre, sont des
types « Improved Green » et construits par la Compagnie de construction de Providence — deux sont des Westinghouse du type ordinaire de
300 chevaux ; deux enfin, de 100 chevaux chacune, sont horizontales. A
côté des machines est la chambre de chauffe avec six chaudières
verticales Climax qui donnent de la vapeur à 10 atmosphères, mais
perdent énormément de chaleur — d'où vient la température excessive
de la salle des dynamos qui est au-dessus des chaudières. Les dynamos
pour l'éclairage à incandescence sont de la Compagnie Westinghouse,
il y en a une de 4 000, une de 3 000, deux de 750, deux de 1 500 lampes.
Ces dynamos alimentent environ 12 500 lampes. Les 750 arcs alimentés
par la station tirent leur courant de 12 vieilles dynamos de 50 lampes
et de 3 nouvelles de 35 lampes, provenant de la Compagnie Excelsior,
plus quelques vieilles machines Gramme.

Les quelques exemples de distribution d'énergie, sous diverses formes que nous venons de passer en revue mettent en lumière l'importance qu'a prise aux Etats-Unis cette branche de l'industrie. Il n'y a plus guère de ville américaine qui n'ait pas son éclairage et son tramway électriques, et il est juste de reconnaitre que, le plus souvent, les installations ont été faites d'une façon simple, peu coûteuse, comme premier établissement tout au moins, et sans crainte de la concurrence.

Les petites installations sont ici surtout intéressantes parce qu'elles montrent quelles ressources ont peut tirer des machines même imparfaites; celles des grandes villes offrent un exemple remarquable d'organisation et de puissance. Pour permettre à nos lecteurs de se faire quelque idée de ce que sont les besoins d'une grande ville d'Amérique en force, lumière et chaleur, nous croyons ne pouvoir mieux faire que d'étudier de plus près ce qui se fait à Chicago. Cette cité, toute jeune, a eu un développement extraordinairement rapide ; elle a été admirablement servie par les circonstances naturelles. La rivière de Chicago constitue sur le lac Michigan un port qui n'a aucun rival sérieux ; la situation géographique de Chicago oblige toutes les lignes de chemins de fer à converger vers elle, à l'extrémité méridionale du lac. Chicago était donc destiné par la nature même à devenir une très grande ville.

Or, la rivière servant de port, on n'a dû jeter dessus que des ponts amovibles et par suite le passage sur ces ponts étant assez difficile lorsque la fréquence y devient grande, le quartier des affaires s'est trouvé limité dans le quartier de la vieille ville, entre le lac et la rivière, et, au Sud, le réseau des voies ferrées.

Ce quartier ne peut donc plus s'étendre d'aucun côté. Ce quartier des affaires, très petit en comparaison de la ville entière, réunit toutes les grandes usines de distribution de force. Nous avons déjà vu quelques exemples d'hôtels ou de grandes maisons à usage de commerce, pourvues des installations mécaniques les plus complètes. Pour donner une idée de la quantité d'énergie qui se dépense journellement dans une ville américaine moderne, nous publions un plan de Chicago sur lequel sont marquées les diverses usines qui desservent le centre de la ville.

Le premier tableau ci-dessous donne les quantités de force disponibles dans les canalisations des avenues et des rues. Certains chiffres résultent des mesures exactes, d'autres sont seulement évalués. On voit que, dans certaines rues, on dispose de plus de 6 000 chevaux. Le deuxième tableau est un résumé des conditions d'installation des usines les remarquables.

RUES	FORCE totale en chevaux	ASCENSEURS	DYNAMOS
Michigan Avenue	3305	92	25
Wabash . »	4794	198	20
State Street.	6872	200	66
Dearborn »	4646	137	28
Clark »	3179	68	23
Plymouth »	816	8	4
La Salle »	3670	98	17
Pacific Avenue	380	18	»
Sherman Street.	274	9	»
Fifth Avenue	2846	109	7
Franklin Street.	2435	80	16
Market . »	3771	103	18
Riverfront	636	27	2
Water Street	1625	417	1
Lake »	1224	78	»
Randolph »	850	37	1
Washington »	2315	45	13
Madison »	1840	54	7
Monroe »	1877	54	9
Adams »	6292	24	22
Ensemble	53497	1571	279

Le troisième tableau indique la dépense de force motrice dans les diverses rues de la ville.

Cassel street	5818
Clinton street	2776
Jefferson.	1879
Desplanes	1483
Fulton	2056
Lake	1370
Washington	1849
Madison	1057
Monroé	1277
Michigan	1338
Illinois	1558

SITUATION DE L'USINE	RUES	ASCENSEURS	DYNAMOS	AUTRES MOTEURS	FORCE totale
Auditorium hôtel	Michigan Avenue	5	6	9	750
— building . . .	Wabash Avenue	5	5	2	800
Caston Pivie et C°. . . .	State Street	6	3	—	325
Boston Stove	—	10	3	3	300
Masonic Temple	—	16	6	2	1000
Mashel Field et C° . . .	—	8	3	—	395
Palmer House	—	5	7	4	470
Fair building	—	12	15	3	304
Leiter.	—	18	10	1	340
Nat. Electric C°	Deasbom Street	1	10	—	318
Post office	—	8	2	3	579
City hall.	Clarke Street	8	4	7	565
Cook C°.	—	5	4	6	370
Ashland building	—	7	3	3	440
W. C. T. U. Temple . . .	Lasalle Street	8	3	1	460
Chambre de Commerce . .	—	9	2	—	375
Home insurance	—	6	2	5	320
Rookery building	—	13	4	2	860
Board of Trade.	—	4	4	6	455
M. Field et C°	Franklin Street	13	10	—	660
Arc Light C°	Market Street	—	10	—	800
J.-V. Fanvell et C° . . .	—	20	2	1	650
Vienna Bakery.	Washington Street	4	1	1	300
Herald building.	—	3	4	2	371
Storage M. Field et C° . .	Madison street	10	—	3	400
Rand Mc Vally	Adams street	7	2	1	648

L'étude des diverses installations pour la distribution de la force et de la chaleur amène à la conclusion que l'avenir est à l'électricité pour le transport de la force, et que de plus en plus, on se servira de la vapeur d'échappement seule pour le chauffage. La vapeur, en effet, lorsqu'elle doit servir en même temps de véhicule à la chaleur et à la force motrice occasionne trop de pertes, parce qu'il y a des moments où il faut peu de force (la nuit), des saisons où il faut peu de chaleur (l'été). L'électricité donne un moyen simple de transporter la force à distance avec un rendement admissible.

Il est intéressant de constater le phénomène qui tend, en Amérique, à centraliser les productions de la force motrice. Il est fréquent déjà de voir de grandes usines louées avec leur force motrice. Peut-être cet usage provient-il de ce que l'on procède ainsi dans le voisinage des chutes d'eau dont l'utilisation constitue une des industries les plus importantes des Etats-Unis. Quoi qu'il en soit, la tendance que nous signalons existe, et il est fort probable que l'emploi de très puissantes machines, de chaudières très perfectionnées donnera une économie de combustible qui compensera et au-delà les frais d'établissement et d'entretien des câbles qui portent au loin l'énergie. Si le mouvement s'accentue, chaque ville industrielle américaine ne sera plus qu'une grande usine avec une seule station de force motrice dont se serviront indistinctement toutes les usines et tous les ateliers.

Stations centrales d'électricité de Boston.

Les installations électriques de Boston offrent un intérêt particulier tant à cause de leur développement que par suite du succès qui ne leur a point manqué. Boston a été la première ville américaine où l'électricité ait été introduite pour la satisfaction des services publics importants; d'autres ont suivi depuis peu de temps seulement.

La plus grande usine pour la production de la lumière à Boston est celle de la Compagnie Edison. Avant de la décrire, nous croyons devoir faire remarquer que la première usine créée par cette Société en 1886 comportait 18 machines Armington commandant directement par courroies des dynamos; elle fut, à l'origine, fort admirée; aujourd'hui elle est complètement démodée et dépréciée. Les progrès ont été rapides et considérables. Les premières stations centrales d'Amérique datent de 1882; à cette époque aucune d'elles n'avait cent chevaux de force, à l'heure actuelle les stations de 10 000 et 20 000 chevaux sont fréquentes.

L'ancienne usine Edison, établie rue Tremont, peut être considérée comme le type de toutes les installations électriques faites aux Etats-Unis jusqu'en 1889 ou 1890. L'emploi de machines et de dynamos à grande vitesse réunies par des courroies présente un seul avantage, l'économie de premier établissement. A tous les autres points de vue, les installations nouvelles sont bien préférables. La nouvelle station centrale Edison, dans l'avenue Atlantique, en est un exemple fort complet. On a supprimé toute transmission intermédiaire. Les machines verticales, à vitesse modérée, et construites spécialement en vue de la production de l'électricité, sont à triple expansion et sont directement accouplées aux dynamos.

La Compagnie Edison d'éclairage électrique distribue exclusivement à Boston le courant pour la production de la lumière électrique et de la force motrice à domicile. C'est une autre Compagnie qui fournit le courant aux tramways électriques qui sillonnent la ville. Les débuts de l'éclairage électrique à Boston datent de 1886; une machine Armington de 75 chevaux seulement actionnant 2 dynamos était installée près du théâtre Bijou. La Compagnie Edison racheta cette petite station et en créa une deuxième sur Head-Place. Dans celle-ci, 3 machines et 6 dynamos desservaient 1 600 lampes. Le capital engagé était de 500 000 francs. Dès 1887, nous voyons se fonder une nouvelle usine Edison, avec 40 dynamos, c'était à cette époque, la plus grande station centrale du monde. En juin 1888, un incendie détruisit la station et 14 dynamos; vingt heures après, on reprenait le service avec ce qui restait de matériel. La même année une deuxième station avec 10 machines et 20 dynamos s'élevait dans la rue Hawkins, et en 1890, la première usine reconstruite et surélevée de 3 étages recevait une augmentation de matériel en rapport avec l'extension qui lui était donnée.

La station comprend 18 machines Armington et Sims, placées dans le sous-sol et commandant 36 dynamos Edison. Les moteurs font 265 tours à la minute, et développent chacun 150 chevaux à la pression de 7 atmosphères. Les machines sont placées sur 4 rangs, très rapprochées les unes des autres; les dynamos sont au rez-de-chaussée et l'accouplement se fait par courroies. Les machines électriques sont de 60 kilowatts; elles sont également placées sur 4 rangs. La chambre de chauffe est sur le côté de celle des machines. La canalisation de vapeur entre les chaudières et les machines est souterraine. Au début, il n'y avait en service que 6 chaudières tubulaires : elles ont été conservées. et elles sont installées au même étage que les moteurs. Lors de l'agrandissement de la station on sureleva de 3 étages le bâtiment où se trouvent les chaudières et on plaça au 3ᵉ étage 5 chaudières Babcock-Wilcox. Au-dessus de ces chaudières se trouvent les magasins de charbon; des conduits spéciaux amènent le combustible à chacun des foyers, Dans les étages inférieurs se trouvent les trémies pour l'évacuation des cendres. Un monte-charge électrique sert à élever le charbon et à descendre les cendres. Les machines sont du même type à la station de la rue Hawkins, et la disposition générale en est la même.

En 1888, on décida la création d'une nouvelle station centrale dans l'avenue Atlantique, et la pose d'une canalisation souterraine. La construction de l'usine fut terminée en 1891. Elle comporte des machines à triple expansion, verticales, qui commandent directement les dynamos. L'installation a été faite tout près de la mer ; on a pensé que l'économie résultant des facilités de transport du charbon, et de la possibilité de se procurer l'eau en abondance, compenserait l'inconvénient de canalisations plus longues. Dans cette nouvelle usine, l'abaissement du prix du charbon réduit de moitié le prix de revient de la vapeur ; et l'on se sert pour la condensation d'eau de mer qui ne manque jamais. L'emplacement se prêtera bien à l'agrandissement qui peut devenir nécessaire. Sur le rivage même de la mer, se trouve un grand dépôt de charbon de 50 000 tonnes ; il est rempli au moyen de deux grandes grues (Voy. pl. 93). Les plans sont prévus pour porter à 25 000 chevaux la force développée. Pour le moment, on ne compte encore que 11 000 chevaux. Il y a 6 machines de 1 500 chevaux chacune avec 15 chaudières dont chacune correspond à 325 chevaux. Toutes les constructions ont dû être faites sur pilotis, et les fondations des cheminées et de la chambre des machines ont présenté de sérieuses difficultés.

La chambre des machines est traversée par une grue roulante d'une force de 12 tonnes.

La chambre de chauffe permet l'installation de 15 chaudières Babcock-Wilcox. La cheminée correspondante a 61 mètres de haut, $5^m,50$ de diamètre extérieur, $3^m,50$ de diamètre intérieur. Les chaudières sont au deuxième étage à partir des fondations ; elles ne sont pas de construction américaine, mais viennent de Glasgow ; on n'a pas osé les construire en Amérique, à cause de la très forte pression à laquelle elles devront travailler plus tard (17 kilog. 6). Actuellement la pression normale de marche n'est que de 11 kilog. 2. On avait eu l'idée, qu'on n'a point mise à exécution, d'amener automatiquement le combustible aux foyers ; on n'a pas davantage assuré l'évacuation automatique des cendres, mais il y a une bonne raison à cette abstention : les cendres peuvent pendant des années se déposer sans aucun inconvénient entre les pilots et sous la jetée.

Le bâtiment des machines, ou du moins la partie de ce bâtiment qui est actuellement construite, peut recevoir neuf machines, six de 1 500 et trois de 750 chevaux. Toutes sont à triple expansion, avec condenseur à surface. Elles actionnent à chaque extrémité de leur arbre coudé

(203 millimètres de diamètre) une dynamo dont l'armature fait volant ; l'accouplement est direct. Les machines de 1 500 chevaux n'étaient point encore finies en 1893. Quant à celles de 750 chevaux, voici leurs principales dimensions : cylindre à haute pression, 413 ; cylindre intermédiaire, 606 ; cylindre à basse pression, 978 millimètres de diamètre. Course, 762 millimètres. Pression de la vapeur, 11 kilog. 2. Nombre de tours par minute, 125. La garantie de consommation est de 6 kilog. 800 par cheval-heure.

La distribution se fait par des tiroirs à piston. Le réglage est automatique. Le régulateur est à ressorts et est placé dans le disque de manivelle. Tous les cylindres sont à enveloppe de vapeur ; le condenseur à surface est du système Wheeler, avec pompe à air horizontale. Dans les grandes machines de 1 500 chevaux on a prévu des pompes à air séparées ; il y aura deux machines compound et deux pompes. En cas de besoin une des deux installations pourra suffire pour l'usine entière.

Les dynamos font 120 tours ; elles travaillent à 160 volts et 1 333 ampères. Elles ont 14 pôles extérieurs et un anneau formant armature à l'intérieur. Le diamètre de l'armature est de 186 millimètres, son poids de 4 900 kilogrammes environ, celui de la machine entière de 19 600 kilogrammes. Elles ont été construites aux ateliers Edison de Shenectady.

La canalisation de vapeur a dû être l'objet de soins spéciaux, en raison des fortes pressions prévues. Perpendiculairement à chaque batterie de chaudières se trouve disposé horizontalement un tuyau de 305 millimètres qu'un tuyau vertical de 203 millimètres relie à chacune des chaudières. Ces derniers tuyaux sont doublement coudés, ce qui dispense de dispositifs spéciaux de dilatation. Les soupapes sont disposées de telle sorte que chaque groupe de chaudières puisse cesser indépendamment des autres d'être en communication avec la conduite principale. Les tuyaux de 305 millimètres courent sous les fermes. Trois conduites de 406 millimètres parcourent la chambre aux machines dans toute sa longueur. Chacune d'elles est en communication avec chacune des machines motrices. En règle générale chaque moteur est alimenté par deux conduites de vapeur. A l'extrémité de cette canalisation double est un purgeur où la vapeur se débarrasse de son eau.

Les conduites principales sont en fer forgé, avec de fortes brides. Les figures du texte en donnent des détails. Les tuyaux d'échappement, en tôle galvanisée, amènent la vapeur soit au condenseur, soit, lorsqu'on doit marcher sans condensation, à l'air libre. Une soupape automatique interdit l'accès du condenseur dès que celui-ci éprouve le moindre dérangement. L'eau froide nécessaire au condenseur à surface vient du port par des tuyaux en fonte de 457 millimètres.

La Compagnie Edison a un réseau de canalisations souterraines de 800 kilomètres de long. On n'a conservé des anciens fils aériens que 4 kilomètres environ. La Société a maintenant plus de 3400 abonnés, auxquels elle distribue le courant pour plus de 1050 moteurs représentant 3300 chevaux, près de 76000 lampes à incandescence et plus de 550 lampes à arc. Le nombre d'abonnés est réparti presque également entre les trois stations centrales. Celle de Head Place fait à elle seule la moitié des lampes à incandescence; celle de l'avenue Atlantique fait deux fois autant de lampes à arc que les deux autres réunies. Enfin le nombre des moteurs est sensiblement le même pour chacune des trois stations, mais tandis que pour les anciennes usines la force moyenne du moteur varie de 2,25 chevaux à moins de 3 chevaux, elle dépasse 4 chevaux pour la nouvelle station centrale. Le temps moyen d'emploi des moteurs électriques est de deux heures et demie par jour. On voit donc que, contrairement à une opinion assez répandue, la distribution de force motrice ne constitue pas une des branches les plus importantes de l'industrie électrique. La plus grande partie de l'énergie électrique dépensée comme force motrice sert aux tramways.

Si les installations électriques pour l'éclairage de la ville de Boston sont importantes, elles doivent cependant céder le pas à celles de la Compagnie des Tramways du Westend. Les usines de cette Compagnie sont rue d'Albany et à Cambridge. Elles sont exclusivement destinées à produire la force nécessaire à la traction des voitures de tramway sur un réseau qui n'a pas moins de 320 kilomètres, et sur lequel circulent journellement jusqu'à 500 voitures.

Au début, l'installation ne comprenait que de petites machines tandem à échappement libre de Mac Intosh et Seymour. Elles ont été conservées lors de l'agrandissement de l'usine; elles travaillent à la pression de dix atmosphères, font 210 tours à la minute, développent 450 chevaux, et au moyen de deux courroies superposées sur un même volant commandent deux dynamos Thomson Houston de 500 wolts. La disposition est la suivante : les moteurs sont d'un côté de la chambre des machines, l'arbre intermédiaire du côté opposé et les dynamos au milieu. Les chaudières correspondant aux machines dont nous avons déjà parlé étaient autrefois placées dans une pièce voisine du côté de l'arbre intermédiaire. Elles ont été enlevées, et à leur place on a mis cinq machines Mac Intosh venant d'une ancienne usine et 10 dynamos de même provenance. La vapeur est produite pour ces machines, aussi bien que pour les autres moteurs de l'usine, par la batterie de générateurs dont nous parlerons plus loin.

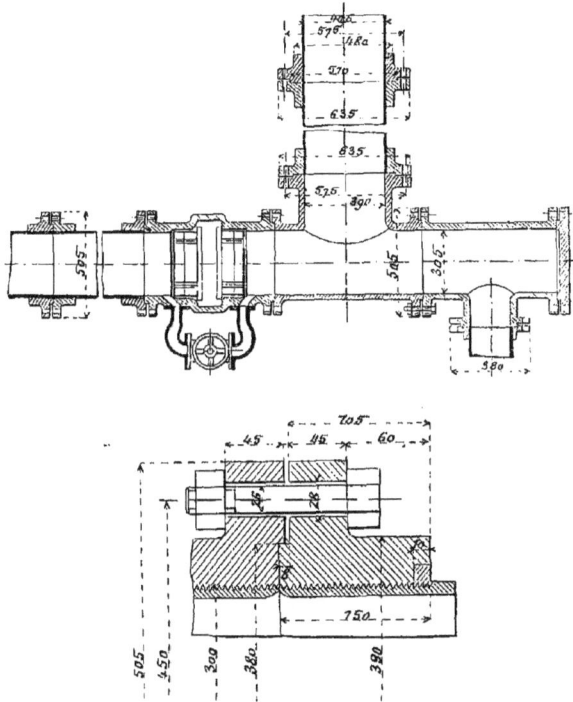

Canalisation de vapeur. Compagnie Edison, Boston

Lorsque cette première station devint insuffisante, on décida d'en créer une nouvelle, et on en termina la moitié en 1891. La grande préoccupation dans cette installation nouvelle fut d'assurer d'une façon complète la continuité du service. L'usine ne produit le courant que pour le service des tramways et elle doit marcher sans interruption nuit et jour ; il fallait donc créer une réserve suffisante pour parer à toute éventualité et éviter tout arrêt dans le service.

La nouvelle installation centrale comporte actuellement six machines Allis à triple expansion, de 1600 à 2000 chevaux chacune. Elle sont placées trois par trois sur les côtés de la salle des machines qui a 105 mètres sur 57. L'espace laissé libre au milieu est occupé par les dynamos. Les transmissions sont en sous-sol.

Les machines à triple expansion, horizontales, sont placées au rez-de-chaussée, laissant libre le sous-sol pour la condensation et la tuyauterie. Trois machines, comme nous l'avons dit, se trouvent dans la partie droite, et trois dans la partie gauche du bâtiment. La travée du milieu est réservée aux dynamos. Le mouvement se transmet depuis chaque groupe de machines par une courroie à un arbre intermédiaire monté dans le sous-sol, et de là aux dynamos par une deuxième courroie. Les dynamos sont surélevées au moyen de chevalets en fer supportant le plancher sur lequel elles sont posées.

Les cylindres de la machine à vapeur sont placés, ceux à haute et moyenne pression, l'un au-dessus de l'autre sur un des côtés de la machine, celui à basse pression de l'autre côté. Voici les dimensions : cylindres, haute pression 625, moyenne pression 900, basse pression 1800 millimètres. Course commune 1200 millimètres. La vitesse est de 70 tours à la minute. La pression de vapeur est de 12 atmosphères. Les trois cylindres ont une distribution Corliss à entaille commandée par le régulateur pour les cylindres à haute et moyenne pression. Les tiges d'excentrique peuvent être découplées pendant la marche, afin d'arrêter la machine en cas d'accident. Il est juste de dire qu'on courrait, ce faisant, le risque de détruire complètement la machine, les soupapes n'étant pas de force à résister à la pression qui se produirait dans un cas pareil.

Les « Receivers » sont montés sous la machine et chauffés à la vapeur vive. Primitivement, ils se composaient de deux cylindres montés l'un dans l'autre ; les différences de la dilatation y occasionnèrent divers accidents, et on a été obligé de remplacer le cylindre intérieur par un serpentin. Le volant pèse 80 tonnes. Il a 8^m,50 de diamètre et 3 mètres de largeur ; il est à double poulie pour supporter les courroies. Il est composé de deux jantes boulonnées l'une sur l'autre ; chacune des jantes accolées se compose de 10 segments avec autant de bras séparés. Sur le volant s'appuient deux doubles courroies de 1^m,55 de large fournies par la Munson Belting C^o.

Les six machines de la nouvelle installation marchent avec un condenseur Wheeler à surface. On a choisi les condenseurs à surface à cau se
du prix élevé des eaux de la ville. On avait, au contraire à portée en
quantité illimitée l'eau salée de la baie du Sud, que deux tuyaux de
900 millimètres amènent à la station. On en emploie actuellement environ
50 000 mètres cubes par jour. La pompe à air, verticale, est actionnée
directement par une machine à détente Corliss qui commande également les pompes de circulation et d'alimentation. Ces pompes à air
indépendantes sont placées en dessous du cylindre à basse pression.
Les pompes sont en sous-sol.

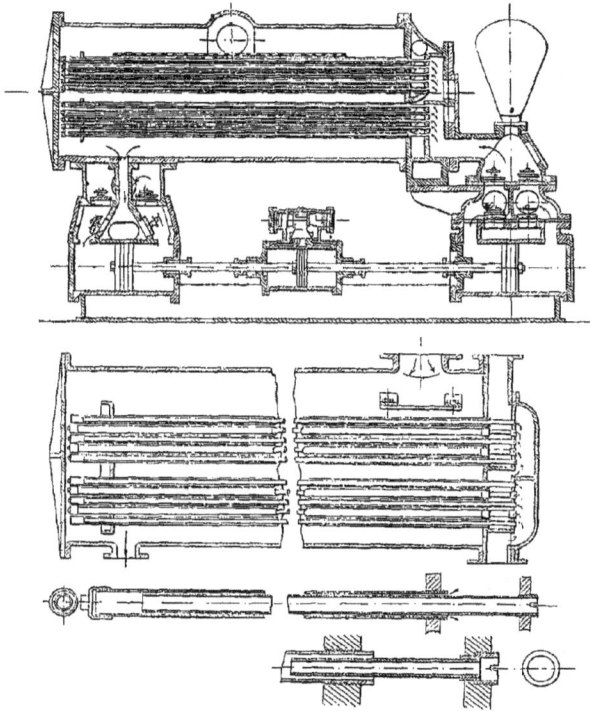

Condenseur Wheeler.

Les pompes à air et d'alimentation ainsi que le tuyau d'échappement
du cylindre à basse pression ont été calculés assez largement pour

que, si une machine cesse de marcher à condensation, les autres condenseurs continuent à fonctionner sans inconvénient, bien que tous communiquent entre eux.

Les tuyaux d'amenée de vapeur et ceux d'échappement sont doubles.

La chambre de chauffe, longue de 53 mètres, contient, de chaque côté, huit chaudières Babcock-Wilcox de 280 chevaux chacune.

Chaque générateur a son purgeur et ses soupapes de sûreté. Les gaz de la combustion quittent les chaudières à 200 degrés. On les utilise dans un économiseur pour réchauffer l'eau, jusqu'à ce que leur température descende à 150 degrés. Ils sont alors évacués par une cheminée de 84 mètres de haut et 4^m,75 de diamètre.

On s'est décidé, pour la transmission, à employer des courroies avec double arbre intermédiaire. Il y a à cela l'avantage de pouvoir, au moyen d'embrayages à friction, actionner à volonté une dynamo quelconque, par une quelconque des machines, et de pouvoir enlever du service une machine déterminée.

Le volant, de chacune des machines de 2 000 chevaux, reçoit deux courroies qui, en s'appuyant sur des rouleaux, vont chercher dans le le sous-sol l'arbre qu'elles doivent faire tourner. Cet arbre se compose de trois tronçons réunis par des embrayages à friction. Il porte des poulies de 2^m,40 qui servent à commander les dynamos.

Les poulies, placées de part et d'autre des dynamos font 375 tours à la minute.

Des dynamos, de 500 kilowatts, correspondent quatre à quatre à chacune des machines. Elles sont à quatre pôles, et peuvent donner jusqu'à 1 000 ampères à la tension de 600 volts. Ces dynamos, du système Thomson Houston, sont les plus grandes qu'on ait faites jusqu'ici pour la traction des tramways. Elles ont 8^m,70 de haut, 2^m,40 de large, 4^m,90 de long et pèsent 35 tonnes.

Les paliers des transmissions et les dynamos sont soigneusement graissés, et en outre refroidis par un courant d'eau.

Il y a actuellement en service 24 dynamos et 6 machines de 2 000 chevaux. Le doublement de l'usine est à l'étude.

Tous les bâtiments sont construits sur pilots, comme l'usine de la Compagnie Edison. La station centrale est pour l'instant suffisante pour satisfaire au trafic. De cinq à sept heures du soir, au moment de la grande affluence de voyageurs, on fait marcher à 1 600 chevaux 5 des grosses machines, et 4 des vieilles machines M'Intosh, ce qui donne en tout 1 000 chevaux Entre deux et quatre heures du matin, deux grandes machines suffisent.

Une station centrale plus petite, appartenant à la même Compagnie, et servant au même objet, se trouve à Cambridge. Il y a là deux grandes machines à triple expansion de 2 000 chevaux, semblables à celles dont nous venons de parler, et une machine Allis de 750 chevaux. Ces machines actionnent des dynamos Thomson Houston, au moyen de transmissions analogues à celles de la rue d'Albany. L'installation est faite d'après les mêmes principes, mais ici les machines sont toutes du même côté du bâtiment, et les « receivers » sont au-dessus des cylindres à basse pression.

Il y a donc à Boston, rien que pour le service des tramways, une installation de force motrice de 1 700 chevaux. Elle sert à l'exploitation de 850 longues voitures dont chacune exige 31 à 33 ampères à 500 volts de tension, soit environ 25 chevaux. Lorsqu'on aura porté la puissance de la station de la rue d'Albany à 26 000 chevaux, la force totale disponible pour le service des tramways s'élèvera à 31 000 chevaux, ce qui permettra de faire marcher 1500 voitures.

On peut adresser quelques critiques à l'installation dont nous venons de parler, et qui est un type des usines centrales récemment construites en Amérique. Tout d'abord les générateurs, amplement suffisants pour leur travail moyen, sont un peu faibles pour les heures de grande activité. On est obligé de les pousser, et cela amène une usure excessive des tubes. L'avantage que présentent les embrayages à friction est plus apparent que réel, et l'emploi de moteurs, actionnant chacun une dydamo spéciale, donne de bien plus grandes garanties de sécurité d'exploitation. On a vu récemment à Providence, pour une station centrale d'éclairage électrique, un exemple des désagréments que peuvent occasionner de semblables transmissions. Les ruptures d'embrayages, y ont été si fréquentes de 1891 à 1893, que, pendant cette dernière année, on a dû y renoncer, et mettre partout des dynamos commandées par les machines motrices. Nous n'aurions pas soulevé ces critiques si elles ne s'adressaient qu'à la seule station de Boston, mais la plupart des usines américaines présentent les mêmes imperfections, et il est vraisemblable que, d'ici à quelques années, on aura reconnu la nécessité de renoncer à ces errements, et d'adopter des machines commandant directement les dynamos.

CHAPITRE VI

Production et applications de la glace et du froid.

La production de la glace artificielle présente en Amérique une importance beaucoup plus grande qu'en Europe; les Américains ne se contentent même pas de consommer de la glace, ils se font distribuer à domicile le froid comme la chaleur, la force motrice ou la lumière. Il y a donc tout un ensemble d'installations industrielles à étudier aux États-Unis; leur intérêt est d'autant plus grand que nous ne trouvons chez nous rien qui puisse leur être comparé.

Primitivement le besoin de glace s'est fait sentir dans les brasseries, les grandes boucheries, les fabriques de conserves et chez les industriels qui exportent la viande. Il s'est créé dans ces divers établissements des usines pour la production du froid qui comptent encore parmi les plus considérables du monde. Puis il a fallu aussi de grandes quantités de glace pour les magasins où se conservent les denrées alimentaires. C'est actuellement là une des plus importantes industries où le froid est nécessaire. Enfin les Américains sont grands amateurs de boissons glacées, et ils tiennent, pendant la saison chaude, à habiter des pièces qu'on puisse rafraîchir. Pour satisfaire à ces besoins, il faut des stations centrales de production de froid, installées soit dans les hôtels, soit même dans des usines spéciales d'où l'air froid est transporté à distance par une canalisation, et des fabriques de glace.

Pour donner une idée de l'importance de cette industrie en Amérique, il nous suffira de dire que douze Sociétés construisent exclusivement des machines destinées à la production de la glace et du froid, et que l'une d'elles, la Compagnie Delavergne à New-York emploie 700 ouvriers. Les questions relatives à la fabrication de la glace ont un organe technique spécial intitulé *La Refrigération*.

Les machines productrices du froid sont, en Amérique, presque toutes basées sur la détente de l'ammoniaque comprimée. Les machines à absorption sont d'un emploi bien moins fréquent, et dans les petites ins-

tallations seulement. Dans les machines à compression, il y a trois systèmes différents : 1° les gaz secs sont aspirés dans les tuyaux de vaporisation ou de refroidissement, puis on les comprime en injectant de
l'huile, à l'effet de remplir les espaces nuisibles et de refroidir les gaz
comprimés. 2° Les gaz secs sont aspirés puis comprimés, et la chemise
du cylindre de compression est refroidie par une circulation d'eau. 3° La
vapeur saturée est aspirée, puis comprimée sans refroidissement par
l'eau et sans injection d'huile dans les espaces nuisibles. Les deux premiers systèmes sont représentés par des machines à simple et à double
effet, le troisième par des machines à double effet seulement. Les unes
et les autres sont construites et recommandées par des maisons de premier ordre.

Disposition des machines productrices du froid.

En général les cylindres où l'on comprime l'ammoniaque sont verticaux; les moteurs sont tantôt verticaux tantôt horizontaux. La position
verticale du compresseur est surtout commandée dans les machines à
simple effet; elle rend plus certaine la conservation de l'étanchéité des
pistons et des boîtes à étoupe. Nous allons indiquer le type adopté par
chacune des maisons les plus importantes.

Compagnie des machines réfrigérantes Delavergne à New-York. Compresseurs verticaux à simple ou à double effet. Injection d'huile pendant
la compression. Moteur à vapeur horizontal.

Compagnie Frick à Waynesboro : compresseurs à simple effet, verticaux. Refroidissement par l'eau à l'extérieur. Moteurs horizontaux.

Compagnie des machines réfrigérantes de Buffalo et Compagnie des
machines réfrigérantes Case à Buffalo. Compresseurs verticaux à double
effet, refroidis extérieurement par l'eau. Machines à vapeur verticales
et action directe.

Forges d'Hercule à Chicago. Compresseurs verticaux à simple effet;
refroidissement par une chemise extérieure. Moteur horizontal transmet-
tant le mouvement par un balancier.

Ateliers de construction d'York : compresseurs compound verticaux,
à simple effet; chemise d'eau pour le refroidissement. Moteurs horizontaux ou verticaux.

Les fils de John Featherstone à Chicago. Compresseurs verticaux à simple effet. Chemise d'eau. Machine à vapeur horizontale.

Compagnie arctique de construction mécanique à Cleveland et Compagnie américaine des machines à glace de Saint-Louis. Compresseurs verticaux à double effet. Chemise d'eau. Machines à vapeur horizontales ou verticales.

Des compresseurs Linde, sans chemise d'eau ni injection d'huile sont construits par la Compagnie Fred W. Wolf à Chicago, concessionnaire des brevets Linde.

La Compagnie de construction Vilter à Milwaukee fait des machines du même genre que rien d'essentiel ne distingue des machines Linde. Pictet).

Toutes les machines américaines aspirent l'ammoniaque surchauffée, et compriment du gaz fort éloigné de son point de liquéfaction, tandis que, comme on le sait, les machines Linde prennent la vapeur saturée et compriment à basse température. Les machines américaines sont caractérisées par un condenseur à arrosoir. Il n'y a que les concessionnaires des brevets Linde qui aient conservé le condenseur noyé, et encore viennent-ils depuis quelque temps de se conformer à l'usage général.

La production de la glace s'obtient en refroidissant une dissolution de sel marin ou de chlorure de calcium dans laquelle sont plongées des lingotières où se solidifient les blocs de glace. Leur poids varie de 50 à 200 kilogrammes. Les plus lourds sont les plus estimés parce qu'ils donnent moins de déchet. La durée du séjour des lingotières dans la solution froide est de 60 heures environ pour les gros blocs. La solution est maintenue à la température de — 8° environ.

Pour refroidir des pièces où une basse température doit être entretenue, on peut soit se servir de l'expansion directe de l'ammoniaque dans les tuyaux qui traversent ces pièces, soit passer par l'intermédiaire d'une solution saline. Le premier procédé a pour lui l'avantage d'une très grande simplicité, mais l'inconvénient d'exiger une grande surveillance et un grand entretien des joints. Néanmoins, l'expansion directe trouve tous les jours de nouveaux partisans.

FABRIQUES DE GLACE

La consommation de la glace aux États-Unis est, nous l'avons déjà dit, considérable, non seulement dans les États du Sud, mais même à New-York et à Chicago où les étés sont aussi chauds que les hivers sont rudes. En 1880, on a consommé aux États-Unis plus de 7 millions de tonnes de glace. Actuellement, la consommation s'élève à 27 000 000 de tonnes. Les cours d'eau et les lacs du Nord en fournissent naturellement une notable partie, mais les frais de transport sont assez importants pour que même dans les villes relativement septentrionales, comme New-York et Chicago, la glace artificielle prenne tous les jours une plus grande place. La glace artificielle destinée à l'alimentation se présente sous trois formes : glace fabriquée avec de l'eau pure de source, fabriquée avec de l'eau distillée, et enfin glace transparente en plaques. L'eau de source d'une pureté certaine est assez rare, et la plus grande partie des blocs de glace se fabriquent avec de l'eau distillée ; on ne pourrait en effet, sans inconvénient, prendre l'eau des villes qui contient trop d'impuretés. La vapeur d'échappement des machines est condensée et filtrée et c'est avec elle que l'on fait la glace. La glace transparente est encore peu répandue en Amérique; son aspect plus agréable, sa propreté plus parfaite, sont compensés par une difficulté beaucoup plus grande de conduite des machines, et le prix en est au moins aussi élevé que celui de la glace en blocs. Les deux usines les plus importantes qui fabriquent ce genre de glace sont à la Nouvelle-Orléans où il y a une machine Frick de 100 tonnes et à Washington où se trouve une machine de 50 tonnes du même constructeur ; on applique le procédé Smith. Dans la première de ces usines les plaques de glace ont $4^m,90 \times 2^m,45$ et sont épaisses de 300 à 400 millimètres.

Nous avons dit que la glace naturelle entre pour une part de beaucoup la plus considérable dans la consommation américaine. On la tire surtout des lacs d'eau douce où il est facile de la récolter, et des petits cours d'eau de l'État du Maine où les hivers sont très froids. La plus renommée pour sa pureté est celle du Kennebec, sur les rives duquel on comptait déjà en 1880, 53 glacières. Le long de l'Hudson de New-York à

Albany, on en trouve 135 et 25 en amont de cette dernière ville. L'industrie de la glace a amené auprès d'elle la création d'une foule d'industries annexes : il faut en effet transporter rapidement la glace dans les glacières, l'amener par chemin de fer de ces dépôts aux lieux de consommation, la débiter et enfin la livrer. La plupart des grandes usines fabriquent elles-mêmes tout le matériel qui leur est nécessaire pour les divers services, et la Compagnie Knickerbocker à Philadelphie occupe dans ses ateliers 150 ouvriers dans ce but. Cette Compagnie a 500 voitures qui desservent la clientèle de la ville.

En général, on préfère, comme plus pure, la glace artificielle pour les besoins de l'alimentation. Néanmoins la concurrence de la glace naturelle règle les prix et ils augmentent à mesure que l'on s'éloigne des grands lacs du Nord. Ainsi la tonne de glace artificielle qui coûte en gros 3 dollars à Buffalo en coûte jusqu'à 10 dans le Texas. On apporte le plus grand soin à fabriquer de la glace bien pure et claire. La glace en blocs se fait partout maintenant avec de l'eau distillée. Pour la glace transparente on emploie de l'eau de source et de rivière filtrée.

Fabrication des blocs de glace.

Le procédé qui consiste à congeler l'eau contenue dans des lingotières est de beaucoup le plus répandu. Il donne en effet la possibilité d'employer l'eau de condensation des machines à vapeur. Il y reste toujours un peu d'air, mais cela ne nuit pas trop à la transparence de la glace. Il n'y a guère que le milieu du bloc où l'on trouve un amas de bulles d'air qui forment dans la masse des sortes de rayons. Aucune fabrique n'a même essayé d'obtenir de la glace complètement exempte de bulles. Les appareils qui servent au nettoyage de la vapeur d'échappement sont partout sensiblement les mêmes.

La vapeur d'échappement de la machine productrice de froid passe dans deux cylindres fermés où les changements de direction suffisent à la débarrasser en majeure partie de ses impuretés mécaniques, particulièrement de l'eau sale et de l'huile. La vapeur se rend alors dans un condenseur à surface. L'eau de condensation qui s'y forme est ensuite purifiée et débarrassée de son air par l'ébullition. La moitié supérieure du cylindre par laquelle la vapeur a dû d'abord passer, sert à préparer le chauffage.

Le bouilleur proprement dit reçoit l'eau déjà chaude. Il est chauffé au moyen de vapeur vive. L'eau sortant du bouilleur est amenée dans un serpentin, puis elle traverse un filtre à éponges, qui retient tous les corps étrangers, sauf l'huile qui est enfin arrêtée par un filtre à charbon. Avant de remplir les lingotières, on refroidit l'eau jusqu'à près de 0°. On a constaté par expérience que lorsqu'on agit ainsi, la glace est bien plus claire.

La maison Delavergne a fait des installations un peu différentes : le condenseur et le filtre y sont réunis. La vapeur d'échappement est amenée à la partie inférieure d'un réservoir qui est formé de deux cylindres montés l'un dans l'autre de manière à laisser entre eux un espace annulaire. Dans le cylindre intérieur, entre les plaques de tôle, se trouve un filtre à sable que la vapeur est obligée de traverser ; elle passe ensuite entre les deux cylindres et se condense dans l'espace annulaire sous l'action d'eau froide qui coule sur les parois extérieures du réservoir de purification. L'eau ainsi condensée tombe dans le bouilleur placé en dessous et qui chauffe un serpentin. Ce bouilleur sert en même temps de régulateur à l'écoulement de l'eau vers le générateur de glace. Un flotteur ouvre ou ferme la soupape située au bas du réservoir. L'eau est recueillie dans des serpentins semblables à ceux où va la solution ammoniacale, se refroidit et se purifie enfin d'une façon complète dans un filtre à charbon de bois.

Les figures 1 à 3, pl. 97, montrent la disposition d'un filtre construit par la « National Water purifying Cⁿ » de New-York. Un cylindre en tôle complètement fermé contient deux rangées de tubes perforés qui sont entourés d'un tamis en laiton. Les trous qui sont percés à la partie supérieure des tubes ont 6 millimètres de diamètre. L'eau à nettoyer arrive par le haut, et s'écoule à travers le filtre jusqu'aux tuyaux placés à la partie inférieure. Lorsqu'il est nécessaire de nettoyer le filtre, on y fait circuler dans l'une ou l'autre des rangées de tubes et en sens inverse, de l'eau filtrée ou non jusqu'à ce qu'elle en sorte parfaitement propre.

Dans les fabriques de glace, tous les appareils sont disposés les uns au-dessus des autres, de manière que la seule pesanteur de l'eau de condensation les lui fasse tous parcourir. Nous figurons pl. 98 la disposition de la fabrique de glace qui est annexée à la brasserie Bush à Saint-Louis. Afin de maintenir l'eau plus exempte d'air que cela n'est possible dans les bouilleurs ouverts, M. Rummeli, ingénieur de la Compagnie Delavergne, a imaginé un dispositif spécial. Les réchauffeurs sont fermés et reliés à un condenseur; au besoin on place de petites pompes à air. La partie inférieure du serpentin d'un des réchauffeurs pénètre dans l'autre et s'y développe en un cercle percé de trous, de sorte que l'eau de condensation de la vapeur de chauffage se mélange avec celle qui provient de la vapeur d'échappement. L'eau de condensation coule d'abord dans l'avant-réchauffeur, passe par le tuyau qui relie les deux réchauffeurs et s'écoule dans le filtre à sable par un tuyau muni d'une soupape de réglage.

Pour les filtres on n'emploie avec succès que du sable de mer particulièrement fin. Ce sable ne peut en général rester en service que trois ou quatre mois. Il prend une couleur rouge brique dont on ne peut le débarrasser, ce qui prouve que l'on ne peut le nettoyer complètement : il faut donc le remplacer, ce qui est fort coûteux lorsqu'on est loin de la mer.

L'eau qui est destinée à être congelée est refroidie au préalable ; le serpentin double à ammoniaque est relié d'une part à la conduite qui amène le liquide, d'autre part au tuyau d'aspiration du compresseur. La solution réfrigérante dans toutes les glacières américaines est une solution de sel marin contenant 1 kilogramme de sel pour 2 lit. 8 d'eau. Pour soulever et transporter des blocs de glace on a des treuils à main mobiles ; on en voit clairement la construction sur la figure 8, pl. 97.

Dans les très grandes glacières on ne pourrait que difficilement lever et manœuvrer les blocs à la main. Les forges d'Hercule ont récemment construit des treuils mûs par l'air comprimé. Le cylindre est à simple effet. Il est fondu d'une seule pièce avec le châssis du chariot. La partie inférieure de la tige du piston est reliée à une bielle qui actionne la roue sur laquelle s'enroule la chaîne. Le treuil entier se meut sur une voie constituée par des tuyaux qui servent en même temps de conduites et de réservoirs pour l'air. La pression de l'air atteint environ 10 et 12 atmosphères.

Le remplissage des lingotières se fait d'une façon générale au moyen d'un tuyau communiquant avec le réservoir à eau froide et ensuite d'une soupape à sa partie inférieure. Cette soupape est commandée par un flotteur qui la ferme lorsque la lingotière est suffisamment remplie.

On sait qu'un des points délicats de la fabrication des blocs de glace est leur démoulage. Voici comment on opère souvent en Amérique ; la lingotière contenant le bloc à démouler est amenée dans un cylindre qui peut tourner autour d'un axe P et que le poids de la glace force à se placer dans une position inclinée. L'arbre de suspension P est solidaire d'un levier qui ouvre le robinet d'eau chaude (à 30 ou 40°), et celle-ci coule par deux crépins en filets minces sur la glace. Dès que le dégel de la surface est suffisant le bloc glisse dans son moule, et le cylindre redevenu libre reprend la position verticale et ferme l'arrivée d'eau chaude.

Brasseries.

Les brasseries comptent naturellement parmi les établissements industriels où se fait la plus grande consommation de glace, d'autant plus qu'en Amérique les locaux où se fait la fermentation et les dépôts de bière ne sont point en général, en sous-sol, mais bien répartis aux divers étages de hauts bâtiments, qu'il faut refroidir continuellement; si le refroidissement est convenablement conduit, on a l'avantage de préparer et de loger la bière sur un terrain bien moins considérable, et sans inconvénient pour sa qualité et sa conservation. Nous avons déjà cité la fabrique de glace annexée à la brasserie Bush de Saint-Louis ; elle possède la plus grosse machine productrice de froid qu'on rencontre dans les brasseries de l'Union. Cette machine produit 500 tonnes de glace par jour.

Elle a été construite par la Compagnie Delavergne et livrée en 1892. Le moteur est compound et à condensation. Cette brasserie possède, en outre, plusieurs autres machines propres à la production du froid : deux machines Boyle verticales donnant chacune 75 tonnes de glace datent de 1882, une machine Empire horizontale, à double effet, a été installée en 1887. En 1886 et 1888 ont été mises en place des machines Delavergne de 110 tonnes, en 1889 une de 220. On a l'intention de ne point s'en tenir là, et la maison Delavergne a été appelée à fournir un projet pour l'installation de machines capables de produire journellement 600 tonnes de glace. Une partie sera employée au service du transport de la bière par chemin de fer, l'autre servira à mettre gratuitement la glace à la disposition des clients de la brasserie. Trois compresseurs Delavergne jumelés de 200 tonnes, avec machines à vapeur compound à condensation seront placés dans une grande salle au-dessus de laquelle se trouveront les condenseurs à ammoniaque correspondants.

On se servira pour fabriquer la glace de l'eau de condensation des machines et pompes à vapeur en service dans l'usine. La condensation et la purification se font dans le bâtiment situé à droite de la salle des machines. A gauche est la chambre de chauffe avec 8 chaudières multitubulaires de Heine et autant de cheminée en tôle. La condensation se fera ici dans un condenseur indépendant; cette disposition n'est pas celle habituellement adoptée dans les appareils Delavergne où le condenseur est relié au filtre à sable. La vapeur d'échappement se divise entre plusieurs tuyaux verticaux, dont chacun correspond à une conduite où se rassemble l'eau de condensation. Le condenseur est composé de tubes légèrement inclinés, en zig-zag, entre lesquels sont placées des tôles.

Actuellement, cette installation nouvelle n'existe pas encore, et la machine de 500 tonnes, citée plus haut, sert seule à fabriquer la glace. La vapeur d'échappement de toutes les autres machines sert à alimenter les lingotières. Les autres machines Delavergne qui suffisaient à fournir 440 tonnes de glace, servent au refroidissement des celliers, la machine Empire rafraîchit la glace, les deux machines Boyle refroidissent la solution saline.

Les salles où la bière se brasse et celle où on la dépose représentent ensemble une capacité de 320 à 350000 hectolitres de bière. Si toutes les machines actuellement existantes travaillaient à faire la glace, on arriverait à une production quotidienne de 1165 tonnes.

La brasserie Pabst, à Milwaukee, possède, après celle dont nous venons de parler, la plus importante installation pour la production du froid. Elle brasse annuellement 1500000 hectolitres de bière, et on peut la considérer comme la plus grande des États-Unis. Le voisinage des grands lacs permet d'employer exclusivement la glace naturelle pour le transport de la bière, mais il est nécessaire de refroidir les salles où se fait la fermentation et les dépôts de bière. On y emploie trois machines Boyle à simple effet de 50 tonnes chacune, une autre de 75 tonnes et deux machine Delavergne de 300 tonnes, ces dernières avec machines compound et condenseurs à jet.

Nous citerons encore deux grandes brasseries de Milwaukee : la brasserie Schlitz a deux machines Linde (Pictet), faisant 200 tonnes, et deux machine Delavergne produisant ensemble 250 tonnes. La brasserie Blatz a deux machines de 75 tonnes et une de 300, provenant de la Compagnie Weissel et Vilter.

Cette dernière brasserie présente la particularité que toutes ses machines sont actuellement mises en marche au moyen de l'électricité ; un seul moteur à vapeur Nordberg de 400 chevaux actionne deux dynamos Thomson-Houston, et celles-ci produisent un courant à la tension de 500 volts qui se distribue dans l'usine partout où la force motrice est nécessaire. Ce n'est point ici le lieu d'examiner en détail les avantages d'un pareil système de distribution. Nous en avons d'ailleurs en Europe de fort beaux exemples. Nous rappellerons seulement que la distribution électrique supprime tous les arbres intermédiaires et rend indépendantes les directions des diverses transmissions.

Boucheries et fabriques de conserves de viande.

La production du froid a fait faire de tels progrès aux industries qui tiennent à la boucherie, qu'elles ont pris en Amérique le premier rang comme importance dans l'espace de 20 ans à peine. Les Union Stock Yards, à Chicago, sont le grand marché de la viande aux Etats-Unis ; ils approvisionnent le vieux continent aussi bien que le nouveau et les abattoirs qui en dépendent possèdent l'installation la plus considérable qui existe pour la production du froid et de la glace. On n'y trouve néanmoins que peu de particularités intéressantes, parce que le développement de l'industrie a été tellement rapide qu'on n'a jamais eu le temps d'expérimenter des nouveautés.

Tous les magasins de viande des grandes boucheries sont maintenus à une basse température par la circulation d'une solution saline froide dans des tuyaux à ailettes. On n'emploie directement l'ammoniaque pour le refroidissement des tuyaux que dans un petit nombre de boucheries situées à l'intérieur de la ville. Les tuyaux refroidisseurs sont disposés horizontalement, ou bien le long des parois les uns au-dessus des autres, ou bien appliqués sur le plafond. On ne prévoit pas, la plupart du temps, de ventilation pour ces magasins ; dans certains cas, cependant, on assure un certain mouvement de l'air dans la chambre fermée de la manière suivante : devant les tuyaux posés le long du mur, on élève une paroi en papier ; entre cette paroi et le mur l'air froid descend et force, par suite, l'air de la pièce à prendre un mouvement ascensionnel. Il n'y a de renouvellement complet de l'air que dans les salles où la viande fraîche est suspendue pour perdre par évaporation une partie de l'eau qu'elle contient. Le réglage de la température se fait en général à la main.

On maintient la température entre 2 et 5° dans les salles où on conserve la viande. Dans celles où on la congèle, on arrive à —9°. Pour obtenir ce résultat, il faut que la solution saline qui circule dans les tuyaux soit à —8° ou à —18° respectivement :

Les chambres de refroidissement sont isolées dans les anciennes installations, par un double mur en bois avec interposition de papier. Dans les usines plus récentes, on a des matelas d'air.

Nous croyons intéressant de donner quelques indications sur les dimensions et l'installation de certaines usines de conservation de la viande par le froid.

Amour's et Cⁱᵉ, Chicago.

Les machines productrices de froid comportent 17 machines à vapeur dont chacune commande deux compresseurs à ammoniaque ; 15 de ces machines ont des cylindres de 610 et une course de piston de 915 millimètres ; les cylindres des compresseurs ayant 387 millimètres, et la même course. Dans les deux autres machines, les cylindres n'ont que 457 millimètres pour la vapeur et 253 pour le compresseur, avec une course commune de 762 millimètres. Chaque machine a un condenseur à ammoniaque plongé sous l'eau. L'espace occupé par les chambres de congélation et de refroidissement n'est pas moindre que 1 hectare 62.

La vapeur nécessaire aux moteurs et aux évaporations est fournie par 99 chaudières tubulaires de 100 chevaux, dans lesquelles les tubes sont parcourus par les gaz de la combustion, et par trois chaudières de 100 chevaux où c'est l'eau qui circule dans les tubes.

Swift and Cᵒ, Chicago.

Cette Compagnie possède, en outre de plusieurs petites installations, trois grandes usines pour la production du froid. Leur puissance de production monte, au total, à environ 1 500 tonnes de glace par jour.

La première usine possède quatre machines Linde capables de fournir 75 tonnes de glace. Ces compresseurs sont deux à deux commandés par deux machines à vapeur. Les compresseurs ont des cylindres de 381 et une course de 684 millimètres ; les moteurs des cylindres de 457 et une course de 1 067 millimètres. Dans la deuxième usine, deux machines compound en tandem actionnent au moyen de courroies huit compresseurs Linde d'une production de 50 tonneaux chacun. La troisième usine vient d'être installée par la Compagnie Vilter ; le moteur est une machine compound avec cylindres de 305 et 864 millimètres, et 1 212 de course. Il actionne deux compresseurs à double effet de 305 millimètres de diamètre et 1 067 millimètres de course.

Les salles ou l'on refroidit et congèle la viande ont une capacité d'environ 113 000 mètres cubes et servent journellement à la préparation de 3 600 bœufs, 3 000 moutons et 4 000 porcs. Les conduites de solution saline ont une longueur totale de 104 kilomètres, les 2/3 de ces tuyaux sont en tôle galvanisée de 76 millimètres; les autres sont en fer galvanisé de 25 et 38. Les usines emploient 4 000 à 4 500 ouvriers.

Libby Mac Neill and Libby, Chicago.

Cette usine possède huit machines à froid Hercule, composées chacune par une machine à vapeur de 356 millimètres de diamètre et 711 millimètres de course et de deux compresseurs de 356 × 914. Les salles froides peuvent recevoir 45 000 tonneaux ; celles où se fait la congélation, 675 à 900 tonnes de viande. Les tuyaux refroidisseurs de 51 millimètres de diamètre ont un développement de 40 kilomètres.

Nelson Monis and Cᵒ, Chicago.

Cette Société possède dix machines Boyle de 75 tonnes et deux machines Weissel et Vilter à deux compresseurs. Les dimensions en sont, pour l'une, de 365 millimètres de diamètre 813 de course, pour l'autre, de 457 et 914.

Arnold frères, Chicago

Cette maison ne fait que le détail. L'installation mécanique comprend deux machines Delavergne ayant chacune un moteur à vapeur de 406 millimètres de diamètre de cylindre, 406 de course et deux compresseurs de 203 de diamètre et 406 de course.

En dehors de ces grandes usines, Chicago possède un certain nombre d'établissements où les marchands de denrées alimentaires trouvent, moyennant une rétribution minime des salles où ils peuvent conserver leurs produits. Il est, certes, fort intéressant, au point de vue de l'hygiène, de conserver pendant des mois avec leurs qualités primitives, des œufs, des fromages, des beurres, des fruits, des poissons ou de la viande ; il est fâcheux que la spéculation s'en soit mêlée et qu'on en arrive à faire payer en hiver les œufs conservés par exemple deux fois ce qu'ils coûtent en été. La température dans les locaux où l'on conserve les denrées est différente suivant la nature de ces denrées. Elle varie de $1/2°$ à $4° 1/2$; la plus basse température convient aux œufs, beurres, fromages, fruits secs, légumes, cigares et bières en fûts ; les raisins frais et les oignons demandent $2° 1/2$; la viande de porc, les vins, $4°$. Les chambres de congélation servent pour conserver la viande, le gibier, la volaille, les poissons.

Il est intéressant de se rendre compte du prix de revient de cette glace, consommée en quantités aussi considérables. La Compagnie Frick, de Vaynesboro, estime que les frais d'exploitation s'élèvent journellement :

Pour une production de	10 tonnes de glace à	7 fr. 85 par tonne.		
—	25	—	5 fr. 45	—
—	50	—	5 fr. »»	—
—	100	—	4 fr. 75	—

D'après la Compagnie Delavergne :

				Par jour		Par minute
Pour produire	3 tonnes de glace il faut :			886 kg. de charbon		38 litres d'eau
—	50	—	—	590 »	—	470
—	100	—	—	1.260 »	—	945
—	180	—	—	2.000 »	—	1.700

Nous terminerons notre revue des usines pour la production du froid en Amérique par une courte description de deux des plus intéressantes de ces usines.

La première est à Philadelphie ; elle appartient à la Compagnie de fabrication de la glace Glen Willow. Une machine Delavergne y est installée pour produire 60 tonnes par jour. Ce résultat devait être obtenu théoriquement à la vitesse de 42 tours ; pratiquement on doit pousser la vitesse à 50 tours. L'eau employée est de l'eau de source et de l'eau de condensation de la vapeur d'échappement. Les deux glacières comprennent 1506 lingotières. Trois dépôts de glaces de 1 700 tonnes chacune sont annexés à l'usine ; pendant l'hiver on travaille pour les remplir.

Chaque générateur de glace comprend seize tuyaux à ammoniaque et quatre soupapes de réglage. La tuyauterie de la solution saline est maintenue à 8 degrés, ce qui permet de lever huit lingotières toutes les heures. On introduit dans chacune d'elles 142 kilogrammes d'eau, et l'on compte sur un déchet de 5 % dans le poids de glace recueilli.

Le condenseur se compose de six rangées verticales de vingt-quatre tubes à ammoniaque, plus une rangée de refroidisseurs à huile. L'eau qui sert à ce refroidissement est de l'eau de rivière. Au mois d'août elle s'écoule à une température de 25 à 30 degrés. La pression dans les conduites varie de 12,3 à 13 atmosphères ; pendant la nuit, comme la température extérieure s'abaisse, la pression tombe à 11,3.

La vapeur est produite dans quatre générateurs multitubulaires de 80 chevaux à la pression de six atmosphères.

On se sert, pour l'alimentation, d'eau de source filtrée au sable. Les filtres sont nettoyés toutes les quatre heures, les chaudières toutes les semaines. L'eau d'alimentation passe d'abord dans des réchauffeurs où la vapeur d'échappement élève sa température. La vapeur d'échappement passe ensuite dans le condenseur à surface et, transformée en eau, sert à remplir les moules à glaces. Si elle ne suffit point à ce service, on y mélange de l'eau de source dans le bouilleur où on la débarrasse de l'air qu'elle contient. La glace se vend en gros 10 francs la tonne, au détail 13 fr. 30.

Fabrique de glace de Harrisburgh.

Cette usine possède une machine York de 40 tonnes, et une machine à absorption capable d'en produire 25. Cette dernière n'est pas en service et ne sert que de réserve. Le générateur de glace comprend

590 moules dont chacun reçoit 136 litres d'eau. La durée de la congélation est de 48 heures. La température de la solution saline est maintenue entre — 8 et — 10 degrés. Les moules sont levés par rangée de dix.
Pour le démoulage on injecte de l'eau entre les lingotières placées dans
une position inclinée. L'eau employée à la fabrication de la glace est
empruntée à la canalisation de la ville et purifiée dans un filtre formé
de deux parties de sable de mer pour une de coke pulvérisé. On commence par s'en servir pour alimenter les chaudières. Avant d'y entrer
l'eau filtrée passe par le premier condenseur d'ammoniaque, le refroidisseur placé entre les cylindres du compresseur compound et par le
condenseur de vapeur. L'eau de condensation de la vapeur d'échappement est refroidie par des serpentins à eau puis à ammoniaque jusqu'à
la température de 4 degrés, après avoir été encore filtrée sur du sable,
du coke et du charbon mélangés. On nettoie les filtres à peu près
toutes les 16 heures, c'est-à-dire après qu'ils ont purifié l'eau nécessaire
à 300 lingotières. Sur le condenseur à ammoniaque qui se compose de
huit batteries de trois serpentins, coule de l'eau non filtrée de la canalisation de la ville, mélangée à 10 % d'eau de source. Cette dernière est
à la température de 13 degrés, la première à celle de 25 degrés. L'eau
qui s'écoule du condenseur est reprise par une pompe et sert à condenser la vapeur d'échappement et aussi à démouler les blocs de glace.

La pression de vapeur est de 5 atm. 3. A la température moyenne de
— 7 degrés de la solution saline, on observe une pression de 1 atm. 9 dans
les tuyaux d'aspiration, de 7 atm. 7 dans les réservoirs intermédiaires,
de 15 atm. 3 dans les tuyaux de compression. En marche normale,
1 kilogramme de charbon suffit pour fabriquer 5 kilogrammes de glace.
Le prix de la glace est de 12 fr. 50 la tonne en gros, au détail ce prix
monte de 15 à 25 francs.

CHAPITRE VII

ASCENSEURS.

Nous avons vu que dans les villes américaines il existe toujours un quartier spécial où toutes les affaires se concentrent; dans ce quartier la cherté des terrains oblige à élever des maisons très hautes et les Américains ne sont pas arrêtés dans cette voie, comme nous le sommes par des réglements de police. A ces hautes maisons, il faut des ascenseurs et la construction de ce genre d'appareils a depuis quelques années et par la force même des choses, fait de grands progrès aux États-Unis.

La plus grosse difficulté qui se présente est de mettre à la disposition du public qui doit monter aux divers étages un nombre suffisant d'ascenseurs sans sacrifier trop de place à ce service; il faut aussi que l'on puisse arriver aux étages supérieurs sans trop grande perte de temps; on a ensuite à considérer le moyen le plus économique de faire manœuvrer les ascenseurs.

Le nombre des ascenseurs est, en général, déterminé par la fréquence du trafic vers les étages supérieurs et celui-ci dépend des professions des locataires qui y ont leurs bureaux. La condition de ne pas sacrifier trop de place limite tout naturellement le choix des systèmes d'ascenseurs; on ne peut guère hésiter qu'entre l'ascenseur hydraulique et l'ascenseur électrique. Jusqu'à présent c'est de beaucoup le premier que l'on rencontre le plus fréquemment, surtout lorsque les ascensions sont longues et les vitesses grandes. Mais il semble que la faveur dont il jouit tienne surtout à ce qu'il était jusqu'à ces derniers temps, mieux connu que son rival. De récentes installations ont prouvé que l'ascenseur électrique peut lutter avec l'hydraulique. Quant à la rapidité des communications entre le sol et les étages élevés, on l'obtient moins par l'exagération de la vitesse réelle de marche, que par l'augmentation de la vitesse commerciale, et, pour cela, on affecte certains ascenseurs au service direct des étages supérieurs, sans arrêt aux inférieurs. On arrive ainsi à donner à l'ascenseur une vitesse de 170 mètres au lieu de 105 à 120 qu'on obtient avec les arrêts à tous les étages. On pourrait faire marcher les ascenseurs bien plus vite sans aucun danger, puisqu'aux essais on atteint la vitesse de 300 mètres, mais on a constaté que lorsque l'on augmente la vitesse de marche des ascenseurs, le nombre des personnes qui en font usage augmente aussi, de sorte que les frais s'élèvent outre mesure.

Ascenseurs hydrauliques.

L'expérience a montré que les ascenseurs hydrauliques remplissent toutes les conditions désirables pour le transport des personnes : leur marche est régulière et douce, les arrêts s'obtiennent à volonté sans difficulté, l'exploitation est parfaitement sûre. Le seul grave inconvénient qu'ils présentent est d'occuper une place relativement importante; ils exigent, en effet, le plus souvent, l'installation de pompes foulantes spéciales avec machines à vapeur, chaudières, réservoirs inférieur et supérieur d'eau. Les pressions ordinaires de 6 à 8 atmosphères sont le plus souvent insuffisantes dans les grandes installations, à moins de donner aux diverses pièces de l'ascenseur des dimensions excessives; aussi l'usage des accumulateurs se répand-il de plus en plus. On arrive avec eux à des pressions de 50 atmosphères.

Il est impossible de se rendre un compte exact des frais d'exploitation d'un ascenseur qui fait partie de l'ensemble des installations mécaniques d'une maison monstre de Chicago. On ne peut guère, en effet, apprécier avec exactitude la proportion de charbon brûlée pour le service des pompes, alors que les mêmes chaudières servent pour l'éclairage et le chauffage. D'autre part, l'emploi de l'ascenseur est très variable d'un moment à l'autre; et le travail dépensé pour élever la cage est, en général, indépendant du poids qu'elle porte; ces circonstances rendent peu concluantes les mesures qui ont été faites à New-York dans une installation de quatre ascenseurs. Les nombres obtenus présentent cependant un réel intérêt, en raison de la difficulté qu'on a à se procurer de semblables renseignements.

La cage ayant une charge constante de 800 kilogrammes et une hauteur de 45 mètres à parcourir, on a employé 1 100 kilogrammes de charbon pour un service de 10 heures, à 25 voyages par heure. L'eau de pression était fournie par trois pompes compound à action directe brûlant 3k,600 de charbon par cheval-heure.

On estime que le meilleur rendement des ascenseurs comparé au travail des pompes atteint 60 %. Le câble varie de 13 à 35 millimètres. Les poulies ont un diamètre égal à 70 fois celui du câble. Leur multiplication varie de 1/4 à 1/10. Le coût de premier établissement d'un ascenseur pouvant élever 800 kilogrammes à 45 mètres est de 30 000 francs environ; la cage seule en coûte 3 000. Si l'on se contente de 20 mètres d'ascension et de 650 à 700 kilogrammes de charge, les frais de premier établissement tombent à 17 500 fr. environ, la cage coûtant toujours à peu près 1/10 de l'appareil entier. Les frais de réparation, renouvellement des câbles, de garnitures et graissage s'élèvent à 500 francs par an environ.

Otis and C°, New-York.

Les ascenseurs de ce constructeur sont caractérisés par des cylindres verticaux avec forte course et faible multiplication par les poulies (1/4 à 1/6, suivant la puissance croissante de l'ascenseur). On obtient ainsi un frottement peu considérable, des arrêts faciles et une faible usure des pistons et des boîtes de garnitures.

Le poids de la cage est contrebalancé par le piston et un contrepoids à 100 ou 200 kilogrammes près, suivant la force de l'ascenseur, de manière que la descente de la cage, même non chargée, ait lieu sous la seule action de son poids.

La montée de la cage a lieu lorsque le piston descend; la vitesse est déterminée par le degré d'étranglement de l'eau en pression. Comme nous l'avons dit, la descente a lieu par l'effet de l'excès de poids de la cage sur les contrepoids ; pendant la descente, l'eau passe du dessus au-dessous du piston. La vitesse de descente est modérée par les dimensions des tuyaux d'écoulement de l'eau qui commandent la vitesse de cet écoulement. Aux pressions ordinaires de 8 à 10 atmosphères, la vitesse moyenne par heure de l'eau est de 4 à 5 mètres. La cage est suspendue à quatre câbles qui sont reliés à un parachute. Un régulateur de vitesse empêche celle-ci de dépasser les limites convenables, et la course maxima est limitée, en haut et en bas, automatiquement.

Les ascenseurs Otis sont universellement connus, depuis des années.

Leur emploi dans deux des piliers de la Tour Eiffel les a placés au premier rang parmi les appareils du même genre. Nous allons donner un rapide aperçu d'une installation d'ascenseurs Otis, qui existe dans le voisinage de New-York.

La ville de New-York est séparée, par la rivière Hudson, de l'État de New-Jersey. Or, la rive est fort élevée et abrupte du côté de New-Jersey, et, pour faciliter les communications, on a installé, sur la rive New-yorkaise, un viaduc en fer. L'extrémité de ce viaduc est constituée par une tour de 44 mètres de haut, où se trouvent réunis trois ascenseurs. Chrcun d'eux peut transporter 150 à 160 personnes à la vitesse de 18 mètres à la minute. La cage a 6^m,55 de long, 3^m,30 de large et 3 mètres de haut. Le bâti qui la soutient est en fer laminé. Les cadres sont portés par huit câbles en acier fondu au creuset de 22 millimètres de diamètre.

Des huit câbles d'une cage, dont la résistance totale à la rupture est de 25 000 kilogrammes, six sont reliés aux appareils de levage et deux au contrepoids. Les cylindres en fonte sont calculés pour une charge maxima de 100 000 kilogrammes, et une pression de 12 atm.,3. Ils ont été soumis à des essais de pression à 35 atmosphères.

Le parachute diffère à la fois de ceux en usage dans les ascenseurs ordinaires et de ceux de la Tour Eiffel. Il consiste en sabots de frein, munis de dents aigues qui entourent, sur les trois côtés libres, les poutres de guidage ; lorsque la cage tend à descendre, les dents pénètrent dans les guides.

Les extrémités des six câbles, qui travaillent symétriquement, par rapport à l'axe de la cage, passent sur une poutre H qui s'appuie sur deux supports également symétriques, par rapport à cet axe pl. 100, fig. 1 à 6.

Si un ou plusieurs câbles viennent à casser, la poutre est sollicitée vers le haut, ainsi que les leviers h_1 h_2 ; l'arbre r se met à tourner, soulève la tige s, et le sabot denté est entraîné dans un mouvement de rotation, autour d'un axe horizontal, qui fait pénétrer les dents dans les guides. La résistance qui en résulte a pour effet de faire tourner autour d'un axe vertical les sabots k_1 k_2 qui pénètrent également dans les guides.

La distribution se fait dans le cylindre moteur de la manière habituelle, au moyen de pistons différentiels dont la position est commandée par un piston auxiliaire qu'on manœuvre à la main par l'intermédiaire d'une corde.

L'eau sous pression est fournie par deux pompes Worthington compound.

L'installation complète a coûté 2 millions et demi, dont 375 000 francs pour les ascenseurs, y compris les cages, les pompes et les réservoirs, et 70 000 francs pour les chaudières, condenseurs et conduites de vapeur.

La *Hale Elevator Cᵉ*, de Chicago, entreprend dans l'Ouest et le Sud des États-Unis l'installation générale des ascenseurs, d'après le système Otis ; les ascenseurs proprement dits viennent de la maison Otis même. Nous allons donner quelques détails sur deux de ces installations faites à Chicago même.

Le Temple maçonnique dont avons déjà parlé est pourvu de quatorze ascenseurs qui sont disposés aux sommets d'un demi-polygone régulier de vingt-huit côtés. Cet édifice n'a pas moins de dix-neuf étages desservis par les ascenseurs, et la plus grande hauteur à laquelle ils doivent monter est 79ᵐ,30. La vitesse moyenne est de 91ᵐ,50 à 188 mètres à la minute pour les charges variant de 1 130 à 1 360 kilogrammes. Dans le service courant, il est rare que la charge soit aussi forte, et la vitesse atteint jusqu'à 210 mètres. L'ascenseur chargé de trois personnes monte jusqu'au haut de l'édifice en 28 secondes, mais à la descente, avec cette faible charge, il met 34 secondes à faire le trajet. A pleine charge, la descente est aussi rapide que la montée. De chaque côté sont disposés sept cylindres moteurs avec leurs câbles quadruples, dans la cave, où sont également placés les cylindres distributeurs sur lesquels les premiers agissent de côté. Dans les caves situées sur la gauche sont trois pompes compound Worthington débitant chacune 6 mètres cubes à la minute. Diamètre des cylindres, 203 et 483 millimètres. Diamètre des corps de pompe, 432. Course, 457 millimètres. La pression habituelle de l'eau est de 8 k, 8. Lorsque le trafic est considérable, elle peut monter à 10 k, 2. Les pompes prennent l'eau dans un grand réservoir où est ramenée l'eau après usage dans les cylindres-moteurs. L'eau est élevée par les pompes jusque dans deux réservoirs de 23 et 38 mètres cubes placés sous les toits. Les divers réservoirs sont reliés entre eux par des tuyaux horizontaux et verticaux. Pour maintenir le volume d'air nécessaire dans chacun des réservoirs à eau, il y a huit pompes à air Westinghouse.

Les quatre ascenseurs ensemble, faisant vingt voyages à l'heure, peuvent transporter, en une journée de dix heures, 50 000 personnes environ. Le débit des pompes Worthington est aussi important que celui qui serait nécessaire pour alimenter d'eau une ville de 60 000 habitants. Le coût d'installation des ascenseurs, pompes, conduites et réservoirs, s'est élevée à 150 000 francs.

La maison dénommée Columbus Building possède cinq ascenseurs. Il y a quatorze étages, et l'ascension maxima est de 53m,10. Les ascenseurs sont placés sur un seul rang. Avec une charge de 1 130 kilogrammes, la vitesse est de 75 mètres à la minute ; à la charge de 450 kilogrammes, de 150 mètres. On a été obligé, par les circonstances locales, à placer les cylindres moteurs près de la cheminée en tôle, ce qui a forcé à adopter pour les câbles la disposition montrée par la figure 7, pl. 102. Les contrepoids montent et descendent auprès des cylindres moteurs avec des guides spéciaux. La pression de l'eau est de 8 k, 800 ; les pompes, au nombre de trois, sont du système Blake, à action directe, d'égale puissance. Deux d'entre elles sont menées par des machines à vapeur compound de 356 et 508 millimètres de diamètre de cylindre, 254 millimètres de corps de pompe et 244 millimètres de course commune.

On a adjoint à ces pompes une petite pompe à haute pression pour donner de l'eau à 17 k, 600 de pression et permettre, dans les cas urgents, d'élever des charges de 2 720 kilogrammes.

L'air est ici aussi comprimé par deux pompes Westinghouse. On a dépensé pour cette installation, y compris un monte-charges et un petit ascenseur, dans un annexe, 200 000 francs.

La *Crane Elevator C°*, de Chicago, construit des ascenseurs hydrauliques qui diffèrent peu, dans l'ensemble, des ascenseurs Otis. Les cylindres moteurs sont verticaux, à simple effet ; la pression de l'eau est modérée (8 à 10 am.); la distribution est la même que dans les ascenseurs Otis. Les figures 2 et 3, pl. 101 montrent le mode de transmission du mouvement de la cage à la distribution par deux leviers successifs agissant sur le câble de commande.

Dans ces dernières années, les travaux de M. l'ingénieur Reynolds ont fait faire de sérieux progrès aux ascenseurs de cette Société, grâce à l'emploi d'eau à très forte pression (50 atmosphères). Les difficultés inhérentes à l'emploi d'eau à une aussi forte pression ont été heureusement résolues par l'adoption de cylindres et d'accumulateurs spéciaux et d'une distribution bien étudiée.

Les figures (pl. 103) montrent deux dispositifs différents des cylindres moteurs, le deuxième à piston plongeant.

La distribution se fait par une soupape d'admission et une soupape d'échappement. Ce n'est pas la corde de manœuvre de l'ascenseur qui agit directement sur la distribution. Il y. a entre deux une commande dont voici le fonctionnement : la tige de tiroir et celle des soupapes sont reliées par un levier commun. Lorsque le piston est à sa position moyenne, les deux soupapes sont fermées. Lorsque le piston s'élève, la soupape d'échappement s'ouvre, tandis que l'un des bras du levier assure la soupape d'admission dans la position de fermeture. Le contraire a lieu lorsque le mouvement du piston ayant changé de sens, il passe de nouveau par la position moyenne. Le piston principal de distribution est en relation avec un piston auxiliaire que commande le levier de la cage d'ascenseur.

Entre les pompes et les cylindres sont intercalés sur la conduite de l'eau en pression des accumulateurs soit à poids, soit à vapeur. Ces derniers sont souvent préférés parce qu'ils tiennent moins de place. Nous donnons la disposition générale d'un accumulateur à poids (fig. 9, pl. 104).

Les applications de ces nouveaux ascenseurs à haute pression sont déjà assez nombreuses. Nous citerons celle de l'Hartfold Building, à Chicago. Quinze étages, d'une hauteur totale de 50m,70, sont desservis par quatre ascenseurs. Il y a deux pompes à haute pression, commandées par une machine à condensation de 50 chevaux. Sur le parcours des tuyaux est intercalé un accumulateur à vapeur.

Au théâtre Schiller, le manque de place a naturellement conduit à l'emploi de la haute pression. Ce qui y est particulier, c'est que chaque ascenseur a sa pompe propre qui envoie directement dans le cylindre l'eau sous-pression. Une seule machine à vapeur de 50 chevaux actionne les cinq pompes par l'intermédiaire d'un arbre coudé. L'admission de l'eau dans les cylindres n'a lieu qu'au moment du besoin et est commandée depuis la cage, mais les plongeurs marchent continuellement dans leurs cylindres. Ce système est encore fort récent, et il n'est guère possible de donner, dès maintenant, une appréciation sur sa valeur.

ASCENSEURS ÉLECTRIQUES.

Les ascenseurs électriques ont pris, dans ces dernières années, un développement considérable. Ils ont sur les ascenseurs hydrauliques l'avantage d'occuper moins de place, surtout lorsque le courant est emprunté à une canalisation publique, et de coûter moins cher. Cela es. vrai, non seulement lorsque le courant est fourni par une station centrale, mais même lorsqu'on est obligé d'installer dans l'immeuble desserv. une petite usine de production de force. Les machines qu'on emploie dans ce cas ne consomment pas plus de 2 k. 1/2 de charbon par cheval-heure, tandis que les pompes à action directe qui sont d'un usage général pour le service des ascenseurs hydrauliques en brûlent 4 kilogrammes.

L'appareil élévatoire se compose, en règle générale, d'un tambour sur lequel s'enroulent les cordes de la cage et du contrepoids. Il est mis en mouvement par l'électromoteur par l'intermédiaire d'une vis sans fin ou d'engrenages. Un frein empêche le retour automatique de la cage. La course de la cage est limitée automatiquement en haut et en bas.

Pour faciliter le travail on contrebalance le poids de la cage et la moitié du poids mort qu'elle transporte, de sorte que des machines de très faibles dimensions peuvent servir à faire marcher de très grands ascenseurs.

L'électricité s'accommode fort bien des variations de travail, mais cet-avantage théorique disparaît en partie dans la pratique, les ascensions aux divers étages occasionnant de fortes dépenses de courant, et le contre-poids considérable créant des frottements qu'on ne peut négliger. Aussi, dans la pratique, estime-t-on que le rendement de l'ascenseur électrique est de 60 % comme celui de l'hydraulique. Les ascenseurs électriques les plus anciens n'ont une vitesse que de 30 à 40 mètres à la minute ; nous verrons plus loin qu'on fait des tentatives pour leur donner une vitesse plus considérable, tout en leur permettant de desservir des immeubles plus élevés.

Les ascenseurs électriques marchent à trois tensions différentes : 100 volts lorsqu'il y a une installation spéciale de force motrice ;

250 volts lorsqu'ils se branchent sur une canalisation de lumière ;
500 volts lorsqu'ils se branchent sur une canalisation de tramway.

On a pendant longtemps éprouvé des difficultés insurmontables à
l'application des ascenseurs électriques aux maisons d'une élévation
supérieure à 5 ou 6 étages, surtout lorsqu'on désirait augmenter tant
soit peu la vitesse; aussi les ascenseurs hydrauliques étaient-ils partout
préférés à cause de la facilité et de la sécurité de leur manœuvre. On a
récemment imaginé de transmettre par une vis sans fin le mouvement
de l'électromoteur à des palans dont le mouvement détermine celui de la
cage. Ce nouveau système d'ascenseurs présente tous les avantages des
ascenseurs hydrauliques et il ne parait pas que rien empêche de s'en
servir dans les édifices les plus élevés. On n'en est cependant encore,
presque partout, qu'à la période des essais, mais ils sont assez intéressants pour que nous pensions devoir les résumer ici, pl. 105-106.

Ascenseurs Otis.

Ces ascenseurs construits concurremment par la maison Otis frères
et par la Hale Elevator C° ont un mouvement à vis sans fin, simple ou
double, et un électromoteur Eickemeyer accouplé directement avec
l'arbre des vis.

La distribution du moteur est commandée depuis la cage au moyen
d'un câble sans fin qui s'enroule sur une poulie placée à une des extrémités de l'arbre du tambour.

Si le disque distributeur est éloigné de sa position moyenne, une
crémaillère agit sur la tige S qui ouvre l'électromoteur au courant convenable tout en supprimant la résistance des rhéostats et desserrant
le frein. La limitation du mouvement se fait comme dans les ascenseurs à vapeur du système Otis. A l'extrémité de la course un grip
ramène le disque distributeur à sa position moyenne et supprime le
passage du courant.

Les figures 1 à 5 représentent les deux systèmes d'ascenseurs à
simple ou double vis sans fin.

Un ascenseur Otis qui était en service à l'Exposition de Chicago est
assez différent du précédent. La vis est horizontale, et est mise en mouvement par un électromoteur Eickemeyer. Deux écrous peuvent se déplacer le long de cette vis. Ils portent des deux côtés des rouleaux pour

câbles. Les guides des écrous et des rouleaux de l'ascenseur sont des traverses qui peuvent se déplacer le long des supports longitudinaux de l'ascenseur (fig. 7 à 10).

La cage est suspendue à 4 câbles.

Ce genre d'ascenseur paraît devoir être assez coûteux.

Ascenseurs Moore et Wyman.

La vis sans fin est accouplée à un moteur Thomson Houston. Des deux côtés de l'arbre sont disposés les tambours (non représentés sur les figures 18-19), où s'enroulent les câbles de la cage et de son contrepoids. Le frein agit sous l'action du courant qui le desserre lorsqu'il passe, tandis que lorsque le courant est interrompu le frein se serre par l'action du contrepoids de son levier.

Cⁱᵉ des Ascenseurs électriques Sprague.

Cette Société de construction a établi, il y a un an à New-York, au grand hôtel, un ascenseur montant au neuvième étage à la vitesse de 150 mètres. Les essais faits dans l'hôtel ont été assez concluants pour faire décider l'installation de six ascenseurs électriques de même système au bureau central des Postes et Télégraphes ; la hauteur d'ascesion est de 50 mètres avec charges de 800 à 1100 kilogrammes. La vis est actionnée par un électromoteur Sprague ; nous appelons l'attention du lecteur sur la forme particulière qu'elle affecte (fig 14). Sur cette vis se trouvent montés deux écrous m et n. Dans le fonctionnement normal de l'ascenseur la vis m seule est utilisée ; l'autre n'est là que par mesure de sécurité.

Entre l'électromoteur et le palier de la vis est placé sur l'arbre de l'un et de l'autre un frein à boudin d'acier.

Le moteur procure l'ascension de la cage en agissant sur la vis ; les rouleaux mobiles s'éloignent des rouleaux fixes. La descente a lieu par l'effet du poids propre de la cage qui fait redescendre les rouleaux et tourner en sens inverse le moteur. Pour que cet effet puisse être obtenu, il faut, comme dans les ascenseurs hydrauliques, que les contrepoids ne balancent pas exactement le poids de la cage.

La distribution est placée au dessus de la vis et consiste en trois contacts cylindriques *a. b. c.* qu'un petit moteur électrique auxiliaire met en mouvement. Au commencement du mouvement ascensionnel, la résistance de tous les rhéostats est supprimée automatiquement; le départ est par suite très doux et indépendant de l'habileté du conducteur de l'ascenseur. Cet employé n'a rien d'autre à faire pendant la marche que d'établir ou d'interrompre la circulation du courant au moyen du levier commutateur qui se trouve dans la cage.

La course de la cage est limitée de deux façons. D'une part la traverse qui porte les rouleaux mobiles quand elle arrive en haut de sa course interrompt le courant et serre le frein. D'autre part l'écrou *n* vient à ce moment buter contre la partie conique de la traverse et le frottement est suffisant pour que la vis soit prise dans les deux écrous et ne puisse plus communiquer de mouvement à la traverse.

L'écrou *m* qui travaille seul en marche normale règne sur la hauteur de douze filets. Il n'est pas en contact direct avec eux, mais en est séparé par 300 billes de 12^{mm},5 en acier. Les efforts transmis à la vis le sont ainsi par des frottements de roulement qui sont très doux.

Ascenseur Reno.

L'ascenseur Reno est une sorte de chaine sans fin appliquée au transport des personnes. Il paraît devoir être surtout utile pour les ascenseurs de faible hauteur et à trafic continu. La figure 6, pl. 107, montre l'aspect général de l'ascenseur. Il se compose essentiellement d'une plate-forme sans fin, inclinée, se mouvant à une vitesse uniforme ; les personnes qui désirent passer du niveau inférieur au niveau supérieur montent sur cette plate-forme mobile, et en descendent lorsqu'elles arrivent en haut. La plate-forme est doublée d'une rampe mobile comme elle, qui sert à assurer la position des voyageurs pendant le trajet.

La plate-forme se compose d'une série de maillons ou sections en fonte de 89 millimètres de large et de 559 millimètres de long ; les rouleaux en fonte qui la supportent ont 57 millimètres de diamètre, ils sont couplés et circulent sur des rails comme l'indique la figure 7, pl. 108. Chaque maillon consiste en une tôle sur laquelle se trouvent tous les 25 millimètres de petits faîtes de 25 millimètres. Ceux-ci portent à leur partie supérieure une rainure qui reçoit le caoutchouc. Aux atterrissements sont placées des plaques de fer en forme de peigne dont les dents se prolongent jusque dans les rainures. La plate-forme est mue par deux roues dentées qui engrènent avec elle.

L'ascenseur représenté a $12^m,797$ entre les centres des roues dentées, et a une course verticale de $6^m,094$. La vitesse ordinaire de l'appareil est de 20 à 21 mètres à la minute. Les voyageurs n'éprouvent aucune difficulté à monter ni à descendre. La force motrice peut être quelconque; dans l'idée de l'inventeur l'appareil doit marcher au moyen d'un petit électro-moteur.

CHAPITRE VIII

MACHINES DIVERSES

En réunissant dans ce chapitre un très grand nombre de machines diverses, nous n'avons nullement la prétention de présenter un aperçu complet des diverses applications de la mécanique à l'Exposition de Chicago. Les limites de notre ouvrage ne nous permettraient pas de citer toutes les machines intéressantes qui y figuraient. Nous nous sommes contenté de faire un choix forcément très restreint de quelques machines particulièrement remarquables, et nous sommes astreint de décrire des machines de genres très divers. Nous espérons que le lecteur, en considération de l'intérêt que peuvent présenter les machines que nous avons choisies, nous pardonnera d'en passer sous silence d'autres qui méritent aussi l'attention.

Excavateur à vapeur

La Steamshovel et Dredge C° de Bucyrus exposait un fort intéressant matériel pour travaux de terrassements. Nous avons particulièrement remarqué un excavateur à vapeur dont la planche 107-108 donne les détails de construction.

Le châssis de la machine est complètement en fer à l'exception de deux traverses des bouts qui sont en bois. Il est porté par deux trucks à quatre roues auxquels il est relié par des pivots. Sur le châssis un logement couvert donne abri à la chaudière, aux moteurs et aux treuils ; la chaudière est verticale, les moteurs sont horizontaux. Les dimensions des cylindres, suivant la force de la machine, varient de 152 à 254 millimètres de diamètre de cylindre et de 203 à 356 millimètres de course. A la partie antérieure du châssis se trouvent deux forts prolongements à l'extrémité desquels des vis servent à assurer la machine dans la position où elle doit travailler. En avant de la partie couverte du vagon est le pivot pour la grue et le godet. Ce pivot repose sur la partie transver-

sale du châssis. Le pied de la grue repose dans une crapaudine sur-
montée d'une poulie à gorge horizontale sur laquelle passe la chaîne de
manœuvre de la grue. Comme le montre la figure, un bout de chacune
de ces chaînes est attaché à un crochet fixe, tandis que l'autre s'enroule
sur le tambour du treuil principal.

Le godet qui pratique l'excavation est monté à l'extrémité d'une perche passant entre les bras de la grue qui la soutiennent. Au bout de la
perche est une crémaillère qui engrène avec un pignon calé sur l'arbre
d'un tambour à friction monté lui-même sur la grue.

Celui des deux treuils qui est le plus en avant sert à lever le godet
avec sa perche. L'arbre du treuil d'arrière est commandé directement
par les deux machines ; le treuil d'avant est relié aux moteurs par deux
roues d'angle avec pignon interposé.

Comme l'indique le plan, les chaînes passent directement du treuil
d'arrière au disque qui fait tourner la grue ; entre ces chaînes en passent d'autres destinées à transmettre à toute la machine un mouvement
le long des rails. La chaîne de levage va du treuil d'avant, en passant
sur des rouleaux guides placés sur le châssis, à une poulie montée au
pied de la grue, delà à la tête de grue, puis au godet, et revient de là
à une deuxième poulie voisine du sommet de la grue, et puis enfin au
godet.

Une chaîne sans fin agissant sur une roue dentée calée sur l'arbre de
la roue-guide du pied de la grue, communique le mouvement à un tambour à friction et par lui à un deuxième tambour muni d'un pignon qui
engrène avec la crémaillère de la perche du godet. Un homme se tenant
sur la petite plate-forme voisine du pied de la grue, met en action cet
engrenage, ou le débraye suivant qu'il est nécessaire d'augmenter ou
de diminuer l'effort de l'arête tranchante du godet sur le terrain. La machine réclame le service de deux hommes, un au moteur, l'autre à la grue.

Lorsque le godet est dans la position basse où le représente la figure 1,
le mécanicien commence à lever, imprimant ainsi un mouvement de rotation au godet ; l'homme qui est à la grue régularise l'attaque du terrain par le godet en agissant sur le frein à friction dont nous avons
parlé ; ce qui permet de lever ou d'abaisser le godet. Lorsque le godet
s'est rempli de la terre que son bord a coupé, le mécanicien fait tourner
la grue, et le deuxième homme vide le contenu du godet dans un vagon
au moyen d'un déclic ordinaire.

Les dimensions du godet varient de 45 cent. à 2^m,70.

CABESTANS ET TREUILS A VAPEUR.

Les Etats-Unis font peu de navigation transocéanienne, mais le cabotage dans un pays aussi étendu prend des proportions que notre vieux continent ne connaît pas, et les industries de construction qui se rattachent à la navigation sont nombreuses et importantes. Nous en donnerons comme exemple les cabestans et treuils à vapeur des forges de Bath (Maine).

Les figures 1 à 4 de la planche 109-110 représentent le treuil Hyde à frein à vapeur. Ce treuil peut marcher à volonté à bras ou au moteur, les machines étant placées sous le pont. Les figures 5 à 7 donnent la disposition d'un cabestan à vapeur avec treuil; le treuil est placé sur le pont, le cabestan sur la dunette. Les figures 8 à 10 donnent la disposition d'un cabestan de port, machine et cabestan au même niveau; les figures 11 et 12 celle d'un cabestan de navire, avec machine sur le pont.

Les traits généraux du système de construction seront facilement intelligibles par la description d'une de ces machines; nous choisirons celle représentée par les figures 5 à 7. Le treuil et les machines sont posés sur une même plaque, et la machine occupe ainsi fort peu de place. Le treuil est actionné par deux machines, dont chacune a deux cylindres; ces cylindres, inclinés de 45° sur la plaque de fondation, sont perpendiculaires entre eux d'un des moteurs à l'autre.

Les deux moteurs agissent sur un seul arbre sur lequel sont montés les vis qui, par engrenage, mettent en mouvement l'arbre horizontal du treuil et l'arbre vertical du cabestan. La vis qui commande le treuil a son pas à gauche, celle qui commande le cabestan son pas à droite, de sorte que le palier qui forme portée pour l'extrémité de l'arbre à manivelle reçoit des poussées de sens inverse qui l'équilibrent.

Entre les extrémités des vis sans fin et le palier, dont nous venons de parler, se trouvent des anneaux alternativement de fonte et de métal anti-friction qui tournent dans un bain d'huile. L'engrenage se compose de deux parties dont l'une est calée sur l'arbre; celle-ci est mise en mouvement au moyen de cliquets et de ressorts qui dépendent d'une roue dentée folle sur l'arbre; c'est cette roue dentée qui engrène avec la vis sans fin. Ces cliquets peuvent être mis hors de prise lorsqu'on veut faire marcher le treuil en sens inverse ou doubler sa vitesse.

On peut mouvoir le treuil à bras en faisant tourner le cabestan. La commande est du même type que celle dépendant de la machine.

Dans les circonstances normales, la transmission ordinaire suffit à lever les deux ancres à la fois. Lorsqu'il est nécessaire, on peut commander depuis les machines le cabestan et par son intermédiaire le treuil. La vitesse est ainsi doublée; on a soin de mettre les cliquets hors de prise. Le cabestan peut marcher soit à la vapeur soit à bras.

La machine est placée en avant de l'arbre du treuil. Le cylindre est fondu d'une pièce avec sa coquille de tiroir, ses glissières, ses paliers d'arbre principal, et est relié à la plaque de fondation par un bâti en Λ. Un lourd volant assure la régularité de marche.

Les figures montrent suffisamment l'analogie des divers types exposés pour qu'il soit inutile d'y insister.

Lubrificateur et injecteur Nathan.

La Compagnie de construction Nathan présentait un lubrificateur pour cylindres de locomotives, qui a pour objet d'amener l'huile d'une façon simple et sûre à la pompe à air aussi bien qu'aux cylindres, en se servant d'un réservoir d'huile. De la vapeur prise à la chaudière entre en *a* et se condense dans un récipient *b*. Le robinet de remplissage *n* sert à verser l'huile dans le réservoir *c*. L'eau de condensation descend par *d d* *e e* et par suite de sa plus grande densité fait remonter l'huile jusqu'aux ajustages *f*. De là l'huile s'écoule comme le montre la fig. 16. On règle l'alimentation par les robinets ; si le besoin s'en fait sentir, on augmente temporairement l'afflux de l'huile en en versant dans les coupes *h*, dont il y a une par cylindre et une pour la pompe à air. *jj* sont des soupapes de sûreté ; en *k* un niveau à tube de verve permet d'apprécier la quantité d'huile disponible dans *c*; *l* est le robinet de vidange. Lorsque c'est nécessaire, l'eau de condensation peut passer directement par la valve *m* du condenseur *b* au réservoir *c*.

La même Compagnie de construction exposait également un injecteur qui est en usage au chemin de fer de Pensylvanie. *a* est une valve par laquelle l'eau est aspirée depuis le tuyau *b* — pour ce travail la vapeur arrive par la soupape *c* qui commande la manivelle *d*. Lorsque l'eau arrive par la soupape *b*, on admet le jet principal de vapeur par la valve *e* et la manivelle *f*. La vapeur passe alors par trois ajutages *g h i* où elle se condense, et par k d'où l'eau passe au générateur. La valve d'eau l est commandée par une manivelle m et réglée suivant les besoins de la chaudière.

Grue roulante électrique des ateliers Baldwin.

L'application de l'électricité à la manœuvre des grues présente de sérieux avantages au point de vue de la facilité des manipulations, de la grande vitesse et de la grande puissance qu'elle permet d'atteindre. Les grands ateliers de construction de locomotives Baldwin à Philadelphie possèdent une grue électrique Sellers de 100 tonnes.

Le pont roulant a une portée de $22^m,751$ entre les axes des rails qui le portent. Il est formé de deux poutres métalliques d'une hauteur de $2^m,133$. Sur les tables inférieures de ces poutres sont disposés des rails qui forment la voie sur laquelle circulent les appareils de levage, au nombre de deux. Ces appareils de levage tendent à écarter les poutres l'une de l'autre. Comme on ne peut pas faire de contreventement en dessous, où l'espace doit rester libre, les tables inférieures sont reliées par des contre-fiches à des traverses placées au-dessus de la partie supérieure des poutres. Il n'y a pas d'autre contreventement vertical perpendiculaire à la direction de la poutre, mais dans cette direction même il y en a un composé de cornières disposées de la manière ordinaire.

Le pont est porté par quatre roues de $1^m,524$ de diamètre, à bandage d'acier à doubles boudins. Les deux poutres sont éloignées de $2^m,218$ d'axe en axe des lattis.

En général, il suffit de donner un point d'appui aux charges à lever; mais ici ces charges sont trop encombrantes et il faut nécessairement un appareil de levage à chacun des bouts d'une locomotive. Dans chaque appareil de levage les chaines sont doubles et sont enroulées chacune sur une partie différente du tambour; on évite ainsi les efforts latéraux qui pourraient nuire à la verticalité du mouvement.

Sur l'un des chariots portant les appareils de levage est un tambour spécial avec chaine de levage, qu'actionne un moteur électrique Wenstrom, monté en série et à vitesse variable. Ce moteur reçoit le courant par un câble qui est suspendu le long de la poutre. Ce tambour auxiliaire est très utile pour lever de petites charges quand les deux grands sont en service.

Le mécanisme qui fait mouvoir la grue se compose d'un moteur de 40 chevaux. Il est placé sur un des côtés du pont roulant. Sur la plate-forme du mécanicien il y a neuf leviers. Six servent à la manœuvre des appareils de levage, savoir : deux pour faire monter ou descendre la charge, deux pour déplacer les appareils le long du pont, deux pour changer la vitesse. Les trois autres servent à arrêter, mettre en marche ou changer de vitesse le pont entier.

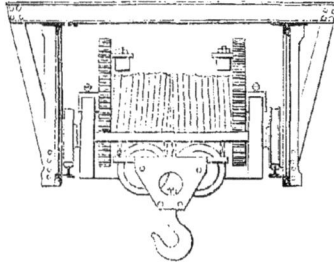

Appareil de levage

Le rhéostat et les commutateurs sont placés dans un coffret sur le bâti du pont.

Régulateur d'alimentation Baldwin.

M. Baldwin, ingénieur à Keighley, a imaginé un ingénieux système pour le réglage de l'admission de l'eau d'alimentation dans les chaudières. C'est la combinaison d'un bouchon conique creux avec une soupape à siège.

A est le bouchon conique creux en bronze qui s'ajuste dans une pièce B en fonte. Ce cône est percé d'ouvertures C C pour l'entrée et la sortie de l'eau. D D représentent la soupape et son siège. Ces pièces peuvent être facilement changées lorsque leur degré d'usure le demande. A cet effet on tire le siège au moyen de la fourche F. La hauteur à laquelle la soupape peut se lever est réglée par une vis qui passe dans la boîte à garnitures E et est commandée par la manivelle G. On détermine ainsi l'afflux plus ou moins considérable de l'eau à la chaudière.

Lorsque l'on désire ouvrir la valve pour l'examiner, on fait faire un quart de tour au cône A, et de cette manière on interrompt la communication entre le réservoir d'eau d'alimentation et le générateur ; on peut

alors dévisser la boîte E et l'intérieur de la valve devient visible. Comme
nous l'avons expliqué, pour changer la soupape et son siège il suffit de
tirer sur la tige centrale de la fourche F qui entraîne le siège ; on pose

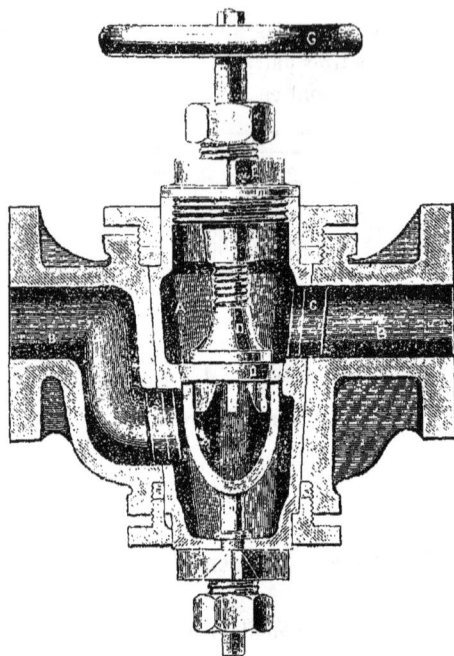

Régulateur Baldwin

alors simplement le nouveau siège et on l'assure dans sa position normale en appuyant la soupape dessus par l'action de la manivelle. Une
fois cela fait, on fait tourner en sens inverse le cône A d'un quadrant, et
la valve est de nouveau en état de fonctionner.

Grues des ateliers de construction mécanique de la Cⁱᵉ Yale & Towne

(Planche 112)

Cette Compagnie a exposé deux grues, l'une fixe, l'autre mobile,
qui présentent un assez grand nombre de caractères communs. Nous
commencerons par la description de la grue fixe.

C'est une machine de la nouvelle Angleterre que nous avons ici sous les yeux. Le rayon d'action de la grue de 10 tonnes exposée est de 4^m,570. Elle est à colonne et peut tourner d'une circonférence entière autour de son axe. La plaque qui lui sert de base a 1^m,372 de diamètre; elle est reliée par six boulons de 57 millimètres à un massif de maçonnerie plus que suffisant pour résister à l'effort de renversement. La colonne est venue de fonte avec la plaque de base ; à sa partie supérieure se trouve un axe en acier durci : cet axe supporte lui-même un chapeau qui soutient les tiges de retenue de 38 millimètres. Ces tiges reportent sur l'axe et la colonne tout le poids du bras mobile de la grue. Elles sont prolongées jusqu'au support inférieur du bras ; cette dernière pièce qui est en fonte, porte deux rouleaux de 203 millimètres qui circulent sur une portion de la colonne tournée à leur demande.

Le bras consiste en deux portions creuses de 229 × 63 réunies par un treillis et des cornières de 51 millimètres. La tête est portée par deux tirants de 38 reliés au sommet de la colonne par de forts goujons. La chaîne de la grue a des maillons de 70 millimètres de long et 15^{mm},8 de diamètre.

La transmission de la force à l'appareil élévatoire se fait par des engrenages qu'on manœuvre par des manivelles à main. Un tambour de forte taille avec görge en spirale permet d'enrouler la chaîne de manière qu'elle le recouvre une seule fois sans chevauchement.

La transmission admet deux vitesses différentes.

La figure 9 montre les détails des deux embrayages de l'arbre intermédiaire du treuil de cette grue. Ce treuil est le même dans toutes les grues des atelier Yale et Towne, et la description que nous en allons donner pour la grue fixe répond également bien au cas de la grue mobile.

Le treuil en question a deux freins, l'un dit de sûreté, qui correspond à la descente lente de la charge, l'autre qui sert pour la descente rapide. L'un et l'autre sont basés sur le même principe, celui des embrayages et freins à disques frottants, de Weston.

Le frein de sûreté se trouve à droite de la figure. Un manchon porteur de deux roues pouvant donner des vitesses différentes forme écrou sur une portion filetée de l'axe ; une des faces du manchon porte sur les disques à friction. Une des deux séries de ces disques font corps par leur circonférence interne avec un manchon calé sur l'axe, de sorte qu'ils tournent nécessairement avec celui-ci. Les autres disques qui, de deux en deux, pénètrent dans les intervalles des premiers, font au contraire corps par leur circonférence externe avec le bord d'une roue à rochet, folle sur l'arbre, et que son cliquet empêche de tourner en arrière. Si l'on vient à mettre en mouvement dans le sens convenable pour élever la charge une des roues de transmission, que porte le premier manchon, ce dernier se visse sur l'arbre, se rapproche des disques à friction, les presse les uns contre les autres et entraîne ainsi dans le mouvement général la roue à rochet, toutes les pièces étant à ce moment étroitement unies.

Si on change le sens du mouvement de la machine, en vue d'abaisser la charge au lieu de l'élever, le cliquet empêche la roue à rochet de suivre le mouvement, et le manchon vissé tend à s'éloigner des disques ; ceux-ci n'étant plus pressés les uns contre les autres peuvent se mouvoir librement les uns par rapport aux autres. Mais à ce moment la réaction de la charge fait tourner la transmission en sens inverse, et serre de nouveau les disques — le mouvement se trouve donc arrêté.

Les alternatives de débrayage et d'embrayage sont assez rapides pour donner l'illusion d'une descente lente, mais continue. Mais on voit bien que ce mouvement s'arrête du moment où les manivelles cessent de tourner en arrière. La charge, par suite, ne descend qu'avec la vitesse et de la quantité qu'on veut, et pour autant qu'on tourne la manivelle dans le sens voulu.

Sur la gauche de la figure se voit l'embrayage pour descente rapide. Il consiste en un pignon fou sur l'arbre, portant une boîte fondue en une seule pièce avec lui, où se trouvent les disques à piston. A droite du pignon est une bague clavetée à l'arbre et tournant avec lui ; à gauche un manchon, également claveté sur l'arbre, et portant à sa surface extérieure les disques métalliques. La boîte qui fait corps avec le pignon porte à sa circonférence intérieure un même nombre de disques de friction en bois. A l'extrémité de l'arbre est une plaque de pression que commande une manivelle en forme de roue qui forme écrou sur le bout fileté de l'arbre. La manœuvre de cette manivelle permet de régler la pression des disques. Quand on les applique les uns contre les autres, le pignon est rendu solidaire de l'arbre et tourne avec lui. Pour faire descendre la charge, on détourne lentement la manivelle jusqu'à ce que la pression sur les disques soit réduite au point où la réaction de la charge force les disques en bois à glisser sur ceux en acier. De cette manière le pignon tourne, tandis que l'arbre est immobile. Les disques sont lubrifiés à la plombagine.

Le principe de la grue à vapeur de 7 tonnes des mêmes constructeurs est le même. Le rayon d'action est de 2^m,133. L'inclinaison du bras peut être modifiée, en abaissant ou en élevant sa partie inférieure au moyen d'un treuil spécial agissant sur une vis sans fin. Le treuil principal est actionné par une roue dentée et un pignon, et est muni d'un frein puissant capable de supporter la charge totale. Les cylindres sont placés de part et d'autre du bâti. Les valves d'admission sont commandées par des excentriques. Les manivelles transmettent le mouvement de rotation à un arbre principal par l'intermédiaire d'un arbre auxiliaire. Sur l'arbre principal se trouvent deux roues d'angle ; l'une ou l'autre peut être embrayée à friction avec une troisième roue d'angle portée par un axe vertical. De là un mouvement se transmet par des engrenages à un deuxième axe vertical portant un pignon. Ce dernier engrène enfin avec une grande roue dentée coulée avec la base. Les roues motrices sont mises en mouvement par un arbre vertical qui engrène avec un axe vertical placé à hauteur des roues. L'arbre vertical reçoit son mouvement par roues dentées de l'arbre intermédiaire.

La chaudière a 1^m,219 de diamètre et 1^m,955 de haut. La grue est destinée à circuler sur des voies de 2^m,133.

Les grues de ces constructeurs paraissent bien équilibrées ; la manœuvre en est simple, et les résultats obtenus à l'Exposition de Chicago ont été satisfaisants.

Bigues hydrauliques de MM. Russel et Cie .

Planche 111.

Cette important machine d'une puissance de 80 tonnes fonctionne à Hartlepool depuis plus de trois ans. Les bras d'avant ont 31^m,987 de long et la course du bloc auquel s'attachent les fardeaux à lever est de 15^m,232 (3^m,504 en dedans et 11^m,728 en dehors de la verticale). Pour le levage des grosses charges il y a une moufle à 6 poulies. Pour les petites charges il y a une chaîne unique indépendante, avec une transmission spéciale.

Le déplacement horizontal s'obtient en allongeant ou raccourcissant le bras d'arrière au moyen d'une vis en fer forgé de 305 millimètres qui s'engage dans le bras même par un écrou en bronze. Cette vis est commandée par des engrenages d'angle en fonte à sa partie inférieure ; des guides plats et des rouleaux la maintiennent dans l'axe des bras pendant le mouvement.

Les machines sont à double effet et réversibles. Il y en a deux paires, qu'on peut employer ensemble ou séparément. Le renversement s'obtient par un excentrique pour chaque cylindre ; cet excentrique sert en même temps de manivelle et porte le bouton auquel aboutit la bielle directrice. La bielle d'excentrique commande un secteur, et on peut amener à l'une ou l'autre extrémité de ce secteur la tête de la bielle qui communique le mouvement au tiroir.

Les cylindres hydrauliques ont 102 millimètres de diamètre ; leur piston a une course de 305. Ils sont garnis intérieurement de bronze. Le tiroir est du type glissant ordinaire, mais il est équilibré au moyen du piston A. A chaque bout du cylindre il y a un piston amortisseur B avec ressort d'une force un peu supérieure à la pression de marche normale 30 kilogrammes environ) ; cette disposition a pour but d'éviter les chocs et le bruit à la fin de la course, que pourrait occasionner l'incompressibilité de l'eau. S'il se produit un léger excès de pression, le piston se déplace et laisse à l'eau l'espace qui lui est nécessaire.

Ces machines peuvent faire 150 tours à la minute et sont très silencieuses.

Le mécanicien se tient à l'endroit marqué sur le plan : il a à portée de la main tous les leviers qui lui permettent de commander les divers mouvements, savoir : Mise en service de la chaîne simple ou de la moufle sextuple pour lever les fardeaux ; détermination de deux vitesses à la vis dans le bras d'arrière ; réglage du frottement du frein tant à la montée qu'à la descente. La figure ne peut représenter les leviers qui permettent de régler et de renverser l'admission de l'eau dans les cylindres, les pivots de ces leviers étant fixés au plancher supérieur, mais ils sont également sous la main du mécanicien.

Wagon déverseur

Le vagon déverseur exposé par la Compagnie de constructions de voitures Thacher de New-York, présente une intéressante application de l'air comprimé. La manœuvre est commandée par le mécanicien au moyen de conduites à air comprimé comme le serait la manœuvre d'un frein Westinghouse. Il est inutile d'augmenter le personnel du train ; au moment où on le veut, les matériaux contenus dans tous les vagons du train, ou dans un certain nombre d'entre eux à volonté, sont versés sur le côté. Il suffit pour cela que le mécanicien tourne un robinet ; les vagons basculent, se vident et sont ramenés par l'air comprimé à leur position normale. Il n'y a plus qu'à aller chercher une autre charge.

Les premières applications de semblables vagons ont été faites postérieurement à 1889, sur des voies étroites dans le Colorado. Depuis elles se sont multipliées au Canada et aux Etats-Unis, et on fait les vagons déverseurs aussi bien pour la voie normale que pour la voie étroite.

On voit sur les figures que la caisse peut pivoter autour de son axe longitudinal, de sorte qu'un faible effort suffit pour la faire basculer. Deux conduites de 31 mil. 7 règnent sur toute la longueur du train. Il y circule de l'air comprimé venant d'un réservoir placé sur la machine. Lorsque la caisse pleine est dans sa position normale elle y est maintenue par un verrou *a* solidaire d'un levier à contrepoids. Lorsqu'on veut faire basculer les vagons, on envoie de l'air dans une des conduites générales, et par le raccord C dans le cylindre du verrou ; le contrepoids s'élève et le levier force la barre *a* à dégager la caisse. En avançant, le piston découvre l'ouverture B qui communique avec le fond d'un autre cylindre de plus grandes dimensions ; l'air comprimé agit sur le piston de ce deuxième cylindre qui lui-même, détermine le mouvement de bascule en levant la caisse.

Pour faire revenir le vagon à sa position normale après qu'il est vidé, on laisse échapper l'air comprimé de la conduite qui aboutit à C ; le contrepoids descend alors et ramène le piston du cylindre du verrou. Par ce mouvement le grand cylindre est mis en communication avec l'air libre par B et une ouverture E pratiquée dans le petit cylindre. Si maintenant on envoie l'air comprimé dans la deuxième conduite générale, il entre par D sur la face du piston du petit cylindre opposée au contrepoids, agit dans le même sens que ce dernier et complète au besoin son action en amenant le piston à fond de course. Dans ce mouvement le raccord A se découvre, et l'air comprimé est admis au-dessus du piston du grand cylindre. La caisse entraînée par la tige de ce piston se replace dans sa position primitive, où l'assure le verrou rentré dans son logement. Le choc qui se produit au retour est amorti par des tampons.

Nous croyons devoir mettre nos lecteurs en garde contre une admiration excessive du génie inventif des Américains, que pourrait leur inspirer ce vagon déverseur. En 1889, en effet, c'est-à-dire avant que le premier vagon Thacher eût paru dans les chantiers d'Amérique, un de nos compatriotes, M. E. Chevalier, constructeur à Paris-Grenelle, a breveté et exposé à l'Esplanade des Invalides, un vagon déverseur identique à un détail près, à celui exposé en 1893 à Chicago. M. Chevalier, après avoir fait dans ses ateliers l'essai du verrou, l'avait supprimé dans le type exposé. Nous sommes heureux de constater que l'idée de notre compatriote a eu du succès de l'autre côté de l'Atlantique, et nous croyons qu'il n'est pas inutile de citer son nom que MM. Thacher avaient malheureusement oublié de mentionner.

Roue Ferris.
(Planche 114-115).

Une revue complète de la mécanique à l'Exposition de Chicago ne peut passer sous silence la grande attraction de la foire du monde, qui a, en outre, le mérite de présenter un réel intérêt pour l'ingénieur. Le public des fêtes foraines apprécie beaucoup la distraction qui consiste à se placer dans des véhicules suspendus à la circonférence d'une roue à laquelle on imprime un mouvement de rotation, de sorte que les voyageurs montent et descendent successivement, le banc sur lequel ils sont assis restant horizontal. L'ingénieur américain M. Ferris a considérablement amplifié cet engin et c'est là précisément qu'est l'intérêt de son œuvre. Il a eu grand peine à obtenir l'autorisation de monter sa roue, que les autorités considéraient comme pouvant présenter un certain danger ; ce n'est qu'en décembre 1892 que l'on s'est décidé à passer outre, en janvier 93 les pièces brutes étaient prêtes, les échafaudages étaient commencés le 20 mars et la roue mise en marche le 21 juin. Par elle-même, elle offre peu de prise au vent, mais les wagons qui sont suspendus à sa circonférence présentent une grande résistance. M. Ferris a pensé que les deux pylônes sur lesquels il a fait reposer sa machine suffisait à résister à l'action destructive des plus fortes tempêtes (vent de 160 kilomètres à l'heure). Il est difficile d'affirmer ou de nier qu'il ait eu raison, les circonstances qu'il avait prévues ne s'étant pas produites. En fait, M. Ferris n'a pas eu tort puisque sa roue a bien fonctionné.

La roue porte 36 voitures oscillant chacune autour d'un axe horizontal. Chaque voiture contient 40 places, de sorte qu'en un tour de roue on pouvait élever 1 440 personnes à plus de 76 mètres de hauteur.

La roue se compose de deux cercles égaux solidement réunis par des tiges et des entretoises. Ces dernières laissent un espace de 6^m,094 libre vers la circonférence. La jante de chaque circonférence est constituée par un fer U de 647^{mm},5 $\times$ 482^{mm},4 courbé. A 12^m,188 plus près du centre se trouve un deuxième cercle avec jante moins forte. Ces couronnes intérieures sont reliées et maintenues par un système complet de contreventement A l'intérieur des couronnes il n'y a plus aucune grosse pièce de fer, et à une certaine distance, il semblait qu'il n'y eût plus rien. Au centre de la grande roue est l'axe de suspension de tout l'appareil : arbre en fer de 812^{mm},5 de diamètre et 13^m,71 de long. Il porte les roues par l'intermédiaire de manchons en fer de 4^m,875 de diamètre extérieur. Entre ces manchons et les couronnes dont ils constituent les moyeux il y a pour toute liaison des barres rondes de 63^{mm},5 accouplées et aboutissant sur la couronne à des intervalles de 3^m,96. A distance, ces liens, de dimensions cependant assez notables ne paraissent constituer qu'une légère toile d'araignée, et la roue Ferris paraissait suspendue dans le vide. En réalité, elle est construite comme une roue de bicyclette, mais elle prend son point d'appui en son centre au lieu de le prendre à son point bas comme la roue de bicyclette.

Les trente-six voitures sont suspendues à intervalles égaux à la circonférence de la roue par des axes en fer de 165 millimètres. Chaque voiture pèse 13 tonnes à vide et 16 lorsqu'elle est au complet. La roue, lorsque toutes les voitures sont pleines pèse environ 12 000 tonnes. Il a donc fallu donner une grande résistance à ses supports. L'axe de rotation porte par chacun de ses bouts sur un pylône en fer à claire-voie. La base mesure 12^m,186 et 15^m,439 ; la section horizontale au sommet est un carré de 1^m,828 de côté. Les pylones ont 42^m,66 de haut ; la face tournée vers la roue est verticale, les autres inclinées. Chacun de ces pylônes a quatre poutres principales d'angles qui reposent sur autant de cubes de béton de 6^m,093 d'arête. Dans les fondations on a noyé des traverses d'acier que des tirants en fer relient aux pylônes.

Il y avait de grandes difficultés à vaincre pour obtenir une roue de cette dimension dont la circonférence présentât une exactitude géométrique suffisante ; il y avait à craindre le gauchissement et l'ovalisation par suite de la répartition des voyageurs. Les difficultés matérielles de la construction ont été vaincues et on a constaté en accrochant les voitures une à une que la roue restait parfaitement ronde. Les voyageurs ne purent avoir sur elle aucune influence.

La roue n'est jamais abandonnée à elle-même, et tous les mouvements sont commandés par une machine à vapeur William Tod et C°, de Youngstown (Ohio), d'une force de 1 000 chevaux. La roue est orientée Est-Ouest. Le moteur est placé sous son extrémité Est et enterré de 1ᵐ,20. Le dispositif adopté rappelle celui qui est encore en usage dans un certain nombre de stations de force de chemins de fer funiculaire. La machine communique le mouvement à un arbre horizontal orienté Nord-Sud, de 305 millimètres de diamètre. A ses deux extrémités, cet arbre porte de grandes roues dentées qui transmettent le mouvement aux couronnes extérieures de la roue : celles-ci sont, en effet, munies de dents sur toute leur circonférence. Les dents ont environ 152 millimètres de profondeur et 456 millimètres d'écartement. La puissance s'applique à la partie inférieure des couronnes de la roue mobile. En dessous de la roue et dans le plan médian de chaque couronne se trouvent deux roues dentées de 2ᵐ,742 de diamètre, distantes d'axe en axe de 4ᵐ,875, Ces deux roues sont reliées par une grosse chaîne sans fin dont les maillons engrènent avec leurs dents, et celles de la couronne de la grande roue. Elles sont commandées directement par la machine, et le mécanicien peut modifier à son gré la vitesse et le sens de la marche.

La roue a 76ᵐ,175 de diamètre, 9ᵐ,141 de large et est élevée de 4ᵐ,570 au-dessus du sol. Elle est munie de freins; aux extrémités Nord et Sud de l'axe principal se trouvent deux roues de 3ᵐ,047 auxquelles une lame d'acier fait ceinture. Cette lame est reliée au piston d'un frein Westinghouse, de sorte que s'il se produit le moindre accident, soit aux parties mobiles soit à la machine fixe, on peut faire agir l'air comprimé qui serre la bande d'acier contre l'arbre avec une force suffisante pour arrêter tout mouvement.

La roue Ferris n'est, en somme, qu'un jouet de dimensions colossales, mais, en raison de ses dimensions, elle a présenté des difficultés toutes spéciales de construction et de montage, et si l'on considère la grandeur réelle de cet appareil, on est beaucoup moins porté à sourire qu'en regardant des reproductions qui paraissent ne donner l'image que d'un amusement de fêtes foraines.

Forges de Bethléhem, marteau-pilon.
(Planches 116-117)

Tout le monde se rappelle le succès obtenu à l'Exposition de Paris de 1878 par le modèle en bois du gros marteau-pilon du Creusot. Les forges de Bethléhem aux États-Unis, comme le Creusot en France, produisent en grande quantité les canons et les plaques de blindage des navires, et comme le Creusot aussi, elles ont exposé le modèle en bois de leur plus gros marteau-pilon. C'est un marteau de 125 tonnes ; on trouvera, dans une autre partie de la Revue, des renseignements complets sur les travaux dans lesquels ce puissant outil trouve son application. Nous l'étudierons ici seulement au point de vue mécanique et abstraction faite de son utilisation spéciale. Les dessins en sont dûs à M. John Fritz.

Des fondations solides sont d'une importance essentielle pour un outil de cette taille. Elles reposent sur des pilots espacés de 50 à 75 millimètres d'axe en axe enfoncés dans le sol de 10 mètres à 10^m,50. Sur les têtes de ces pilots repose un plancher en charpente recouvert d'une couche de copeaux de bois. Sur ce matelas est posé la première assise des blocs de fonte qui donnent à la fondation une masse suffisante pour résister aux chocs. Cette première assise se compose de huit blocs ; par dessus se trouve un plancher élastique de 457 millimètres d'épaisseur, formé de madriers de 51 millimètres revêtus de liège. Au-dessus de ce plancher élastique, dix barres d'acier traversant toute la fondation, servent à répartir convenablement la pression. Les barres sont surmontées d'un deuxième plancher en madriers, mais, cette fois, sans liège. Viennent ensuite quatre lourdes masses de fonte, puis un plancher élastique avec liège, et enfin six assises de six blocs de fonte chacune. Dans les quatre assises inférieures, ces blocs pèsent 70, et dans les deux assises inférieures, 54 tonnes chacun.

Les supports d'enclume pèsent chacun 60 tonnes ; l'enclume proprement dite 30 tonnes, de sorte que la masse métallique qui reçoit le choc pèse au total 2 150 tonnes.

Le piston est à simple action ; le poids total du marteau est de 125 tonnes. Le cylindre présente la particularité d'être construit en trois pièces ; l'inférieure pèse près de 10 tonnes, l'intermédiaire un peu moins, et la supérieure, 7 tonnes. Son diamètre atteint 1 939, et sa longueur intérieure est voisine de 6 mètres. Mais la course du piston n'est en réalité, que de 4ᵐ,976, parce que des orifices d'échappement sont pratiqués dans le segment supérieur du cylindre à un peu plus d'un mètre de son fond supérieur, de sorte que quand le piston arrive à cette hauteur, la pression de la vapeur sur sa face inférieure est annulée. En même temps, l'air renfermé dans la partie supérieure du cylindre constitue, par sa compression, un excellent frein pour le piston, dont la fin de course est ainsi fort modérée. Le bâti horizontal qui porte le cylindre, pèse 60 t. 1/2; c'est dans ce bâti que sont pratiquées les ouvertures qui donnent accès à la vapeur. Il est lui-même supporté par deux piliers composés chacun de deux segments. Le segment inférieur pèse 107 tonnes, le supérieur 48 t. 1/2. Les guides du mouton sont boulonnés à ces montants; ils pèsent 75 t. 1/2. Les plaques d'appui mesurent 203 × 254 et pèsent chacune 56 tonnes. La hauteur totale de la machine est de 27ᵐ,423, de son sommet au niveau du sol; sa plus grande largeur est de 11ᵐ,579.

On voit que les jeunes usines américaines n'hésitent pas à s'outiller puissamment, et, de fait, elles sont arrivées en peu d'années à s'affranchir complètement de l'étranger pour la fourniture des grosses pièces de forge, telles que bouches à feu, cuirasses et arbres de navires, etc.

Comme nous l'avons dit, l'arrivée de la vapeur se fait par des conduites pratiquées dans la table supérieure qui porte le cylindre (fig. 1, 2, 3). L'admission se fait par des valves à piston équilibré; le diamètre de 533 millimètres donne un large passage à la vapeur. Un cylindre auxiliaire sert à manœuvrer les valves principales qui sont bien trop lourdes pour être mues à la main. Ce cylindre auxiliaire est représenté par la figure 4; la valve de ce piston est du même type que celle du grand cylindre, on la manœuvre à la main depuis la plate-forme qui se trouve sur un des côtés du marteau (fig. 1), au moyen du levier que montre la figure 4. Les détails du cylindre auxiliaire sont visibles dans les figures 7 et 8.

On remarquera que la tige *c* est fixée à la tige du piston auxiliaire, et par une autre tige au levier *b*, qui manœuvre la valve. Cette disposition a pour but d'éviter de transmettre à la valve principale un trop grand mouvement. Quand, en effet, le piston du cylindre auxiliaire descend, il entraine la tige *c* et ferme lui-même son admission. La tige de la valve est munie de ressorts pour éviter les chocs.

La figure 14 donne le détail du piston; l'espace nuisible au fond du cylindre est réduit par la présence de garnitures dont la figure 13 indique la forme. Le piston A est fixé à sa tige par un écrou c, sur lequel un anneau d'acier D forme frette. La cheville E l'empêche de tourner. Les bagues de garniture B sont en acier.

Les autres figures montrent les détails de la tête du mouton et de son attache à la tige. La partie supérieure en fonte du mouton est rendue solidaire de la partie inférieure en acier par des frettes entourant des oreilles demi-circulaires faisant corps avec chacune des parties à réunir. Le marteau est arrêté à toute hauteur en faisant engager, par l'action d'un levier, les verrous portés par le mouton dans les crans qui garnissent les glissières.

CHAPITRE IX

TRANSMISSIONS.

On sait que les Américains emploient volontiers les courroies de transmissions pour des forces et pour des vitesses dépassant de beaucoup les limites que l'on pose généralement en Europe à leur usage. Cette prédilection pour les courroies s'explique particulièrement par la facilité qu'ont les Américains de se procurer de bon cuir pour leur fabrication, et il est certain que l'habitude a donné à leurs ouvriers une grande habileté pour l'installation et le maniement de ce genre de transmissions. Les courroies, en Europe, coûtent incomparablement plus cher de premier établissement que des câbles, et même l'emploi des meilleures courroies américaines qui servent de trois à six fois plus que les câbles, n'arrive pas à compenser cette plus-value de première mise.

Il en est autrement de l'autre côté de l'Atlantique où la différence des prix de premier établissement est minime.

Néanmoins, l'avantage que présentent les câbles de coûter meilleur marché, et la commodité de maniement qu'ils présentent leur permettent de faire une sérieuse concurrence aux courroies, même aux Etats-Unis. Il y a des cas où les courroies ne sont pas applicables ; leur largeur, en effet, ne peut-être augmentée au-delà d'une certaine limite, tandis qu'on peut mettre à côté les uns des autres autant de brins de câble qu'on le désire ; cette considération est fort importante pour les grandes forces. Mais partout où la transmission se fait à petite distance, ou bien à grande vitesse, les courroies règnent encore sans conteste.

Les courroies se font presque exclusivement en cuir ; pour les grandes forces, on en met double et même triple épaisseur ; leur construction est fort soignée ; elles sont collées, égalisées et laminées, et, grâce à ces précautions, elles se déplacent d'une façon très régulière, et sans s'écarter de la poulie. On les graisse de temps à autre, et on les lave à l'eau chaude. On évite l'emploi de l'argile même lorsque la courroie est à sa dernière limite d'usure.

Le montage des arbres et des poulies est aussi l'objet d'un soin particulier ; aussi peut-on se dispenser de donner un fort bombement à la
jante de la poulie ; lorsque les courroies sont bien placées sur des poulies bien montées, elles n'ont qu'une très faible tendance à en tomber.
On arrive à se servir de courroies non seulement pour transmettre le
mouvement entre des arbres distants de 40 mètres et plus, souvent dans
le même plan vertical, mais encore avec l'aide de rouleaux de tension,
entre des arbres non parallèles. Les courroies ainsi déviées plusieurs
fois marchent à des vitesses qui atteignent 26 mètres à la seconde, et
peuvent avoir jusqu'à 1 mètre de large. La construction et le montage
de semblables transmissions sont la spécialité de quelques maisons de
construction dont la plus importante est la Compagnie Américaine d'outillage à Boston.

Nous donnons quelques exemples de transmissions de ce genre (pl. 118-
119.) Les figures suffisent à les expliquer. On voit qu'il est fait un fréquent
usage des rouleaux de tension et des rouleaux guides. Certes, ces rouleaux absorbent une certaine quantité d'énergie, par suite du frottement,
mais ils ont l'avantage d'augmenter sensiblement, surtout dans les petites
poulies, l'arc embrassé par la courroie et, par conséquent, d'exiger pour
la même force une courroie de moindre largeur. Les rouleaux de tension,
en outre, permettent d'assurer la tension d'une façon permanente, sans
qu'il soit besoin de démonter, pour la raccourcir, une courroie devenue
trop lâche ; opération fort longue et difficile avec de larges courroies
collées.

Le petit tableau qui se trouve à la fin du chapitre montre, d'une façon
approximative tout au moins, quelle est l'influence de la force centrifuge
sur la quantité de travail absorbé par quelques-unes des transmissions
qui figuraient à l'Exposition de Chicago. Nous avons choisi ces exemples
de préférence à ceux que pouvaient présenter les grandes usines, parce
que, dans celles-ci, les transmissions par courroies ne sont, en général,
qu'intermédiaires, et qu'il devient presque impossible d'estimer l'influence des diverses circonstances locales sur le rendement. On remarquera que la force centrifuge joue un rôle considérable en Amérique
où on marche à grande vitesse.

Nous avons déjà attiré l'attention de nos lecteurs sur les vitesses considérables auxquelles les Américains font marcher leurs machines. La
construction des volants prend naturellement chez eux une importance
exceptionnelle. Le système de Corliss, qui consiste à emprisonner les

bras entre deux plaques, dont la réunion forme moyeu, est actuellement, sous ses diverses formes, le plus en usage. Plus rarement, on rencontre le bras à bout conique s'engageant dans le moyeu où le fixe une clef; le plus souvent, le bras porte à ses deux extrémités des flasques qui permettent de le boulonner sur le moyeu et sur la jante. Les volants sont très fréquemment en Amérique la cause de graves accidents, et cela d'autant plus qu'on augmente les vitesses de marche des machines. Aussi s'occupe-t-on sérieusement, depuis quelque temps, de construire des volants d'une solidité parfaite; les solutions adoptées, dans certains cas, sont bien faites pour étonner l'ingénieur européen.

La Compagnie Amoskeag, de Manchester (Massachussetts), possède une machine à vapeur jumelée, du système Corliss, depuis 1883. Les dimensions sont les suivantes : diamètre des cylindres, 915 millimètres; course, 1830; nombre de tours à la minute, 61. Un des cylindres travaille avec, et l'autre sans condensation.

Le volant avait $9^m,14$ de diamètre, $2^m,795$ de largeur , douze bras, et pesait 52 200 kilogrammes ; la jante seule pesait 32 700 kilogrammes.

La machine produisait 1 950 à 2 000 chevaux. La transmission se faisait par trois courroies (deux de 1 015 millimètres de large et une de 610 millimètres) à trois arbres intermédiaires, et de là à deux arbres principaux, très légèrement inclinés sur la direction des précédents. Jusqu'au moment de l'accident, la machine n'a été en service que 879 jours : dans les derniers temps, elle ne marchait que lorsque le manque d'eau empêchait de se servir de la turbine installée pour donner la force motrice à l'usine.

Sans que rien le fît prévoir, la vitesse, un certain jour, diminua brusquement, et les courroies des deux arbres principaux se mirent à glisser. Les chefs des ateliers de tissage, pensant qu'un accident était arrivé à la machine, débrayèrent une partie de leurs métiers. La vitesse augmenta immédiatement, au point que le mécanicien arrêta le moteur; mais il était trop tard, et le volant éclata. On trouva que la principale cause de l'accident était la constitution trop poreuse de la fonte dont étaient construits les bras et la jante, notamment aux endroits où des boulons les réunissaient. Comme on ne pouvait diminuer la vitesse de la machine, et qu'on craignait de ne pouvoir se procurer de la fonte assez homogène, on s'est décidé à faire en bois la jante du nouveau volant. Les bras et le moyeu sont en fonte; on a eu le plus grand soin d'y éviter les arêtes vives. Les bras ont été fondus creux et debout, et

soumis aux essais les plus sévères. Il y a deux systèmes de bras sur la
roue, et les bras sont tellement calculés que deux quelconques suffiront
à résister à l'action de la courroie. Dans chacun des systèmes de bras,
de trois en trois, se trouvent des contrepoids

Les moyeux sont en deux morceaux : leurs joints sont à 90°. Les bras
sont disposés de manière que, de deux en deux, ils couvrent ces joints.
La jante est composée de segments de chêne bien sain et soigneusement
séché, de 305 millimètres de large, 2 570 de long et 105 ou 76 millimètres d'épaisseur. L'épaisseur de 105 se trouve aux endroits où les bras
s'assemblent par des boulons aux joints. On a placé cette nouvelle roue
sur l'arbre de l'ancien volant. Son poids total (47 000 kilogrammes) diffère peu de celui du volant primitif, mais la jante ne pèse plus que
24 300 kilogrammes, moins de la moitié du poids de l'ancienne jante.
On a constaté qu'on obtenait cependant ainsi une marche bien régulière.
Comme la vitesse circonférencielle n'a pas changé, on voit que la sécurité est bien plus grande. Pour plus de sûreté, on a expérimenté le volant neuf à la vitesse de 76 tours, après avoir enduit la jante d'un vernis
qui, après l'essai, a été retrouvé sans aucune crique. On a pensé,
d'après cela, qu'à la vitesse normale de 61 tours, il n'y avait rien à
craindre.

La figure 10 représente un volant en fonte employé par la Compagnie
des Câbles de Cleveland. Les essais en ont été faits sur deux machines
identiques, dont l'une commandait deux courroies superposées de
1 066 millimètres de largeur, avec volant de 6 705, et l'autre une seule
courroie de 1 476 millimètres avec volant de 8,315. Les premiers résultats ont été moins bons dans ce derniers cas, mais le défaut a été corrigé
par l'adjonction d'un rouleau tendeur.

La figure 13 donne un exemple des volants dont les bras ont une extrémité conique engagée dans le moyeu. C'est un volant de 6^m,700 de
diamètre, permettant l'emploi de courroies de 1 220, construit par la
Compagnie de Construction Walker. Les joints de la jante se trouvent au
milieu des intervalles de ces bras.

	POULIES		ÉCARTEMENT	NOMBRE de tours		CHEVAUX transmis	FORCE centrifuge	COURROIES				EFFORTS			
	Motrice	Réceptrice		Poulies motrices	Poulies réceptrices			Largeur	Épaisseur	Section	Vitesse	dû à la traction	dû à la force centrifuge	Total	
	mill.	mill.				kil.		mill.	mil.	cmq.	mill.				Courroies triples au-dessus l'une de l'autre.
E. P. Allis Co, Milwaukee	9140	2060	16	60	200	1000	2610	1825	16	292,0	28,7	9,2	17,8	27,0	Machine à vapeur 2000 chevaux Bombement, 8 millimètres.
Fraser & Chalmers, Chicago	8535	2565	16	60	200	1000	2790	1825	16	292,0	26,5	8,0	19,1	27,1	Courroies triples. Machine à vapeur 2000 chevaux Bombement 6 millim. 1/2.
Mac Intosh & Seymour Co., Auburn	4875	2740	11	112	200	1000	2610	1825	16	292,0	28,7	9,2	17,8	27,0	Courroies triples. Machine à vapeur 1000 chevaux
Buckeye Engine Works, Salem	6095	2590	11	85	200	1000	2760	1825	17	310,0	27,1	8,2	18,0	26,2	Courroie triple. Machine à vapeur 1000 chevaux
Atlas Engine Works Indianapolis	3675	2740	11	150	200	1000	2610	1825	18	328,0	28,7	9,2	16,0	25,2	Courroies triples. Machine à vapeur 1000 chevaux
Atlas Engine Works, Indianapolis	3675	1828	10	150	300	500	1800	915	16	146,5	28,7	9,2	17,7	26,9	Courroies triples. Machine à vapeur 500 chevaux
Russel et Co, Massillon	3350	1525	9	125	275	500	1700	1370	9	123,0	21,9	5,4	27,6	33,0	
Providence Steam Engine Co.	5486	1220	12,2	80	360	750	2450	1220	10	122,0	22,9	5,9	40,1	46,0	Station centrale du chemin de fer électrique avec rouleaux tandem de 1220 mill. de diam.

TUYAUX DE VAPEUR.

La construction des tuyaux propres à la circulation de la vapeur à haute pression actuellement nécessaire à la marche de presque toutes les machines est un problème des plus compliqués. Nous allons indiquer une des solutions que les Américains en ont données, en décrivant sommairement les procédés employés par la Compagnie Asmokeag, dont nous avons déjà parlé.

Il y a une douzaine d'années, la Compagnie en question fut chargée de construire quelques milliers de mètres de tuyaux de vapeur de 530 millimètres, et en outre des quantités considérables de tuyaux de 381 et de 305. On décida qu'on ferait les tuyaux en acier doux, rivetés, avec rebords matricés. Pour le rivetage on se servit d'une machine pneumatique Allen, qui permettait de faire les joints à 1m,728 d'écartement. La grosse difficulté est de maintenir l'étanchéité des joints cir-

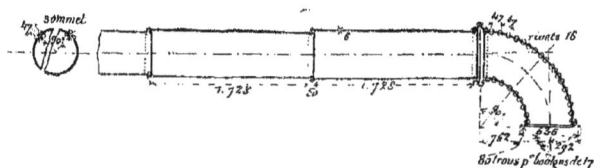

Tuyau de vapeur en acier

culaires ; il s'y accumule en effet de l'eau lorsque la vapeur se condense ; la vapeur vive entrant ensuite dilate moins facilement les parties recouvertes d'eau par la condensation précédente, et les dilatations inégales occasionnent des fuites. On a remédié à cet inconvénient en donnant à l'extrémité de chaque bout de tuyau la forme d'un tronc de cône, dont on met la base en l'air; de cette manière l'écoulement de l'eau est assuré.

Les figures ci-contre montrent bien nettement les diverses dispositions des tuyaux et notamment des coudes. Ils sont faits en deux morceaux rivés à l'intérieur et à l'extérieur. On peut suspendre ces tuyaux au moyen de chaînes, mais il est mieux de leur donner des supports.

Canalisations.

Nous avons parlé longuement des distributions de force et de chaleur
des grandes cités américaines, on conçoit ce que peut être le sous-sol
d'une ville où de semblables quantités d'énergie se distribuent, d'autant qu'il faut tenir compte des canalisations électriques pour la lumière, de celles du gaz et de l'eau, des fils téléphoniques et télégra-
phiques. Quant à la surface même du sol, elle est sillonnée de tramways,
et l'avenir amènera probablement encore le développement de toutes
ces canalisations.

Lorsque les canalisations des diverses distributions de force sont posées au hasard, il arrive bientôt qu'il soit presque impossible d'en poser
d'autres dans les mêmes rues. Or, comme nous l'avons dit, il faut s'attendre à ce que l'avenir voie un développement de ces canalisations
bien supérieur à celui actuel. Aussi dans beaucoup de villes américaines
a-t-on projeté et même en partie exécuté un arrangement rationnel de

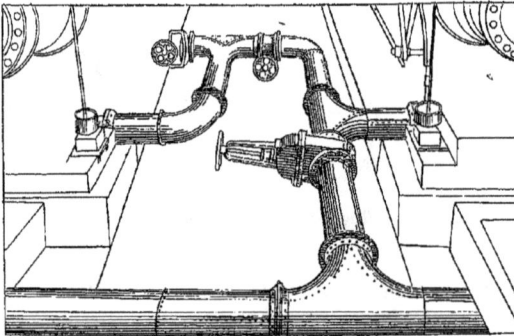

toutes les canalisations dans une galerie unique creusée en dessous des
tuyaux d'eau et de tous les autres tuyaux existants.

New-York possède déjà une Compagnie qui a établi de longues lignes
de tunnels où elle donne l'hospitalité aux câbles des Compagnies de téléphone et d'électricité. Il est question pour Chicago de faire, sur une plus
grande échelle, une installation du même genre. Les travaux sont même
commencés : il s'agit de creuser sous les diverses voies publiques une
galerie de 1^m,80 de diamètre. Il est bien certain qu'on devra en venir à

la même solution dans toutes les villes d'Amérique. On y a en effet multiplié les câbles et les conduites de tout genre sans aucun plan d'ensemble, et ils forment actuellement dans certaines rues et certains carrefours des quartiers d'affaires des grandes villes des réseaux inextricables où il serait pratiquement impossible de faire passer de nouveaux fils ou de nouveaux tuyaux. Si l'on avait, depuis de longues années, construit, sous l'autorité de la municipalité, et d'après un plan bien étudié, des tunnels propres à recevoir toutes les canalisations, les redevances qu'auraient payées les diverses Compagnies en auraient bien vite amorti les frais de premier établissement ; les dépenses faites pour placer tous les câbles sans souci des circonstances locales, sans plan général, ont été bien supérieures.

La situation est telle, actuellement, qu'il faut absolument trouver une place convenable pour toutes les canalisations qu'on a déjà créées, qu'on veut encore multiplier et qui sont devenues fort encombrantes. Les figures de la planche 120 montrent la disposition actuelle des canalisations au croisement de deux rues importantes de Chicago. On voit que le profil presqu'entier des rues est occupé par les divers services.

A la surface il y a deux voies de tramways pour la traction animale, et une voie de funiculaire. Immédiatement en dessous sont les tranchées pour les câbles des Compagnies électrique et du téléphone, et quelques fils isolés. En outre dans beaucoup de carrefours importants, on trouve sur la chaussée les regards par lesquels on descend dans les égouts ; le sous-sol est occupé par les canalisations d'eau et de gaz. Celles-ci sont doubles, attendu qu'il y a deux Compagnies de gaz; il faut ajouter aux conduites principales celles de distribution dans les maisons. Enfin la Compagnie électrique prend encore de la place pour ses raccords de câbles. L'eau vient en dessous du gaz, on a dû placer les conduites d'eau à deux niveaux différents, faute de place. Il est à remarquer que les chambres de machines et de chauffe des édifices qui ont une station propre de force occupent le dessous du trottoir et prennent jour par des soupiraux. C'est par dessus cet inextricable réseau de tuyaux et de câbles qu'a lieu la circulation particulièrement active du quartier central de Chicago. On voit qu'il ne sera pas inutile d'établir le tunnel projeté.

Conclusion

En terminant cette revue de la Mécanique à l'Exposition de Chicago et aux États-Unis, nous croyons devoir appeler encore une fois l'attention du lecteur sur le système d'exclusion systématique et presque absolu que nous avons pratiqué à l'égard des machines européennes. Le nouveau continent nous offrait un champ déjà trop vaste et il nous a paru plus intéressant de nous occuper de ses productions seules, même lorsqu'elles sont très visiblement inférieures à celles de l'Europe. Malgré les immenses progrès réalisés en Amérique dans la plupart des branches de l'industrie, le vieux monde fait encore auprès d'elle très bonne figure : la section française, que nous aurions voulu voir plus importante comme nombre d'exposants, sinon comme valeur des machines exposées, les sections anglaise, belge, allemande présentaient un intérêt au moins égal à celui de la section américaine. Trop souvent les Américains sacrifient la théorie à une prétendue pratique dont les enseignements les font souvent errer. Peut-être, à ce point de vue même, l'Exposition de Chicago n'aura-t-elle pas été sans utilité pour ceux de nos ingénieurs qui ont eu la bonne fortune de la visiter. Ils en auront certainement rapporté un plus grand attachement à nos vieilles méthodes scientifiques ; ils auront constaté d'une façon plus complète, plus frappante, la distance qui sépare du véritable ingénieur le mécanicien formé par la seule fréquentation prolongée de sa machine. En présence du développement inouï de l'industrie américaine et de la valeur très réelle des nombreuses machines exposées par des ateliers des États-Unis, on aurait pu, dans le public, croire à l'inutilité des études théoriques ; l'année même de la Foire du Monde, les Américains ont donné tort à ceux qui auraient voulu proclamer la supériorité de leur méthode d'éducation des ingénieurs : pour l'utilisation des chutes du Niagara, ils ont dû s'adresser à des Européens.

Souhaitons maintenant que les enseignements de Chicago ne soient pas perdus pour notre prochaine Exposition universelle, qu'en 1900 la supériorité du vieux monde sur le nouveau se fasse encore jour, et que la France y tienne comme toujours le premier rang.

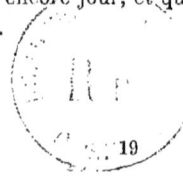

———

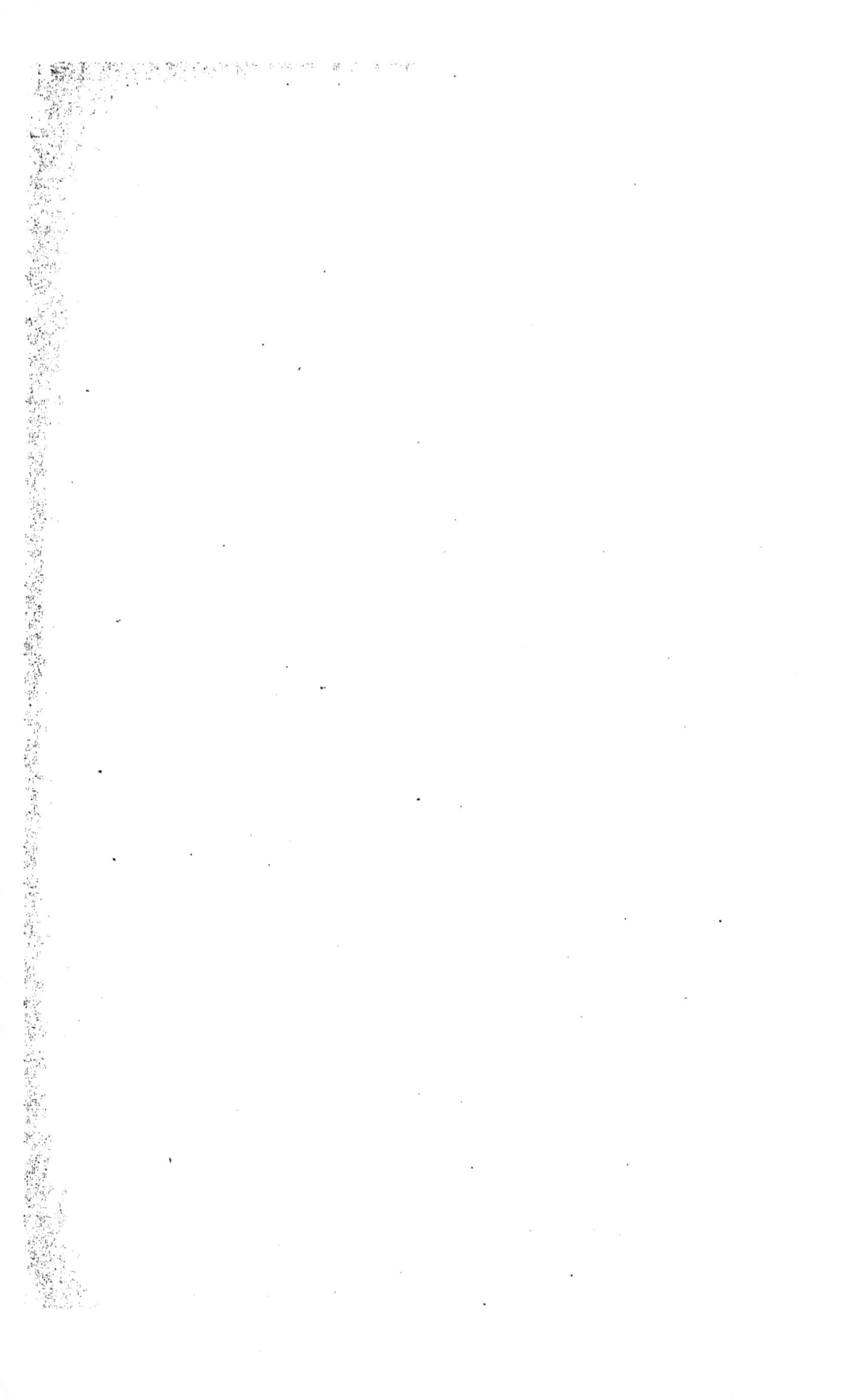

TABLE DES MATIÈRES

CHAPITRE VII

CHAPITRE VIII

CHAPITRE IX

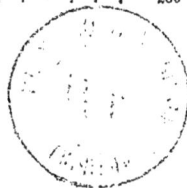

Imp. E. BERNARD. — Paris.

CHEMINS DE FER DE L'OUEST

Abonnements sur tout le réseau

La Compagnie des Chemins de fer de l'Ouest peut délivrer, sur tout son réseau, des cartes d'abonnement nominatives et personnelles, en 1re, 2e et 3e classes.

Ces cartes donnent droit à l'abonné de s'arrêter à toutes les stations comprises dans le parcours indiqué sur sa carte et de prendre tous les trains comportant des voitures de la classe pour laquelle l'abonnement a été souscrit.

Les prix sont calculés d'après la distance kilométrique parcourue.

La durée de ces abonnements est de trois mois, de six mois ou d'une année.

Ces abonnements partent du 1er et du 15 de chaque mois.

SERVICES QUOTIDIENS RAPIDES
ENTRE PARIS ET LONDRES
par Dieppe et Newhaven

Les importants travaux exécutés récemment dans les ports de DIEPPE et de NEWHAVEN, en donnant la facilité d'organiser, dans ces deux ports, des départs à heures fixes, *quelle que soit l'heure de la marée*, ont permis aux *Compagnies de l'Ouest et de Brighton* de réduire considérablement la durée du trajet entre PARIS et LONDRES et de créer des services rapides qui fonctionnent tous les jours, sauf le cas de force majeure, aux heures indiquées ci-dessous :

De Paris à Londres :

	Jour 1-2-3 cl.	Nuit 1-2-3 cl.
Départ de Paris-St-Lazare	9 h. matin.	8 h. 50 soir.
Départ de Dieppe	midi 45	1 h. du matin
Arrivée à Londres { Gare de London-Bridge.	7 h. soir	7 h. 40 matin
{ Gare Victoria	7 h. soir	7 h. 50 matin

De Londres à Paris

Départ de Londres { Gare Victoria	9 h. matin.	8 h. 50 soir.
{ Gare de London-Bridge.	9 h. matin.	9 h. du soir.
Départ de Newhaven	10 h. 35 soir.	11 h. du soir.
Arrivée à Paris-St-Lazare	6 h. 45 soir.	8 h. du matin.

PRIX DES BILLETS :

Billets simples, valables pendant 7 jours :
1re cl. **41** fr. **25**.—2e cl. **30** fr.—3e cl. **21** fr. **25**
plus **2** francs par billet, pour droits de port à Dieppe et à Newhaven.

Billets d'aller et retour, valables pendant un mois
1re cl. **68** fr. **75**—2e cl. **48** fr. **75**—3e cl. **37** fr. **50**
plus **4** francs par billet, pour droits de port à Dieppe et à Newhaven

Ces billets donnent le droit de s'arrêter à *Rouen, Dieppe, Newhaven* et *Brighton*.

Abonnements d'un mois

La Compagnie de l'Ouest, en présence du succès obtenu par ses abonnements circulaires de 3 mois, 6 mois et un an, créés récemment sur les lignes de Saint-Cloud, Versailles (rive droite et rive gauche), Saint-Germain et Marly, vient de prendre une nouvelle mesure qui favorisera certainement le séjour à la campagne des personnes appelées constamment à Paris par leurs occupations, en créant sur ces mêmes parcours des abonnements d'un mois, délivrés pendant toute la saison d'été, du 1er mai au 1er octobre.

Ces nouveaux abonnements sont d'autant plus avantageux qu'on peut les obtenir à une date quelconque ; il suffit de les demander cinq jours à l'avance.

EXCURSIONS
DE PARIS À VERSAILLES & A SAINT-GERMAIN
(par la Forêt de Marly)
tous les jeudis, du 2 juin au 29 septembre 1892 inclus
(à l'exception du jeudi 14 juillet 1892)

La Compagnie des Chemins de fer de l'Ouest organisera tous les Jeudis, à partir du 2 juin et jusqu'au 29 septembre inclus (à l'exception du jeudi 14 juillet 1892), des Excursions au départ de Paris sur Versailles et Saint-Germain, aux prix et conditions ci-après indiquées :

Excursions à Versailles

Prix par place { 1re classe . . . . . . **5 fr.**
{ 2e classe . . . . . . **4 fr.**

Par suite d'une combinaison avec une Société de voyage, ces prix comprennent :

1° Le transport en *chemin de fer* de Paris-Saint-Lazare à Versailles (R. D.) et retour, par les trains ci-après désignés :

Aller : Départ de Paris-Saint Lazare 11 h. 20 et midi 20.

Retour : Départ de Versailles (R. D.) par tous les trains de la soirée à partir de 4 h. 10 soir.

2° Le trajet aller et retour, en *voitures spéciales*, entre la gare de Versailles (R. D.) le Château et les Trianons.

3° La *visite* des Musées, Châteaux et Jardins, sous la direction des guides de l'Agence des Voyages.

Excursions à Saint-Germain

Prix par place { 1re classe . . . . . . **5 fr.**
{ 2e classe . . . . . . **4 fr. 50**

Par suite d'une combinaison avec une Société de voyages, ces prix comprennent :

1° Le transport en *chemin de fer* de Paris-Saint-Lazare à Pont-de-Saint-Cloud et de Saint-Germain à Paris-Saint-Lazare, par les trains ci-après désignés :

Aller : Départ de Paris-Saint-Lazare à midi 50.

Retour : Départ de Saint-Germain par tous les trains de la soirée, à partir de 4 h. 18 soir.

2° Le trajet en *voitures spéciales* de Saint-Cloud à Saint-Germain par Vaucresson, Rocquencourt et la forêt de Marly.

3° La *visite* du Château de Saint-Cloud et du Musée de Saint-Germain, sous la direction des guides de l'Agence des Voyages.

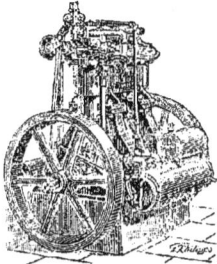

CHEMINS DE FER DU NORD

PARIS — LONDRES

Cinq services rapides quotidiens dans chaque sens.

Trajet en 7 h. 1/2. — Traversée en 1 h. 1/4.

Tous les trains, sauf le Club-Train, comportent des 2ᵐᵉˢ classes.

Départs de Paris

Vià Calais-Douvres : 8 h. 22 — 11 h. 30 du matin — 3 h. 15 (Club-Train) et 8 h. 25 du soir,

Vià Boulogne-Folkestone : 10 h. 10 du matin.

Départs de Londres

Vià Douvres-Calais : 8 h. 20 — 11 h. du matin — 3 h. (Club-Train) et 8 h. 15 du soir.

Vià Folkestone-Boulogne : 10 h. du matin.

Les voyageurs munis de billets de 1ʳᵉ classe sont admis *sans supplément* dans la voiture de 1ʳᵉ classe ajoutée au Club-Train entre Paris et Calais.

De Calais à Londres supplément de **12 fr. 50**.

Un service de nuit accéléré à prix très réduits et à heures fixes vià Calais, en 10 heures.

Départ de Paris à 6 h. 10 du soir. — Départ de Londres à 7 heures du soir.

Un service de nuit à prix très réduits et à heures variables, vià Boulogne-Folkestone.

Services directs entre Paris et Bruxelles

Trajet en 5 heures.

Départs de Paris à 8 h, 15 du matin, Midi 40, 3 h. 50, 6 h. 20 et 11 heures du soir.

Départs de Bruxelles à 7 h. 30 du matin, 1 h. 15, 6 h. 20 du soir et minuit.

Wagon-salon et wagon-restaurant aux trains partant de Paris à 6 h. 20 du soir et de Bruxelles à 7 h. 30 du matin.

Wagon-restaurant aux trains partant de Paris à 8 h. 15 du matin et de Bruxelles à 6 h, 20 du soir.

Services directs entre Paris et la Hollande

Trajet en 10 h. 1/2.

Départs de Paris à 8 h. 15 du matin, midi 40 et 11 heures du soir.

Départs d'Amsterdam à 7 h. 30 du matin, midi 55 et 5 h. 55 du soir.

Départs d'Utrecht à 8 h. 16 du matin, 1 h. 37 et 6 h. 37 du soir.

LIBRAIRIE SCIENTIFIQUE ET INDUSTRIELLE DES ARTS ET MANUFACTURES

E. BERNARD & Cie

53 ter, Quai des Grands-Augustins — PARIS

VIENT DE PARAITRE

TRAITE THEORIQUE & PRATIQUE

DES

MOTEURS A GAZ
ET A PÉTROLE

PAR

Aimé WITZ

INGÉNIEUR DES ARTS ET MANUFACTURES — DOCTEUR ÈS-SCIENCES
PROFESSEUR A LA FACULTÉ LIBRE DES SCIENCES DE LILLE

TOME I. — MOTEURS A GAZ

Histoire des Moteurs à gaz. — Classification. — Considérations théoriques sur les machines thermiques. — Étude de la combustion des mélanges tonnants. — Théorie générique des moteurs à gaz. — Théorie expérimentale. — Détermination de la puissance des moteurs. — Monographie des principaux moteurs. — Moteurs atmosphériques. — Etude comparative des éléments de construction des moteurs, de l'état présent et de l'avenir des moteurs à gaz.

Un fort volume grand-in-8° de 436 pages, 150 figures   **Prix : 15 fr.**

TOME II. — MOTEURS A GAZ ET A PÉTROLE

Etude sur les gaz combustibles. — Gaz d'éclairage. — Gaz pauvres. — Types de gazogène. — Le pétrole. — Essais des moteurs. — Monographie des principaux moteurs à gaz. — Monographie des principaux moteurs à pétrole. — Eléments de construction des moteurs. — Applications des moteurs à gaz et à pétrole. — Locomotives. — Tramways. — Embarcations. — Tricycles. — Voitures. — Aviation, etc.

Un fort volume grand in-8° de 428 pages, 141 figures et 3 planches.

Prix : 15 francs.

CHEMINS DE FER DU NORD

PARIS — LONDRES

Cinq services rapides quotidiens dans chaque sens.

Trajet en 7 h. 1/2. — Traversée en 1 h. 1/4.

Tous les trains, sauf le Club-Train, comportent des 2mes classes.

Départs de Paris

Vià Calais-Douvres : 8 h. 22 — 11 h. 30 du matin — 3 h. 15 (Club-Train) et 8 h. 25 du soir,

Vià Boulogne-Folkestone : 10 h. 10 du matin.

Départs de Londres

Vià Douvres-Calais : 8 h. 20 — 11 h. du matin — 3 h. (Club-Train) et 8 h. 15 du soir.

Vià Folkestone-Boulogne : 10 h. du matin.

Les voyageurs munis de billets de 1re classe sont admis *sans supplément* dans la voiture de 1re classe ajoutée au Club-Train entre Paris et Calais.

De Calais à Londres supplément de **12 fr. 50.**

Un service de nuit accéléré à prix très réduits et à heures fixes vià Calais, en 10 heures.

Départ de Paris à 6 h. 10 du soir. — Départ de Londres à 7 heures du soir.

Un service de nuit à prix très réduits et à heures variables, vià Boulogne-Folkestone.

Services directs entre Paris et Bruxelles

Trajet en 5 heures.

Départs de Paris à 8 h, 15 du matin, Midi 40, 3 h. 50, 6 h. 20 et 11 heures du soir.

Départs de Bruxelles à 7 h. 30 du matin, 1 h. 15, 6 h. 20 du soir et minuit.

Wagon-salon et wagon-restaurant aux trains partant de Paris à 6 h. 20 du soir et de Bruxelles à 7 h. 30 du matin.

Wagon-restaurant aux trains partant de Paris à 8 h. 15 du matin et de Bruxelles à 6 h, 20 du soir.

Services directs entre Paris et la Hollande

Trajet en 10 h. 1/2.

Départs de Paris à 8 h. 15 du matin, midi 40 et 11 heures du soir.

Départs d'Amsterdam à 7 h. 30 du matin, midi 55 et 5 h. 55 du soir.

Départs d'Utrecht à 8 h. 16 du matin, 1 h. 37 et 6 h. 37 du soir.

LIBRAIRIE SCIENTIFIQUE ET INDUSTRIELLE DES ARTS ET MANUFACTURES

E. BERNARD & Cie

53 ter, Quai des Grands-Augustins — PARIS

VIENT DE PARAITRE

TRAITÉ THÉORIQUE & PRATIQUE

DES

MOTEURS A GAZ
ET A PÉTROLE

PAR

Aimé WITZ

INGÉNIEUR DES ARTS ET MANUFACTURES — DOCTEUR ÈS-SCIENCES
PROFESSEUR A LA FACULTÉ LIBRE DES SCIENCES DE LILLE

TOME I. — MOTEURS A GAZ

Histoire des Moteurs à gaz. — Classification. — Considérations théoriques sur les machines thermiques. — Étude de la combustion des mélanges tonnants. — Théorie générique des moteurs à gaz. — Théorie expérimentale. — Détermination de la puissance des moteurs. — Monographie des principaux moteurs. — Moteurs atmosphériques. — Étude comparative des éléments de construction des moteurs, de l'état présent et de l'avenir des moteurs à gaz.

Un fort volume grand-in-8° de 436 pages, 130 figures **Prix : 15 fr.**

TOME II. — MOTEURS A GAZ ET A PÉTROLE

Étude sur les gaz combustibles. — Gaz d'éclairage. — Gaz pauvres. — Types de gazogène. — Le pétrole. — Essais des moteurs. — Monographie des principaux moteurs à gaz. — Monographie des principaux moteurs a pétrole. — Eléments de construction des moteurs. — Applications des moteurs à gaz et à pétrole. — Locomotives. — Tramways. — Embarcations. — Tricycles. — Voitures. — Aviation, etc.

Un fort volume grand in-8° de 428 pages, 141 figures et 3 planches.
Prix : 15 francs.

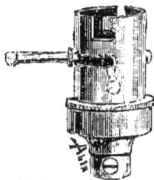

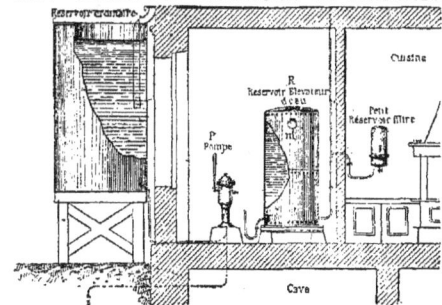

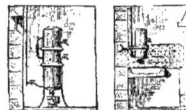

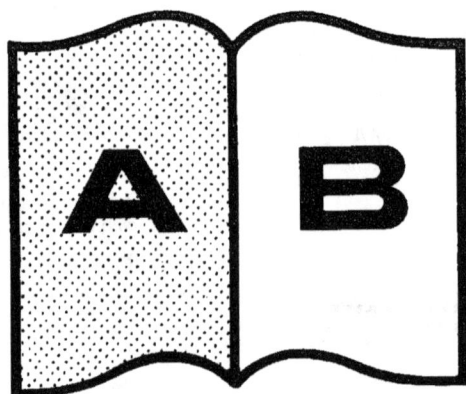

Contraste insuffisant
NF Z 43-120-14

www.ingramcontent.com/pod-product-compliance
Lightning Source LLC
Chambersburg PA
CBHW060426200326
41518CB00009B/1498